I0436714

LE CODE COSMIQUE
Un Voyage à l'Origine de l'Univers

LE CODE COSMIQUE
Un Voyage à l'Origine de l'Univers

Dr Sophie Domingues-Montanari

6

À mon fils Adam, ta soif intarissable de savoir m'émerveille chaque jour. Que ce livre t'inspire à poursuivre tes découvertes du monde.

Table des Matières

Prologue

Qu'y avait-il au commencement ? Le néant absolu, une toile vierge prête à accueillir les mystérieuses lois qui façonneraient notre Univers ? À travers ces pages, nous naviguerons depuis les confins les plus lointains de l'espace, là où naissent et meurent les étoiles, jusqu'aux profondeurs inaccessibles de la matière noire et de l'énergie sombre.

Nous aborderons la notion de Code Cosmique, définit comme un langage subtil et complexe avec lequel l'Univers a écrit son histoire depuis le Big Bang jusqu'à nos jours. Ce code constitue la clé de voûte de notre monde, une série de règles régissant tout, depuis la formation des particules subatomiques jusqu'aux trajectoires des galaxies dans l'immensité de l'océan cosmique. Nous chercherons à déchiffrer ces liens insaisissables.

Ce périple nous conduira aussi à rencontrer des esprits brillants, des philosophes de l'antiquité aux physiciens quantiques modernes, tous unis dans leur quête de compréhension. Nous explorerons comment leurs découvertes ont bouleversé notre perception de la réalité, révélant des dimensions insoupçonnées et des forces invisibles à l'œuvre.

Cet ouvrage est une invitation à la curiosité, à l'émerveillement, et en fin de compte, à une compréhension approfondie de nous-mêmes en tant qu'êtres au sein de ce cosmos extraordinaire.

1

Les Mystères de l'Univers

Ce premier chapitre nous embarque dans une exploration fascinante de l'Univers, un voyage à la découverte des fondements cosmiques et des énigmes qui défient notre compréhension.

Nous révèlerons d'abord l'immensité de l'espace, à travers des chiffres vertigineux : le nombre incalculable d'étoiles, les vastes distances mesurées en années-lumière, et l'échelle insondable du temps cosmique. Nous examinerons des phénomènes insaisissables comme la matière noire qui, bien que mystérieuse, joue un rôle crucial dans la structure de l'Univers. L'étude des singularités cosmiques, des exoplanètes, et des phénomènes au niveau quantique enrichiront notre compréhension de ce vaste cosmos.

Ensuite, nous explorerons les piliers fondamentaux de la cosmologie - espace, matière, énergie et temps - chacun jouant un rôle essentiel dans la dynamique Universelle. Nous aborderons également les composants majeurs de l'Univers, depuis la matière baryonique, constitutive de notre réalité visible, jusqu'à la mystérieuse énergie sombre. Le rayonnement électromagnétique, les rayons cosmiques, et les autres formes d'énergie révèleront la complexité et la diversité de l'Univers.

Enfin, nous nous confronterons aux grandes énigmes de la cosmologie comme l'origine de l'Univers ou le débat entre expansion éternelle et effondrement cosmique. Nous étudierons la densité critique de l'Univers, la nature de l'espace-temps, les paradoxes des trous noirs, et la quête d'unifier la gravité avec la mécanique quantique.

Ce chapitre est une invitation à explorer, à questionner et à s'émerveiller devant notre Univers, nous rapprochant ainsi des réponses aux questions les plus profondes de notre existence cosmique.

Les Fondements de l'Univers

Dans les profondeurs insondables de l'Univers, des centaines de milliards d'étoiles scintillent tandis que des années-lumière les séparent de leurs observateurs terrestres. Le temps lui-même s'étire sur des milliards d'années, tandis que des mystères tels que la matière noire et l'énergie sombre continuent de défier notre compréhension. Dans cette section, nous plongerons dans l'abîme de ces chiffres cosmiques vertigineux, explorerons les piliers de la cosmologie - espace, matière, énergie et temps - et examinerons les principaux éléments et structures qui constituent l'Univers.

L'Univers en Chiffres

Le Nombre d'Étoiles

Notre galaxie, la Voie lactée, abrite environ 100 milliards d'étoiles. Cela signifie qu'il existe plus d'étoiles dans notre galaxie que de grains de sable sur toutes les plages de la Terre. Et la Voie lactée n'est qu'une des centaines de milliards de galaxies qui peuplent l'Univers observable.

Les Années-Lumière

La lumière voyage à une vitesse prodigieuse de 299 792 458 mètres par seconde. Pourtant, malgré sa rapidité, l'Univers est si vaste que certaines de ses parties resteraient inaccessibles à la lumière en une seule vie humaine.

Une année-lumière est la distance que la lumière parcourt en un an, soit environ 9 461 milliards de kilomètres. L'Univers observable s'étend sur des milliards d'années-lumière, ce qui signifie que même à la vitesse de la lumière, il faudrait des milliards d'années pour le traverser d'un bout à l'autre. L'étoile la plus proche de la Terre, Proxima du Centaure, est à environ 4,24 années-lumière. Lorsque nous observons les étoiles dans le ciel, nous voyons leur lumière telle qu'elle était il y a des années, voire des milliers d'années.

Le Temps Cosmique

L'âge de l'Univers est estimé à environ 13,8 milliards d'années, même si une étude récente de l'Université d'Ottawa remet ce chiffre en question, doublant potentiellement cet âge à 26,7 milliards d'années.

Dans tous les cas, cela signifie que l'Univers a existé pendant une période de temps presque inimaginable. Au cours de ces milliards d'années, des galaxies se sont formées, des étoiles ont brillé et se sont éteintes, et des planètes comme la Terre ont émergé pour abriter la vie. Cette échelle de temps cosmique nous rappelle notre place éphémère dans l'histoire de l'Univers.

La Matière Noire et l'Énergie Sombre

Les chiffres cosmiques révèlent également des mystères profonds. Environ 27 % de l'Univers est composé de matière noire, une forme de matière invisible et indéchiffrable qui exerce une influence gravitationnelle sur la matière ordinaire. De plus, environ 68 % de l'Univers est constitué d'énergie sombre, une force mystérieuse qui accélère l'expansion de l'Univers. Ces chiffres nous rappellent que la majeure partie de l'Univers est encore inconnue et inexploitée par la science.

Les Dimensions de l'Univers Observable

L'Univers observable, la partie de l'Univers que nous pouvons détecter à travers nos télescopes, s'étend sur environ 93 milliards d'années-lumière de diamètre. Cela signifie que la lumière émise par des objets situés à l'extrémité de l'Univers observable a mis 13,8 milliards d'années pour nous parvenir. Cela soulève des questions fascinantes sur ce qui se trouve au-delà de notre horizon observable, ce que nous ne pouvons pas encore voir ni comprendre.

Les Singularités Cosmiques

Les chiffres cosmiques nous confrontent également à des phénomènes énigmatiques tels que les trous noirs. Au cœur de certains de ces monstres cosmiques se trouve une singularité, un point de densité infinie où les lois de la physique telles que nous les connaissons cessent de s'appliquer. Ces objets étranges sont le produit de l'effondrement gravitationnel d'étoiles massives, et ils sont à la fois terrifiants et fascinants.

Les Exoplanètes

Notre système solaire compte huit planètes, mais il existe des milliards de milliards d'étoiles dans l'Univers, chacune susceptible d'avoir son propre système planétaire. Les astronomes ont découvert des milliers d'exoplanètes, des mondes situés en dehors de notre système solaire. Ces découvertes soulèvent des questions sur la possibilité d'autres formes de vie et sur notre place dans l'Univers.

L'Échelle Quantique

Enfin, plongeons dans le monde de l'infiniment petit. À l'échelle quantique, les chiffres prennent une tournure encore plus étrange. Les particules subatomiques, telles que les quarks et les électrons, défient notre intuition et suivent des règles étranges de la mécanique quantique. Là, l'immensité se réduit à des incertitudes et à des probabilités, créant un contraste fascinant avec les vastes étendues de l'Univers.

Les Piliers de la Cosmologie

L'Espace - Le Théâtre de l'Univers

L'espace est la toile de fond de tout ce qui existe. Il est bien plus que le vide apparent entre les astres ; c'est la structure même de l'Univers. Albert Einstein a révolutionné notre compréhension de l'espace avec sa théorie de la relativité générale. Selon cette théorie, l'espace et le temps sont intrinsèquement liés dans une entité appelée espace-temps. L'espace-temps peut se courber sous l'influence de la matière et de l'énergie, créant ainsi la force gravitationnelle.

La Matière - Les Briques de la Réalité

La matière constitue le tissu même de l'Univers. Tout ce que nous voyons, touchons, et ressentons est fait de matière. Les atomes sont les éléments de base de la matière, composés de protons, de neutrons, et d'électrons. Mais la matière ne se limite pas aux objets tangibles ; elle englobe également des particules subatomiques, des neutrinos fugitifs aux mystérieux bosons de Higgs, responsables de donner leur masse aux autres particules.

Au-delà de la matière ordinaire, il existe une composante encore plus énigmatique : la matière noire. Bien qu'elle n'interagisse pas avec la lumière, elle exerce une influence gravitationnelle significative, maintenant la cohésion des galaxies et des amas de galaxies. Sa nature exacte reste un des plus grands mystères de la cosmologie.

L'Énergie - La Force Motrice de l'Univers

L'énergie est la force motrice de l'Univers. Elle prend de nombreuses formes, de l'énergie cinétique d'une comète en mouvement à l'énergie potentielle gravitationnelle d'une étoile sur le point d'exploser en supernova. La célèbre équation $E=mc^2$ d'Einstein révèle le lien profond entre la matière et l'énergie, indiquant que la matière peut être convertie en énergie et vice-versa.

L'énergie est également à la base des quatre forces fondamentales de l'Univers : la gravité, l'électromagnétisme, la force nucléaire forte et la force nucléaire faible. Ces forces gouvernent l'interaction de toutes les particules dans l'Univers, des galaxies entières aux plus petites particules subatomiques.

Le Temps - Le Flux Continu

Enfin, le temps, une dimension mystérieuse qui s'écoule inexorablement, est la toile sur laquelle se déroule le drame de l'Univers. Il mesure les changements, les évolutions et les interactions entre la matière et l'énergie. Selon la relativité d'Einstein, le temps n'est pas une entité absolue, mais plutôt une dimension flexible qui peut varier en fonction de la vitesse et de la gravité.

Le temps est également au cœur des questions cosmologiques fondamentales. L'âge de l'Univers est une mesure cruciale qui nous permet de retracer l'histoire de l'Univers depuis le Big Bang. Cependant, le temps lui-même pourrait avoir des propriétés encore inconnues, et des théories telles que la théorie des cordes suggèrent des dimensions temporelles supplémentaires au-delà de notre compréhension actuelle.

Les Composants Majeurs de l'Univers

La Matière Baryonique : Les Briques Fondamentales

Au cœur de notre Univers se trouve la matière baryonique, une catégorie de matière composée de particules subatomiques appelées baryons. Les baryons comprennent des protons, des neutrons et d'autres particules similaires. Tout ce que nous pouvons voir, toucher et ressentir dans l'Univers, de la Terre aux étoiles et aux galaxies, est constitué de matière baryonique. Cette matière forme l'étoffe même de notre réalité quotidienne.

Les atomes, qui sont à leur tour composés de noyaux de protons et de neutrons entourés d'électrons en orbite, sont les briques élémentaires de la matière baryonique. L'ensemble de la chimie, de la biologie et de la physique que nous connaissons découle de l'interaction complexe des atomes et de leurs composants.

La Matière Noire : L'Énigme Invisible

Pourtant, l'Univers recèle un mystère profond : la matière noire. Environ 27 % de la composition de l'Univers est constituée de cette substance mystérieuse qui ne brille pas, ne réfléchit pas la lumière et ne produit pas de signaux électromagnétiques que nous pouvons détecter directement. Alors, pourquoi en parlons-nous ?

La matière noire est invisible, mais elle est loin d'être insignifiante. Son existence est déduite par son influence gravitationnelle sur la matière ordinaire que nous pouvons observer. Elle joue un rôle crucial dans la formation des structures cosmiques, en agissant comme une sorte de squelette invisible qui guide la distribution de la matière baryonique. Sans elle, les galaxies, les étoiles et même notre propre système solaire ne se seraient pas formés de la même manière.

Les scientifiques cherchent depuis des décennies à percer le mystère de la matière noire, à comprendre sa nature et à la détecter directement. Jusqu'à présent, elle demeure évasive, mais son influence est indéniable.

L'Énergie Sombre : La Force Mystérieuse de l'Expansion

L'Univers réserve encore une autre surprise, l'énergie sombre. Environ 68 % de l'Univers est constitué de cette énigmatique forme d'énergie qui semble repousser les galaxies les unes des autres, provoquant une expansion de l'Univers à grande échelle. L'énergie sombre est un peu comme une force cosmique invisible qui contrebalance la gravité, empêchant ainsi l'Univers de s'effondrer sur lui-même.

Le concept d'énergie sombre est une révélation relativement récente en cosmologie, et il reste beaucoup à découvrir sur sa nature fondamentale. Pourtant, son existence nous rappelle que l'Univers est imprégné de forces invisibles et mystérieuses qui façonnent son destin.

Le Rayonnement Électromagnétique : La Lumière de l'Univers

Lorsque nous observons le ciel nocturne, nous sommes confrontés à une multitude de points lumineux, chaque étoile étincelante émettant une lumière qui a voyagé pendant des années, voire des milliers d'années, pour atteindre nos yeux. Cette lumière est une forme de rayonnement électromagnétique, une manifestation fondamentale de l'énergie dans l'Univers.

Le rayonnement électromagnétique se propage sous forme de photons, des particules élémentaires de lumière. Il couvre tout le spectre électromagnétique, de la lumière visible aux rayons X en passant par les ondes radio. Grâce à la détection de différentes longueurs d'onde de rayonnement électromagnétique, les astronomes peuvent étudier l'Univers, des planètes lointaines aux trous noirs.

Le Rayonnement Cosmique : Des Particules Venue de Loin

Au-delà de la lumière visible se trouve un rayonnement cosmique, un flux de particules subatomiques provenant de l'espace lointain. Les rayons cosmiques sont principalement constitués de protons et de noyaux atomiques chargés, mais ils peuvent également inclure des électrons et d'autres particules. Ils parcourent de vastes distances à des énergies considérables, provenant peut-être de sources lointaines telles que les supernovas ou les trous noirs.

Les rayons cosmiques interagissent avec l'atmosphère terrestre, créant une cascade de particules secondaires qui peuvent être détectées au sol. Étudier les rayons cosmiques nous offre un aperçu précieux de l'énergie et des phénomènes violents qui se produisent dans l'Univers.

L'Énergie Cinétique : Le Mouvement Perpétuel des Étoiles et des Planètes

L'énergie cinétique est une forme d'énergie associée au mouvement. Dans l'Univers, cette énergie est omniprésente, car tout, des planètes en orbite autour des étoiles, aux étoiles en mouvement dans les galaxies, est en mouvement constant.

Les lois de la mécanique céleste décrivent comment l'énergie cinétique gouverne les mouvements des objets célestes. Cette énergie est essentielle à la dynamique de l'Univers, dictant les trajectoires des comètes, des astéroïdes, des planètes et des étoiles.

L'Énergie Potentielle Gravitationnelle : La Force de l'Attraction

L'attraction gravitationnelle est une force fondamentale qui régit l'Univers, de la chute d'une pomme à l'orbite des planètes autour du Soleil. Cette force est intimement liée à l'énergie potentielle gravitationnelle, qui est l'énergie stockée dans un objet en raison de sa position par rapport à un autre objet massif.

L'énergie potentielle gravitationnelle est responsable de la formation des systèmes planétaires, des galaxies et même des amas de galaxies. Elle joue un rôle crucial dans la structure à grande échelle de l'Univers, créant des filaments cosmiques et des structures en forme de toile d'araignée qui relient les galaxies.

L'Énergie Thermique : La Chaleur de l'Univers

L'énergie thermique est une forme d'énergie associée à la chaleur et à la température des objets. Dans l'Univers, la chaleur est omniprésente, des étoiles brûlantes aux résidus chauds de supernovas. L'énergie thermique est responsable de la fusion nucléaire au cœur des étoiles, de l'émission de rayonnement infrarouge et de la création de vastes nuages de gaz chauds.

Cette chaleur cosmique façonne l'environnement des étoiles et des planètes, influençant la formation des systèmes stellaires et des corps célestes. Elle contribue également à l'histoire thermique de l'Univers, marquée par des événements tels que le

Big Bang et le refroidissement subséquent de l'Univers en expansion.

Les Principales Structures Cosmiques

Les Galaxies : Les Joyaux de l'Univers

Les galaxies sont les entités fondamentales de notre cosmos, de vastes îles cosmiques composées de milliards, voire de trillions d'étoiles, de gaz, de poussières et de matière noire. Elles varient en taille, en forme et en composition, créant une mosaïque incroyable de diversité.

Notre propre galaxie, la Voie lactée, est une spirale majestueuse, contenant une myriade d'étoiles et de systèmes solaires, dont le nôtre. Les galaxies elliptiques, en forme de sphères, et les galaxies irrégulières, aux contours chaotiques, témoignent de la variété infinie de formes galactiques.

Les Amas de Galaxies : Confluences Célestes

Les galaxies ne sont pas dispersées aléatoirement dans l'Univers, mais elles se regroupent en amas, qui sont d'immenses rassemblements de galaxies liées par la gravité. Ces amas peuvent contenir des centaines ou des milliers de galaxies et sont parmi les structures les plus massives de l'Univers.

La gravité au sein de ces amas est si intense qu'elle déforme l'espace-temps lui-même, créant des lentilles gravitationnelles qui amplifient et déforment la lumière provenant d'objets lointains. Les amas de galaxies sont des laboratoires cosmiques fascinants qui nous aident à comprendre la distribution de la matière à grande échelle dans l'Univers.

Les Vides Cosmiques : Des Étendues d'Étrangeté

Si les amas de galaxies sont les nœuds denses de l'Univers, les vides cosmiques en sont les espaces vides. Ce sont d'immenses étendues d'espace pratiquement dépourvues de galaxies et de matière visible. Cependant, bien qu'ils puissent sembler vides, ils sont tout sauf insignifiants.

Les vides cosmiques sont le résultat de l'expansion de l'Univers, qui a créé des bulles où la densité de la matière est très faible. Ils sont essentiels pour comprendre la structure à grande échelle de l'Univers, car ils servent de toile de fond contre laquelle les amas de galaxies se détachent. Les vides cosmiques nous rappellent également l'incroyable étendue de l'Univers et l'importance de la matière noire dans la formation des structures cosmiques.

Les Filaments Cosmiques : Les Routes de l'Univers

Pour relier ces structures cosmiques massives, l'Univers est parcouru de filaments cosmiques, de gigantesques structures en forme de toile d'araignée qui servent de routes célestes. Ces filaments sont constitués de gaz chaud, de matière noire et de galaxies enchevêtrées dans un réseau complexe.

Les filaments cosmiques agissent comme des autoroutes pour la matière et l'énergie, permettant aux galaxies de se déplacer et d'interagir à travers l'Univers. Ils sont également les sites de formations stellaires actives, où de nouvelles étoiles naissent au sein de vastes nuages de gaz et de poussière.

Les Superamas de Galaxies : Des Structures Colossales

Au-delà des amas de galaxies, les superamas de galaxies se dressent comme les plus grandes structures de l'Univers observable. Ils sont formés de multiples amas de galaxies reliés par des filaments cosmiques, créant des complexes d'une échelle stupéfiante.

Le superamas de galaxies le plus proche de nous, le superamas de la Vierge, abrite la Voie lactée et la galaxie d'Andromède, entre autres. Ces immenses structures cosmiques exercent une influence gravitationnelle sur les galaxies qui les entourent, contribuant ainsi à façonner la distribution de la matière à grande échelle.

Les Murs Cosmiques : Barrières Célestes

Enfin, les murs cosmiques sont des structures massives qui entourent les vides cosmiques, créant une frontière nette entre les régions riches en galaxies et les espaces relativement vides. Ces murs sont constitués de galaxies, de matière noire et de gaz intergalactique, et ils peuvent s'étendre sur des centaines de millions d'années-lumière.

Les murs cosmiques jouent un rôle clé dans la formation et l'évolution des galaxies en concentrant la matière dans leurs régions denses. Ils sont le résultat de l'interaction complexe entre la gravité et l'expansion de l'Univers.

Les Quatre Forces Fondamentales

La Gravité

La gravité est la force qui attire tous les objets ayant une masse. Elle est responsable de la chute des objets sur Terre, du mouvement des planètes autour du Soleil, et de la formation des galaxies. Malgré sa familiarité, la gravité est la plus faible des forces fondamentales et, étonnamment, la moins comprise.

L'Électromagnétisme

L'électromagnétisme est la force qui agit entre les particules chargées. C'est cette force qui crée la lumière, lie les atomes ensemble pour former des molécules, et est responsable de la quasi-totalité des phénomènes que nous rencontrons dans la vie quotidienne, de l'électricité aux ondes radio.

L'Interaction Nucléaire Faible

Cette force est responsable de certains types de radioactivité et joue un rôle crucial dans le processus de fusion nucléaire qui alimente le soleil. Bien que faible, l'interaction nucléaire faible a un impact profond sur l'Univers, influençant, par exemple, la formation des éléments dans les étoiles.

L'Interaction Nucléaire Forte

C'est la force qui maintient les nucléons (protons et neutrons) ensemble dans le noyau atomique. C'est la plus forte des quatre forces, mais son effet est confiné à de très petites distances, à l'intérieur du noyau.

Les Énigmes qui Défient la Cosmologie

L'Univers recèle des énigmes captivantes qui continuent de défier la compréhension humaine. Depuis le cataclysme cosmique du Big Bang jusqu'aux intrigants mystères de la matière noire et de l'énergie sombre, en passant par les singularités des trous noirs et les défis de l'unification de la gravité et de la mécanique quantique, la cosmologie nous invite à un voyage intellectuel fascinant. Au cœur de cette quête, des esprits brillants s'efforcent de percer les secrets de l'Univers, soulevant des questions profondes qui touchent à notre compréhension de l'origine, de la structure et du destin de l'Univers lui-même. Dans cette section, nous explorerons ces énigmes cosmiques, examinant les théories audacieuses et les découvertes intrigantes qui éclairent progressivement l'inconnu cosmique.

L'Origine de l'Univers

Le Big Bang, cet incroyable cataclysme cosmique à l'origine de tout ce que nous connaissons, continue de susciter fascination et perplexité parmi les scientifiques et les curieux de l'Univers. Si nous pouvons remonter le fil du temps cosmique jusqu'à quelques instants après cet événement, l'instant précis du Big Bang demeure insaisissable, nous laissant dans l'ombre de l'inconnu. Les questions affluent : y avait-il un « avant » le Big Bang ? Ou bien cet événement a-t-il marqué le commencement absolu de tout ce qui existe ?

Pourtant, au cœur de cette obscurité, les esprits brillants de la cosmologie et de la physique théorique ont élaboré plusieurs théories audacieuses pour tenter d'éclairer le mystère de l'origine de notre Univers. Ces théories nous invitent à un voyage intellectuel fascinant pour comprendre les tenants et les aboutissants de ce moment exceptionnel.

L'une des théories les plus intrigantes est celle du « rebond cosmique ». Selon cette idée, l'Univers actuel que nous observons est le résultat d'un effondrement dramatique et d'une compression de l'Univers précédent. Imaginez cela comme un cycle sans fin, où un Univers meurt pour donner naissance à un autre. Dans ce scénario, le Big Bang n'est pas un début absolu, mais plutôt une transition entre deux ères cosmiques. Cependant, cette théorie soulève des questions profondes. Comment un Univers pourrait-il s'effondrer pour engendrer un autre ? Quels mécanismes sont à l'œuvre dans ce processus mystérieux ? Et, surtout, comment pourrions-nous mettre ces idées à l'épreuve pour découvrir des preuves tangibles ?

Une autre hypothèse captivante nous vient de la « cosmologie branaire » où l'Univers est conçu comme une « brane » immergée dans un espace multidimensionnel. Selon cette vision, le Big Bang serait le résultat d'une collision entre deux branes, l'une de notre Univers et l'autre d'un Univers voisin, provoquant une libération d'énergie gigantesque qui a donné naissance à notre cosmos. Mais, tout comme la théorie du rebond cosmique, cette théorie soulève des défis considérables. Comment pouvons-nous tester ces concepts abstraits qui semblent si éloignés de notre expérience quotidienne ?

Chacune de ces hypothèses apporte une perspective unique sur l'origine de notre Univers, ouvrant la porte à des découvertes potentiellement révolutionnaires. Pourtant, en dépit de ces idées fascinantes, le Big Bang reste une énigme à bien des égards. Les scientifiques continuent de chercher des preuves directes et indirectes pour confirmer ou infirmer ces théories. Les observations de l'Univers primordial, les signaux du fond cosmique de micro-ondes, et les expériences menées dans des accélérateurs de particules sont autant de moyens pour sonder les profondeurs du cosmos et éclairer l'obscurité du Big Bang.

La Matière Noire

Imaginez que vous observiez une course de chevaux, mais que les chevaux soient invisibles, seuls leurs effets sur la piste étant perceptibles. C'est un peu ce que ressentent les astrophysiciens lorsqu'ils étudient la matière noire, l'un des mystères les plus intrigants de l'Univers.

Comme indiqué auparavant, environ 27 % de l'Univers est constitué de cette substance invisible, qui exerce une force gravitationnelle sur la matière ordinaire que nous pouvons voir. Pourtant, malgré son omniprésence cosmique, la matière noire demeure insaisissable. Elle se cache dans l'ombre, se jouant des regards inquisiteurs des scientifiques.

Les astrophysiciens ont émis l'hypothèse que la matière noire pourrait être composée de particules exotiques, telles que les axions ou les neutralinos. Ces particules, si elles existent, interagissent avec la matière ordinaire de manière extrêmement discrète, échappant à nos détecteurs les plus sensibles.

Pourtant, la matière noire ne se contente pas de défier nos tentatives de détection directe, elle sculpte l'Univers lui-même. Ses vastes réservoirs invisibles guident la formation des galaxies, influençant la manière dont elles tournent et interagissent les unes avec les autres. Elle agit comme une mystérieuse main invisible, dirigeant la danse cosmique des astres.

L'une des principales quêtes de la cosmologie moderne est donc de percer le secret de cette matière noire. Comment se forme-t-elle ? Quelle est sa véritable nature ? Est-elle constituée de particules exotiques ou d'autre chose que nous n'avons même pas encore imaginé ? Ces questions, parmi les plus énigmatiques de la science, demeurent sans réponse.

Pour tenter de comprendre la matière noire, les scientifiques mènent des expériences profondément enfouies sous terre, espérant capturer une de ces particules fugitives. Ils conçoivent des détecteurs ultra-sensibles, refroidissent des cristaux à des températures proches du zéro absolu, et scrutent le cosmos à la recherche d'indices indirects.

La chasse à la matière noire est un défi de taille, mais elle pourrait révéler certains des secrets les mieux gardés de l'Univers. La découverte de sa nature profonde pourrait non seulement bouleverser nos théories actuelles, mais aussi nous éclairer sur la manière dont l'Univers lui-même est construit.

L'Énergie Sombre

Tout comme la matière noire, l'énergie sombre demeure l'un des grands mystères cosmologiques. Près des deux tiers de l'Univers sont constitués de cette mystérieuse force invisible qui pousse tout loin de tout, provoquant une expansion cosmique à un rythme vertigineux, mais nous ignorons encore tout de sa nature profonde.

Ce phénomène a été révélé grâce à des observations astrophysiques minutieuses, notamment l'observation de supernovas lointaines. Imaginez-le comme si quelqu'un appuyait sur la pédale d'accélération de l'expansion cosmique.

Ce qui rend l'énergie sombre si captivante, c'est que nous ne savons rien de ce qu'elle est. Les scientifiques ont avancé différentes hypothèses pour tenter de percer ce mystère. L'une des théories les plus courantes est celle de la constante cosmologique, une forme d'énergie qui remplit même l'espace vide. En d'autres termes, il y a de l'énergie sombre partout, même là où l'on pensait qu'il n'y avait rien.

Mais chaque réponse soulève de nouvelles questions. Pourquoi cette énergie existe-t-elle en premier lieu ? Pourquoi a-t-elle commencé à influencer l'Univers de manière si dominante relativement récemment, au lieu d'agir dès le début du temps ? Ce sont des interrogations auxquelles les scientifiques tentent encore de répondre.

Pour mieux comprendre ce phénomène énigmatique, imaginez l'Univers comme une immense toile d'araignée, avec des galaxies comme des perles reliées par des fils invisibles. L'énergie sombre, tel un vent subtil, souffle et éloigne progressivement ces perles cosmiques les unes des autres. Ce phénomène, appelé expansion accélérée, a été découvert de manière inattendue, secouant le monde de la cosmologie.

Les expériences menées par des équipes de scientifiques dévoués, équipés d'observatoires spatiaux et de télescopes sophistiqués, ont permis de mesurer l'impact de l'énergie sombre sur l'Univers. Leurs découvertes ont radicalement modifié notre vision du cosmos. Ainsi, nous avons réalisé que l'Univers n'est pas seulement en expansion, mais que cette expansion s'accélère, défiant ainsi les lois de la gravité telles que nous les comprenions.

L'énergie sombre ne se contente pas de pousser les galaxies à s'éloigner les unes des autres. Elle joue également un rôle essentiel dans l'équilibre de l'Univers. Si cette force était différente de ce qu'elle est, notre Univers pourrait être radicalement différent, peut-être même incompatible avec la vie telle que nous la connaissons. Par conséquent, la compréhension de cette énigme est cruciale pour percer les secrets de notre existence.

Expansion Éternelle ou Effondrement Cosmique

L'avenir de l'Univers est une question qui préoccupe depuis longtemps les cosmologues. Deux scénarios extrêmes se dessinent : l'expansion éternelle et l'effondrement cosmique, chacun offrant une vision fascinante de ce qui pourrait advenir.

Dans le scénario de l'expansion éternelle, l'Univers continue de s'étendre sans fin. Cela signifie que les galaxies continuent de s'éloigner les unes des autres, et que l'espace entre elles devient de plus en plus vaste. À mesure que cette expansion se poursuit, l'Univers devient progressivement plus froid et plus sombre. Les étoiles s'épuisent et s'éteignent, plongeant l'Univers dans une obscurité profonde. C'est un destin où le temps lui-même semble s'étirer à l'infini.

À l'inverse, le scénario de l'effondrement cosmique envisage un destin où la gravité finit par prendre le dessus sur l'expansion. Dans cette vision, tout ce qui compose l'Univers commence à converger vers un point central, comme un gigantesque tourbillon cosmique. Cette convergence impliquerait finalement un effondrement ultime, où toute la matière et l'énergie de l'Univers se rassembleraient en un seul point, créant une singularité. Ce scénario est parfois appelé « Big Crunch, » en opposition au Big Bang qui a donné naissance à notre Univers.

Actuellement, les observations et les données disponibles suggèrent que l'expansion éternelle est le destin le plus probable de notre Univers. Cependant, cette question est loin d'être résolue, et elle suscite un débat animé parmi les cosmologues.

Densité Critique

L'Univers dans lequel nous vivons semble être parfaitement équilibré entre deux forces antagonistes : la gravité, qui attire la matière vers elle, et l'expansion, qui pousse tout à s'éloigner. Cet équilibre fragile est connu sous le nom de « densité critique. »

Imaginez un instant que l'Univers soit comme une balance cosmique, délicatement calibrée. Si cette balance penchait légèrement du côté de la densité, la gravité l'emporterait sur l'expansion. Les galaxies, les étoiles et toute la matière s'effondreraient inévitablement sur elles-mêmes, plongeant l'Univers dans un effondrement cosmique. Cela pourrait ressembler à une grande implosion cosmique, où tout reviendrait à un point central.

À l'inverse, si cette balance cosmique penchait légèrement vers la sous-densité, alors l'expansion serait la force dominante. Les galaxies s'éloigneraient de plus en plus les unes des autres, de manière irréversible, provoquant une expansion éternelle de l'Univers. Dans ce scénario, l'Univers serait un vaste espace froid et sombre, avec des galaxies dispersées comme des perles éparpillées au vent.

Le fait le plus intriguant est que notre Univers semble se maintenir sur la ligne étroite de la densité critique, comme un funambule cosmique qui évolue sur un fil tendu. Pourquoi cet équilibre précaire ? Pourquoi l'Univers semble-t-il choisir cette voie si délicate entre l'effondrement et l'expansion éternelle ?

C'est l'un des grands mystères qui passionnent les esprits curieux de la cosmologie. Cette question nous pousse à réfléchir aux conditions initiales de l'Univers et aux lois physiques qui le régissent. Est-ce le fruit du hasard ou le résultat d'un plan cosmique minutieusement orchestré ?

La Nature de l'Espace-Temps

L'espace-temps, cet étrange concept qui unit les dimensions de l'espace et du temps en une seule entité, est au cœur de certaines des questions les plus profondes de la cosmologie. Pourtant, malgré toutes les avancées remarquables de la science, il demeure une énigme fascinante à bien des égards.

Selon la théorie de la relativité générale d'Einstein, la matière et l'énergie courbent l'espace-temps autour d'elles, créant ainsi la force de gravité que nous connaissons. Imaginez que l'Univers soit comme une grande surface élastique. Des objets très massifs, comme des planètes ou des étoiles, sont posés sur cette surface. Leur masse provoque une déformation dans la surface, un peu comme si vous mettiez un poids sur un trampoline, créant un creux. Cette déformation dans l'espace attire d'autres objets vers elle, un peu comme si vous rouliez une balle sur le trampoline, elle roulerait vers le creux. C'est ce que nous observons avec la gravité dans l'Univers. Les objets massifs courbent l'espace-temps autour d'eux, et cela affecte la manière dont les autres objets se déplacent, les attirant les uns vers les autres.

Cependant, de nombreuses questions subsistent. Pourquoi la matière et l'énergie déforment-elles l'espace-temps de cette manière particulière ? Y a-t-il des détails dans cette déformation que nous ne comprenons pas encore ? De plus, comment l'espace-temps se comporte-t-il au niveau des particules les plus petites de l'Univers ?

Enfin, il y a la question de l'origine de l'espace-temps. Comment et pourquoi l'Univers a-t-il adopté cette structure d'espace-temps spécifique ? Y a-t-il eu un moment initial où l'espace-temps a émergé, et si oui, quels mécanismes étaient en jeu à ce moment-là ? Ces questions restent des sujets passionnants de recherche scientifique.

Les Trous Noirs

Les trous noirs, ces objets cosmiques fascinants, vestiges de l'effondrement gravitationnel d'étoiles massives, sont à la fois des merveilles de la physique et des mystères insondables de l'Univers.

L'une des caractéristiques les plus mystérieuses des trous noirs est leur incroyable pouvoir de gravité, qui est si intense que rien, absolument rien, pas même la lumière, ne peut échapper à leur emprise. Imaginez-vous approcher un de ces monstres cosmiques. Vous vous rapprochez toujours plus, mais à un moment donné, vous atteignez un point de non-retour, un endroit où l'attraction gravitationnelle devient irrésistible. C'est le fameux « horizon des événements » d'un trou noir, un seuil au-delà duquel tout ce qui entre est condamné à disparaître dans le néant à jamais.

Mais ce qui rend les trous noirs encore plus captivants, c'est leur intérieur, appelé « singularité, » qui est un point où les lois de la physique telles que nous les connaissons cessent de s'appliquer. Les équations d'Einstein montrent que la densité à l'intérieur d'un trou noir devient infinie, ce qui signifie que les lois de la physique échouent à décrire ce qui se passe en son cœur. C'est comme si l'espace et le temps se déformaient jusqu'à atteindre des extrêmes inimaginables.

De plus, les trous noirs sont au centre de l'énigme de l'information perdue. Lorsque la matière est aspirée par un trou noir, que devient-elle ? Selon nos règles actuelles, cette information devrait être perdue à jamais. Cependant, cela contredirait le principe fondamental de la conservation de l'information en physique. Ce principe dit que l'information ne peut ni être créée ni détruite, elle peut seulement changer de forme.

Les scientifiques se demandent aussi comment les trous noirs se forment initialement. Sont-ils vraiment nés de l'effondrement d'étoiles massives, comme nous le pensons, ou y a-t-il d'autres mécanismes à l'œuvre ?

Ainsi, penser aux trous noirs, c'est se confronter à des paradoxes étonnants. Ils contredisent nos notions classiques de la réalité, remettent en question la conservation de l'information et suscitent des débats ardents parmi les physiciens.

Gravité et Mécanique Quantique

L'unification de la relativité générale d'Einstein et de la mécanique quantique est l'une des énigmes les plus intrigantes et captivantes de la physique contemporaine.

Ces deux théories, chacune remarquablement précise dans son propre domaine, ont été rigoureusement testées et démontrées avec succès dans leurs contextes respectifs. La relativité générale d'Einstein nous offre une description précise de la gravité à grande échelle, expliquant la manière dont la matière courbe l'espace-temps et influence les trajectoires des objets massifs, des planètes aux galaxies. D'un autre côté, la mécanique quantique est exceptionnellement précise pour décrire le comportement des particules subatomiques, où les concepts tels que la superposition et l'intrication sont essentiels pour comprendre leur nature.

Cependant, lorsqu'on essaie de combiner ces deux théories pour avoir une vision complète de l'Univers à toutes les échelles, des conflits apparaissent. En particulier, elles semblent se contredire lorsqu'on les applique à des situations extrêmes, telles que près des singularités gravitationnelles au sein des trous noirs ou lors des premiers instants du Big Bang. À ces échelles, les lois de la physique telles que nous les connaissons semblent perdre leur validité, et les théories actuelles ne parviennent pas à fournir une explication cohérente et unifiée.

Cette contradiction est captivante et les physiciens théoriciens travaillent sans relâche pour développer une théorie de la « gravité quantique » qui pourrait concilier ces deux perspectives apparemment contradictoires.

Imaginez cela comme la recherche d'un langage Universel de la physique, un dialecte qui pourrait expliquer les phénomènes à toutes les échelles, du plus petit au plus grand. Cette recherche passionnante a déjà conduit à de nouvelles théories et à des perspectives innovantes, mais elle est loin d'être résolue. Sa résolution pourrait non seulement révolutionner notre compréhension de l'Univers, mais aussi ouvrir la voie à des avancées technologiques et scientifiques majeures.

En conclusion, ce premier chapitre nous a guidés à travers une odyssée cosmique, dévoilant l'immensité de l'Univers, ses phénomènes énigmatiques et ses composants fondamentaux. Nous avons exploré les vastes étendues de l'espace, la nature mystérieuse de la matière noire, les curiosités des singularités cosmiques et bien plus encore. À chaque tournant, nous avons été confrontés à des questions qui repoussent les limites de notre compréhension et nous invitent à contempler notre place dans cet incroyable cosmos.

Mais notre voyage ne s'arrête pas ici. Chaque découverte nous ouvre des portes vers de nouvelles interrogations, chaque réponse nous mène à des mystères plus profonds. L'Univers continue de nous défier et de nous émerveiller, et c'est dans cet esprit d'exploration incessante que nous nous tournons vers le prochain chapitre : « Évolution de la Recherche Cosmologique ».

Dans ce chapitre, nous allons plonger dans l'histoire fascinante de la cosmologie, de ses balbutiements philosophiques à ses avancées scientifiques les plus récentes. Nous suivrons le parcours des scientifiques et des penseurs qui ont façonné notre compréhension de l'Univers. Nous découvrirons comment la technologie, la théorie et les observations ont évolué main dans la main pour révéler les secrets de l'Univers. Préparez-vous à être inspirés par les triomphes et les défis de ceux qui ont consacré leur vie à déchiffrer les codes de l'Univers. Le voyage continue, et chaque nouvelle connaissance nous rapproche de la compréhension des mystères ultimes de notre existence cosmique.

2

Évolution de la Recherche Cosmologique

Le cosmos, avec ses myriades de galaxies, d'étoiles et de planètes, a fasciné l'humanité depuis des temps immémoriaux. L'étude de l'Univers et de ses origines remonte à l'aube de la civilisation, où les premiers observateurs du ciel ont tracé des constellations et élaboré des mythes pour expliquer les phénomènes célestes. Cependant, la cosmologie en tant que discipline scientifique a parcouru un chemin extraordinaire depuis ses modestes débuts.

Ce deuxième chapitre explore l'évolution de la recherche cosmologique, un voyage à travers les âges qui nous conduira de la philosophie ancienne à la cosmologie moderne. Nous examinerons comment les idées sur la nature de l'Univers ont évolué au fil du temps, comment les scientifiques ont développé des outils pour explorer le cosmos, et comment notre compréhension de l'Univers a été profondément transformée au cours des derniers siècles.

La première partie nous plongera dans les premières conceptions cosmologiques des civilisations anciennes, des cosmogonies aux théories géocentriques d'Aristote et de Ptolémée. Nous suivrons ensuite l'évolution de la pensée cosmologique à travers les révolutions scientifiques de la Renaissance et de l'ère moderne, en explorant les contributions de Galilée, Copernic, Kepler, et bien d'autres, jusqu'à l'émergence de la cosmologie relativiste d'Einstein au 20e siècle.

La deuxième partie nous emmènera dans le monde passionnant de la cosmologie contemporaine. Nous découvrirons les théories et les découvertes récentes qui ont révolutionné notre vision de l'Univers, de la découverte de l'expansion de l'Univers aux notions intrigantes de matière noire et d'énergie sombre. Nous explorerons également les instruments et les observatoires de pointe qui nous permettent d'explorer les confins de l'Univers observable.

Ce voyage à travers l'histoire de la cosmologie et les recherches actuelles nous montrera à quel point notre compréhension de l'Univers a évolué et continue d'évoluer. Il révélera également les mystères profonds qui subsistent, incitant les chercheurs à poursuivre leurs explorations pour percer les secrets de l'Univers dans lequel nous vivons.

Histoire de la Cosmologie

L'histoire de la cosmologie est une saga fascinante qui s'étend sur des millénaires, où l'humanité a cherché à percer les mystères de l'Univers et à comprendre sa propre place au sein de cet infini céleste. Des premières croyances mythologiques aux révolutions scientifiques, cette quête de connaissance a évolué au fil du temps, façonnant notre perception de l'Univers et notre compréhension des lois qui le gouvernent. Dans cette section, nous remonterons le temps pour explorer l'évolution des idées cosmologiques, des civilisations anciennes à la cosmologie moderne, en découvrant les grands penseurs, les théories révolutionnaires et les moments clés qui ont marqué ce voyage intellectuel extraordinaire.

Les Premiers Pas de la Cosmologie

Cosmologies Anciennes du Monde

L'exploration des étoiles et des astres a une longue histoire qui remonte à l'aube de l'humanité. Bien avant l'invention de l'écriture et la tenue de registres historiques, nos ancêtres se tournaient déjà vers le firmament avec fascination et curiosité. Les premières observations astronomiques, bien que non documentées dans des archives, peuvent être datées de centaines de milliers d'années en arrière, lorsque des hominidés comme *Homo erectus* et *Homo habilis* contemplaient le ciel nocturne.

Cependant, les premiers enregistrements astronomiques que nous possédons remontent à des civilisations anciennes qui ont laissé une empreinte précieuse dans l'histoire de l'astronomie. Des peuples tels que les Sumériens, les Babyloniens, les Égyptiens et les Chinois ont consigné leurs observations célestes, créant ainsi des archives qui témoignent de leur compréhension croissante du cosmos. Ces anciens astronomes ont enregistré les positions stellaires, les phases lunaires, et les événements astronomiques remarquables avec une précision surprenante.

Une des formes les plus visibles de ces observations astronomiques préhistoriques est la construction de monuments mégalithiques, comme le célèbre Stonehenge en Angleterre. Ces structures massives étaient souvent soigneusement alignées avec des points de repère astronomiques, tels que le lever ou le coucher du Soleil à des moments spécifiques de l'année. Elles servaient probablement à marquer des événements saisonniers cruciaux, comme les solstices et les équinoxes.

Les observations des cycles lunaires et solaires étaient fondamentales pour l'élaboration des premiers calendriers. Les anciennes civilisations, comme les Égyptiens et les Sumériens, ont créé des calendriers basés sur les phases lunaires et les positions du Soleil dans le ciel. Ces calendriers étaient essentiels pour l'agriculture, la planification des activités religieuses et civiques, ainsi que pour la navigation.

Les observations astronomiques préhistoriques ont également joué un rôle majeur dans la création de mythes et de légendes. Les anciennes cultures ont souvent lié les mouvements célestes aux dieux et aux héros, donnant naissance à des récits mythologiques riches et complexes. Par exemple, les constellations que nous connaissons aujourd'hui étaient souvent associées à des histoires mythiques, facilitant ainsi leur mémorisation et leur transmission.

Malgré l'absence d'instruments astronomiques sophistiqués, les anciens astronomes étaient étonnamment précis dans leurs observations. Ils suivaient les mouvements des planètes, des étoiles et de la Lune avec minutie, ce qui leur permettait de prédire avec précision les éclipses et autres phénomènes célestes remarquables.

En somme, les observations astronomiques anciennes témoignent de la curiosité intemporelle de l'humanité envers le cosmos. Ces observateurs du ciel ont non seulement tracé les fondations de la science astronomique, mais ils ont également laissé une empreinte profonde dans notre culture, notre compréhension du temps, et notre relation avec l'Univers infini qui nous entoure.

L'Antiquité : Quand les Étoiles Rythmaient le Temps

À travers les siècles, les civilisations anciennes ont jeté les bases de ce qui allait devenir la cosmologie moderne. À une époque où les télescopes sophistiqués et les sondes spatiales n'étaient encore que des rêves lointains, les peuples de l'Antiquité ont fait preuve de créativité et d'ingéniosité pour explorer les mystères du cosmos.

Parmi ces civilisations, les Babyloniens se distinguent dès le 8e siècle avant notre ère. Ils ont développé une compréhension remarquable de l'astronomie en utilisant des instruments simples tels que des bâtons d'observation pour scruter les trajectoires des planètes et des étoiles. Mais ce qui les a véritablement démarqués, c'est leur utilisation ingénieuse de l'astronomie mathématique, incluant même des rudiments de trigonométrie. Ces compétences leur ont permis de prédire avec une précision étonnante les mouvements complexes des astres. Ils ont consigné ces observations sur des tablettes d'argile, créant ainsi une précieuse base de données célestes. Cette méthode était particulièrement astucieuse pour l'époque, alors que d'autres peuples utilisaient des papyrus ou des parchemins plus fragiles. En gravant des signes cunéiformes sur l'argile à l'aide de stylets, ils ont créé des archives extrêmement durables destinées à être transmises aux générations futures. Cette démarche était intimement liée à leur croyance en une communication avec les divinités célestes, faisant de leur quête de compréhension cosmique un acte sacré.

De l'autre côté du monde méditerranéen, les Égyptiens ont intégré leur recherche de compréhension au cœur de leurs monuments colossaux. Les pyramides, bâties il y a plus de 4 500 ans, étaient alignées avec une précision remarquable par rapport aux étoiles et aux constellations, démontrant ainsi leur connaissance avancée de l'astronomie. Ils ont utilisé des outils simples mais ingénieux, tels que les gnomons, pour mesurer les ombres projetées par le Soleil, offrant ainsi une précision extraordinaire dans la détermination des positions des astres. Pour les Égyptiens, ces alignements n'étaient pas seulement des prouesses techniques, mais aussi des chemins permettant aux âmes des pharaons, divinisés dans la mort, de voyager vers les cieux pour devenir des étoiles immortelles. Cette fusion unique entre la science, l'art et la religion confère aux pyramides un caractère mystique et symbolique profond, témoignant de la sophistication de cette civilisation ancienne.

Cependant, c'est en Grèce antique, au 6e siècle avant notre ère, que la cosmologie a connu un tournant décisif. Des penseurs grecs tels que Thalès, Anaximandre et Pythagore ont commencé à élaborer des théories sur la nature de la Terre et des astres. Ces philosophes ont fait usage d'instruments sophistiqués, tels que l'astrolabe, pour effectuer des mesures précises des positions des étoiles et des planètes. Leurs modèles géométriques complexes étaient le résultat d'observations visuelles minutieuses et de calculs mathématiques élaborés, marquant ainsi le début d'une approche rationnelle et scientifique de la compréhension de l'Univers.

Thalès, considéré par beaucoup comme l'un des premiers philosophes présocratiques, a été l'un des premiers à s'interroger sur la nature de l'Univers. Bien que ses idées n'aient pas directement traité de la forme de la Terre ou de sa position dans l'Univers, sa quête d'une explication rationnelle des phénomènes naturels a jeté les bases de la pensée scientifique.

Anaximandre, élève de Thalès, a continué cette recherche en proposant l'idée audacieuse que la Terre était un corps céleste distinct, suspendu dans l'espace, plutôt qu'une île flottant sur l'eau. Il a également élaboré des théories sur l'évolution des espèces et la formation des mondes, des idées visionnaires pour son époque.

Pythagore, célèbre pour son théorème en géométrie, est une figure emblématique de la cosmologie ancienne. À cette époque, la croyance commune prévalait en une Terre plate et immobile, occupant une place centrale dans un cosmos composé de sphères concentriques. Cependant, Pythagore a suggéré une idée révolutionnaire : celle d'une Terre sphérique en rotation, suspendue dans l'espace. Il a basé son raisonnement sur des observations géométriques et mathématiques. Bien que ses idées aient été influentes, il faudra plusieurs siècles avant qu'une confirmation empirique incontestable de la sphéricité et de la rotation de la Terre ne soit obtenue. Néanmoins, il avait déjà jeté les bases d'une révolution intellectuelle qui allait transformer notre perception du cosmos.

De plus, Pythagore a été le premier à envisager que l'Univers puisse être régi par un code numérique ou une forme de structure mathématique sous-jacente. Il croyait fermement en un Univers ordonné, basé sur des principes mathématiques. Fasciné par les nombres, il les considérait comme la clé de compréhension de tout ce qui existait dans l'Univers. Pour lui, les nombres possédaient des propriétés et des significations profondes, et il était convaincu que les relations mathématiques pouvaient être utilisées pour décrire et comprendre les phénomènes naturels. Cette conviction l'a conduit à explorer les liens entre les mathématiques et la philosophie, aboutissant à d'importantes découvertes en mathématiques.

En parallèle, Démocrite et son mentor Leucippe ont développé la théorie atomiste, qui stipulait que tout l'Univers était constitué d'atomes indivisibles en mouvement constant. Cette vision révolutionnaire de la matière et de l'Univers a jeté les bases des idées sur la structure de la matière qui émergeraient plus tard dans l'histoire de la cosmologie.

Ainsi, à travers les époques et les civilisations, l'humanité a poursuivi sa quête pour percer les secrets de l'Univers, utilisant la créativité, l'ingéniosité et la raison pour éclairer les ténèbres célestes et jeter les fondations de la cosmologie moderne.

Les Débuts de l'Héliocentrisme

Pendant la période s'étendant du 6e siècle avant notre ère jusqu'au 3e siècle après J.-C., l'exploration des mystères de l'Univers a donné naissance à une variété de pensées cosmologiques. Au cœur de cette époque, nous découvrons une figure éminente : Aristote, qui vécut au 4e siècle avant notre ère. Ses écrits en philosophie naturelle ont laissé une empreinte indélébile sur la pensée occidentale pendant des siècles. Aristote avançait que la Terre occupait le centre de l'Univers, avec tous les astres en orbite autour d'elle, dans des sphères concentriques. Cette vision géocentrique de l'Univers, étayée par des observations apparentes, allait dominer la cosmologie occidentale pendant plus de mille ans. Cependant, au sein de cette perspective géocentrique, une audace intellectuelle commença à germer. Au 3ᵉ siècle avant notre ère, Aristarque de Samos formula une théorie révolutionnaire : et si le Soleil était le véritable centre de l'Univers, et non la Terre ? Aristarque élabora ainsi un modèle héliocentrique novateur, mais son idée fut largement négligée à l'époque, malgré son importance historique.

Une autre personnalité importante de cette période était Eratosthène, un astronome et mathématicien du 3ᵉ siècle avant notre ère. En 240 avant J.-C., il réalisa une estimation remarquablement précise de la circonférence de la Terre en utilisant des méthodes mathématiques et en observant les ombres projetées par le Soleil, prouvant bien que la Terre est ronde. Cette découverte marqua le début d'une nouvelle ère de recherche cosmologique, confirmant l'importance cruciale des observations et des calculs précis dans la compréhension de notre planète et de l'Univers qui nous entoure.

Au 2ᵉ siècle après J.-C., Claude Ptolémée, un philosophe grec, publia « l'Almageste, » un ouvrage détaillant précisément le modèle géocentrique, basé sur des observations apparentes et des calculs mathématiques qui correspondaient bien aux mouvements célestes observés, ce qui lui valut une large acceptation, notamment par l'Église catholique médiévale. Cette acceptation influença grandement la pensée cosmologique de l'époque, et ce modèle géocentrique, qui plaçait la Terre au centre de l'Univers, prévalut dans la pensée occidentale pendant de nombreux siècles.

À cette époque, les travaux d'Hipparchus ont aussi contribué à l'astronomie avec le développement du premier catalogue d'étoiles fixes avec des coordonnées précises. Ses observations ont également permis de découvrir la précession des équinoxes, un mouvement subtil de la Terre qui a des implications pour la compréhension des cycles astronomiques à long terme.

Plus tard, au 5e siècle, l'astronome indien Aryabhata a développé un modèle héliocentrique de l'Univers et calculé la durée d'une année avec une grande précision. Bien que son modèle n'ait pas été largement accepté à l'époque, il témoigne de la diversité des idées cosmologiques à travers le monde.

La Révolution Copernicienne

La Renaissance : Le Retour de l'Héliocentrisme

Le début de la Renaissance, aux 14e et 15e siècles en Europe, marqua un tournant décisif dans l'histoire de la cosmologie. Cette période était caractérisée par un regain d'intérêt pour les sciences et l'exploration, la redécouverte d'écrits anciens et la remise en question des idées établies.

Les artistes, scientifiques et penseurs de la Renaissance, connus sous le nom d'humanistes, prônaient l'idée que l'homme était au centre de l'Univers et qu'il devait explorer le monde avec une curiosité insatiable. Cette philosophie a encouragé la recherche, et animé la curiosité et le désir de comprendre le monde qui nous entoure. Ainsi, cette période a vu l'épanouissement d'artistes tels que Léonard de Vinci, Michel-Ange et Raphaël, dont les travaux ont non seulement révolutionné l'art, mais ont également souligné l'importance de l'observation minutieuse de la nature.

Un élément clé de cette période a été le développement d'instruments astronomiques tels que les télescopes et les quadrants astronomiques qui ont permis des observations plus détaillées et des mesures plus précises des positions des astres. Ces avancées technologiques ont ouvert de nouvelles perspectives dans l'étude du cosmos.

C'est dans ce contexte intellectuel effervescent que l'astronome polonais Nicolas Copernic présente sa vision novatrice de l'Univers, une véritable transformation révolutionnaire de la cosmologie, en ramenant sur le devant de la scène scientifique l'idée audacieuse d'Aristarque : le modèle héliocentrique. Ainsi, dans son ouvrage intitulé « *De revolutionibus orbium coelestium* » (Des révolutions des sphères célestes), publié en 1543, Copernic élabore et défend la thèse que la Terre n'est pas le centre immobile de l'Univers, mais qu'elle est en mouvement perpétuel, et qu'elle orbite autour du Soleil.

Cette proposition audacieuse offrait une explication plus élégante des mouvements apparents des planètes, rendant compte des observations célestes de manière plus cohérente que le modèle géocentrique. Il simplifiait la compréhension des phénomènes astronomiques et permettait de prédire avec plus de précision les positions des astres dans le ciel nocturne.

Cependant, l'acceptation de cette nouvelle vision cosmologique ne s'est pas faite sans résistance. L'Église catholique, en particulier, était préoccupée par les implications théologiques d'un modèle héliocentrique, car il semblait remettre en question la place spéciale de la Terre dans la création divine. Cette opposition a créé un climat de tension entre la science et la religion à cette époque, qui était déjà marquée par des bouleversements tels que la Réforme Protestante initiée par Martin Luther, qui en remettant en question l'autorité de l'Église catholique, a aussi contribué à la diversification des points de vue religieux et intellectuels.

Malgré les controverses et les oppositions, le modèle héliocentrique de Copernic a ouvert la voie à une révolution scientifique majeure. Ses idées ont plus tard été confirmées et développées par d'autres astronomes et mathématiciens, et sa vision a transformé notre compréhension de notre place dans l'Univers, marquant un tournant décisif dans l'histoire des sciences.

Plus tard, au 16e siècle, les observations remarquables de Tycho Brahe, un astronome danois, ont marqué une nouvelle avancée majeure dans le domaine de l'astronomie, jouant ainsi un rôle essentiel dans la révolution scientifique qui allait suivre. Tycho Brahe s'est distingué non seulement en tant qu'observateur émérite, mais également en apportant des contributions significatives à la compréhension des mouvements célestes et en fournissant des données d'une précision exceptionnelle.

Sur l'île de Hven, près de Copenhague au Danemark, Brahe a érigé son propre observatoire, baptisé *Uraniborg*. Doté d'instruments de pointe pour l'époque, tels que des quadrants et des sextants d'une grande précision, cet observatoire lui a permis de mesurer avec une exactitude remarquable les positions des étoiles et des planètes.

Il s'est lancé dans des observations astronomiques méticuleuses et systématiques, se concentrant tout particulièrement sur la planète Mars. Ses observations détaillées de Mars ont révélé une trajectoire complexe, caractérisée par des périodes de rétrogradation, durant lesquelles la planète semblait momentanément reculer dans le ciel par rapport aux étoiles de fond.

Contrairement à la vision héliocentrique avancée par Nicolas Copernic, Tycho Brahe a défendu un modèle géocentrique modifié. Selon sa perspective, la Terre occupait toujours une position centrale dans l'Univers, mais toutes les autres planètes orbitaient autour du Soleil. Cette conception reposait sur ses observations minutieuses des positions planétaires, et elle constituait une étape intermédiaire entre le modèle géocentrique traditionnel et le modèle héliocentrique.

Galilée et Kepler : La Confirmation par l'Observation

Au tournant du 17e siècle, deux éminents cosmologues, Galilée et Kepler, ont apporté un éclairage fascinant sur notre compréhension de l'Univers.

En Italie, Galilée, de son vrai nom Galileo Galilei, fut un pionnier de l'observation astronomique grâce à sa lunette astronomique nouvellement perfectionnée. Cette invention a révolutionné notre compréhension de l'Univers en nous offrant une fenêtre sans précédent sur le cosmos.

Avec sa lunette, Galilée a accompli une série d'observations qui ont eu des implications profondes pour la cosmologie. Certaines de ces observations ont directement confirmé le modèle héliocentrique de Copernic. Par exemple, lorsqu'il a pointé sa lunette vers Jupiter, Galilée a découvert les lunes de Jupiter, dont Io, Europe, Ganymède et Callisto. Ces astres en orbite autour de la géante gazeuse Jupiter ont fourni une preuve convaincante que tout ne tournait pas autour de la Terre, renforçant ainsi la crédibilité du modèle héliocentrique.

Une autre observation majeure de Galilée concernait Vénus. Il a observé les phases changeantes de Vénus, allant de l'aspect de la pleine Vénus à la mince croissante. Ces phases ne pouvaient être expliquées que par un modèle héliocentrique, où Vénus orbite autour du Soleil, et la Terre et Vénus se trouvent à des positions différentes de leur orbite autour du Soleil.

En outre, Galilée a capturé les mystérieuses taches solaires à l'aide de sa lunette. La découverte de ces taches solaires a remis en question la conception traditionnelle d'un Soleil parfait et immuable, soulignant plutôt que notre étoile avait des caractéristiques changeantes. Cela contredisait les idées établies et ses découvertes ont jeté les bases de l'astronomie moderne et ont montré l'importance cruciale de l'observation rigoureuse dans la compréhension de l'Univers.

Cependant, Galilée fut confronté à de sévères répercussions de la part de l'Inquisition en 1633, en raison de sa défense acharnée du modèle héliocentrique de Copernic. L'Église catholique de l'époque considérait cette théorie comme hérétique, et face à la menace de torture, Galilée fut contraint de renoncer publiquement à ses convictions et fut placé en résidence surveillée pour le reste de sa vie. La légende veut qu'il ait murmuré une phrase célèbre en sortant du tribunal. Selon la tradition, Galilée aurait dit : « *E pur si muove,* » qui se traduit en français par « Et pourtant, elle tourne. » Cette déclaration aurait été une affirmation silencieuse de sa conviction envers la théorie héliocentrique, malgré les pressions de l'Église catholique pour le faire renoncer à ses croyances.

De l'autre côté de l'Europe, Johannes Kepler, un mathématicien et astronome allemand, s'attaquait aux lois du mouvement planétaire. Ses trois lois, désormais célèbres sous le nom de « Lois de Kepler, » ont jeté les bases de la mécanique céleste et ont contribué à confirmer le modèle héliocentrique de Copernic.

La première loi de Kepler, communément appelée « Loi des Orbites Elliptiques » a été révolutionnaire. Elle a démontré que les planètes ne suivaient pas des orbites circulaires parfaites, comme le prônait la vision traditionnelle, mais plutôt des trajectoires elliptiques. Cette découverte publiée pour la première fois par Johannes Kepler en 1609 dans son ouvrage « *Astronomia Nova* » (La Nouvelle Astronomie) a secoué les croyances établies depuis l'Antiquité et a fourni une explication plus précise des mouvements planétaires.

La deuxième loi de Kepler, également connue sous le nom de « Loi des Aires », a expliqué comment les planètes se déplacent à des vitesses variables lors de leur orbite autour du Soleil. Plus précisément, lorsque les planètes sont plus proches du Soleil (au périhélie), elles se déplacent plus rapidement, tandis qu'elles ralentissent en s'éloignant du Soleil (à l'aphélie). Cette loi a permis de comprendre la relation entre la vitesse d'une planète et sa position le long de son orbite.

La troisième loi de Kepler, parfois appelée « Loi des Périodes », a établi une relation mathématique précise entre la période orbitale d'une planète (le temps qu'elle met pour effectuer une orbite complète autour du Soleil) et sa distance moyenne au

Soleil, permettant de quantifier les mouvements des planètes et de prédire leurs positions avec une grande précision.

Les lois de Kepler ont fourni une base mathématique solide pour décrire les mouvements planétaires et ont renforcé la validité du modèle héliocentrique. Elles ont également ouvert la voie à la mécanique céleste moderne, conduisant plus tard à la formulation des lois de la gravitation Universelle par Isaac Newton, qui ont révolutionné notre compréhension de la physique céleste. Ainsi, les contributions de Kepler ont été fondamentales pour le développement de l'astronomie et de la science en général.

Ainsi, malgré les controverses et les oppositions, la révolution copernicienne était en marche. Le modèle héliocentrique de Copernic, confirmé par Galilée et Kepler, s'imposa progressivement comme la nouvelle vision du cosmos. Cette transformation radicale de notre compréhension de l'Univers eut un impact profond sur la pensée scientifique et philosophique.

L'idée que la Terre n'était pas le centre de tout, mais plutôt une planète en orbite autour du Soleil, ébranla les fondements mêmes de la conception que l'humanité avait d'elle-même. Le cosmos ne tournait plus autour de nous, mais nous étions désormais une partie intégrante de ce vaste système solaire, perdu dans l'immensité de l'Univers.

La révolution copernicienne ouvrit la voie à de nouvelles découvertes et à une compréhension plus profonde des lois qui gouvernent l'Univers. Elle posa les bases de la révolution scientifique qui caractérisa la période de la Renaissance et prépara le terrain pour les avancées futures de la cosmologie.

L'Ère Newtonienne : la Révolution Gravitationnelle

Né en 1643 en Angleterre, Isaac Newton était un mathématicien et physicien visionnaire qui a révolutionné notre compréhension de la gravité et de la mécanique céleste.

L'une de ses réalisations les plus marquantes fut la formulation de la Loi de la Gravitation Universelle. En 1687, il publia son œuvre monumentale intitulée « *Philosophiæ Naturalis Principia Mathematica* » (Principes mathématiques de la philosophie naturelle), souvent abrégée en « *Principia.* » Dans ce travail, Newton énonça sa loi fondamentale de la gravité, selon laquelle chaque objet dans l'Univers attire chaque autre objet avec une force proportionnelle au produit de leurs masses et inversement proportionnelle au carré de la distance qui les sépare. Cette loi, exprimée mathématiquement par l'équation de la gravité, a jeté les bases de la compréhension moderne de la force gravitationnelle.

L'impact de cette découverte fut immense. La Loi de la Gravitation Universelle expliquait non seulement les mouvements des objets sur Terre, mais aussi les mouvements des planètes dans le système solaire. Elle offrait un cadre mathématique solide pour décrire les orbites des planètes autour du Soleil, confirmant ainsi le modèle héliocentrique de Copernic. Désormais, les lois de la physique semblaient régir l'ensemble de l'Univers, depuis les pommes qui tombent des arbres jusqu'aux trajectoires des planètes et des comètes.

Ainsi, les lois de Newton ont permis une avancée significative dans la compréhension de la mécanique céleste. Grâce à sa nouvelle formulation de la gravité, Newton pouvait expliquer les mouvements complexes des planètes autour du Soleil. Il décrivit comment la force gravitationnelle du Soleil agissait sur les planètes, les maintenant en orbite tout en maintenant leur équilibre.

Les trois lois fondamentales de Newton, également connues sous le nom de « Lois du Mouvement, » étaient cruciales pour cette avancée. La première loi, ou Loi de l'Inertie, stipule qu'un objet en mouvement reste en mouvement et qu'un objet au repos reste au repos à moins qu'une force extérieure ne s'exerce sur lui. La deuxième loi énonce que la force agissant sur un objet est égale au produit de sa masse et de son accélération, $F = ma$. Enfin, la troisième loi affirme que chaque action a une réaction égale et opposée. Ces lois ont permis de comprendre comment les planètes répondaient à la gravité du Soleil. Par exemple, la première loi de Newton explique pourquoi les planètes ne s'échappent pas de leur orbite en ligne droite mais suivent des trajectoires elliptiques autour du Soleil. La deuxième loi décrit comment la force gravitationnelle du Soleil affecte la vitesse et la trajectoire des planètes, tandis que la troisième loi garantit que les planètes ne s'effondrent pas sur le Soleil en raison de la réaction égale et opposée exercée par leur propre gravité sur le Soleil.

Les avancées technologiques de l'époque newtonienne ont également grandement contribué à la compréhension de l'Univers. Les progrès dans la fabrication des télescopes terrestres ont permis des observations plus précises des corps célestes, avec une résolution accrue et une meilleure capacité d'observation.

Les horloges précises étaient également essentielles pour mesurer le temps avec une grande exactitude. Une mesure précise du temps était nécessaire pour suivre les mouvements des planètes et vérifier les prédictions basées sur les lois de Newton. Les horlogers de l'époque ont rivalisé d'ingéniosité pour développer des horloges de plus en plus précises, contribuant ainsi à l'avancement de l'astronomie.

L'influence des travaux d'autres astronomes et mathématiciens contemporains ou légèrement postérieurs à Newton, a aussi joué un rôle significatif dans le développement de la cosmologie et de l'astronomie. Leurs contributions, bien que moins connues que celles de Newton, ont grandement enrichi la compréhension scientifique de l'Univers.

Ainsi, Edmond Halley, un astronome anglais du 18e siècle surtout connu pour avoir calculé l'orbite de la comète qui porte son nom, a également joué un rôle clé dans la compréhension de la gravité et de la mécanique céleste. Il a soutenu la publication des *Principia* de Newton et a contribué à diffuser les idées de Newton à travers l'Europe. Les travaux de Newton et les contributions de scientifiques comme Kepler et Halley ont jeté les bases mathématiques nécessaires pour la compréhension des mouvements planétaires.

Christiaan Huygens a aussi marqué l'histoire de l'astronomie avec des contributions notables. En 1655, il découvrit Titan, la plus volumineuse des lunes de Saturne, révolutionnant ainsi notre perception du système solaire en allant au-delà des corps célestes connus jusqu'alors. Huygens fut également le pionnier dans l'étude des anneaux de Saturne, élucidant leur structure, un mystère jusqu'à ses observations. Cette percée a significativement enrichi la compréhension de la composition des corps célestes de notre système solaire. Par ailleurs, il a apporté d'importantes améliorations à la lunette astronomique, rendant possible des observations spatiales plus précises et plus éloignées. Ses recherches sur la nature de la lumière et le développement de la théorie ondulatoire ont également constitué une avancée majeure pour l'optique et la physique.

Johannes Hevelius quant à lui, s'est distingué dans le domaine de l'astronomie par ses cartes stellaires d'une précision remarquable, contribuant grandement à la cartographie des étoiles. Il a introduit de nouvelles constellations dans le ciel astronomique, certaines d'entre elles étant encore reconnues et utilisées aujourd'hui, jouant un rôle clé dans la normalisation et l'unification des cartes célestes. En outre, Hevelius a innové en construisant des instruments astronomiques avancés, notamment des sextants de grande taille, qui ont permis des mesures plus exactes des positions stellaires. Ses études approfondies sur les comètes ont enrichi la compréhension scientifique de ces corps célestes, apportant un éclairage nouveau sur leur nature et leur dynamique.

Les Débuts de l'Astrophysique

Les Pionniers de l'Observation Astronomique

Alors que l'ère newtonienne avait jeté les bases d'une compréhension profonde de la mécanique céleste, une nouvelle ère de découverte allait s'ouvrir et deux figures éminentes de cette époque, William Herschel et Lord Kelvin, allaient jouer un rôle crucial dans l'expansion de notre compréhension de l'Univers.

William Herschel, un musicien d'origine allemande devenu astronome de manière autodidacte, a laissé une empreinte indélébile dans l'histoire de l'astrophysique. Né en 1738, Herschel s'est installé en Angleterre, où il a consacré sa vie à l'observation du ciel nocturne à l'aide de télescopes qu'il construisait lui-même.

L'une de ses contributions les plus importantes a été l'étude des nébuleuses et des galaxies. À l'époque, on croyait que ces objets célestes étaient des amas de gaz ou des nuages de poussière, mais Herschel a apporté une perspective nouvelle et révolutionnaire. À travers son observation minutieuse, il a montré que certaines nébuleuses étaient en réalité composées d'étoiles individuelles trop lointaines pour être distinguées à l'œil nu. Il a ainsi établi que notre Univers était bien plus vaste que ce que l'on avait imaginé.

Herschel est également célèbre pour sa découverte de la planète Uranus en 1781, un événement qui a élargi notre connaissance du système solaire. Sa méthode d'observation précise et systématique a permis de cartographier et de cataloguer un grand nombre d'objets célestes, jetant ainsi les bases de la future astronomie.

Lord Kelvin, également connu sous le nom de William Thomson, était un physicien britannique du 19e siècle dont les travaux ont eu un impact considérable sur la thermodynamique et la physique stellaire. Né en 1824, Kelvin a laissé sa marque dans divers domaines de la science, contribuant à façonner notre compréhension de la chaleur, de l'électricité et du magnétisme.

L'une de ses contributions majeures a été le développement de la première loi de la thermodynamique, également connue sous le nom de loi de la conservation de l'énergie. Cette loi énonce que l'énergie totale d'un système isolé reste constante, ce qui a des implications profondes pour la compréhension des processus thermiques et énergétiques dans l'Univers. Elle a permis de jeter les bases de la thermodynamique, une discipline essentielle pour comprendre les processus de fusion nucléaire qui alimentent les étoiles.

Kelvin a également joué un rôle clé dans la physique stellaire en développant une théorie sur la structure interne des étoiles. À l'époque, la source d'énergie des étoiles restait un mystère. Kelvin a avancé l'idée que la chaleur générée par la contraction gravitationnelle des étoiles était la source de leur luminosité. Bien que cette théorie se soit avérée incorrecte à certains égards, elle a ouvert la voie à des recherches ultérieures sur la fusion nucléaire comme principale source d'énergie stellaire.

Les travaux de Herschel et de Lord Kelvin ont eu un impact profond sur la compréhension de l'Univers, tant en ce qui concerne son étendue que son fonctionnement interne.

D'autres astronomes notables de l'époque ont aussi enrichi notre compréhension de l'Univers. Parmi eux, Charles Messier se distingua en tant que chasseur de comètes. Né en 1730 en France, Messier est devenu célèbre pour son catalogue d'objets célestes, connu sous le nom de « *Catalogue Messier*. »

Ce catalogue fut créé dans le but de distinguer les objets célestes fixes des comètes en mouvement, une distinction cruciale pour l'astronomie de l'époque. Messier a identifié et catalogué 110 objets célestes, dont des nébuleuses, des amas d'étoiles et des galaxies. Son travail a permis d'éviter les erreurs de classification des objets célestes et a jeté les bases pour l'exploration plus approfondie de ces merveilles du cosmos. Ses observations rigoureuses et son souci du détail ont contribué à notre connaissance du ciel nocturne.

Friedrich Bessel, astronome allemand du 19 e siècle, est largement reconnu pour ses contributions majeures dans la détermination des distances entre les étoiles. Né en 1784, Bessel a élaboré une méthode novatrice pour mesurer la parallaxe stellaire, une technique utilisée pour estimer les distances entre la Terre et les étoiles les plus proches.

En mesurant les changements apparents de position d'une étoile lorsqu'elle est observée à des intervalles de six mois, Bessel a réussi à calculer les distances à certaines étoiles avec une précision remarquable. Sa mesure de la distance de l'étoile 61 Cygni a été particulièrement révolutionnaire, démontrant que les étoiles étaient beaucoup plus éloignées que ce que l'on avait précédemment estimé. Ses travaux ont permis une avancée fondamentale sur la compréhension de l'étendue de l'Univers.

Par ailleurs, plusieurs astéroïdes, dont Cérès en 1801, ont été découverts au 19 e siècle, ce qui a contribué à notre compréhension de la distribution des objets dans le système solaire.

L'Émergence de la Spectroscopie

En 1842, Christian Doppler, un physicien autrichien, a fait une découverte qui allait révolutionner notre compréhension de l'Univers. Son nom allait être à jamais associé à un phénomène fondamental en astronomie : l'Effet Doppler.

L'Effet Doppler, qui sera plus tard nommé Doppler-Fizeau en l'honneur de Christian Doppler et d'Armand Fizeau, les deux chercheurs qui ont contribué à sa compréhension, est un phénomène qui se produit lorsque la fréquence d'une onde, qu'il s'agisse d'une onde sonore ou lumineuse, change en fonction du mouvement relatif entre la source de l'onde et l'observateur.

Par exemple, lorsque vous écoutez une sirène de voiture approcher, le son de la sirène semble devenir plus aigu à mesure qu'elle se rapproche de vous, comme un « piiinnnng. » Une fois que la voiture vous dépasse et s'éloigne, le son de la sirène semble devenir plus grave, comme « pouuuh. » Cela se produit parce que les ondes sonores émises par la sirène sont comprimées lorsqu'elle se rapproche de vous (fréquence plus élevée, son aigu) et étirées lorsqu'elle s'éloigne (fréquence plus basse, son grave).

En astronomie, l'Effet Doppler-Fizeau est utilisé pour mesurer le mouvement des étoiles, des galaxies et d'autres objets célestes. Lorsqu'une étoile ou une galaxie s'approche de la Terre, la lumière qu'elle émet est comprimée, ce qui la fait paraître plus bleue (ce que l'on appelle le décalage vers le bleu). Si l'objet s'éloigne de la Terre, la lumière est étirée, ce qui la fait paraître plus rouge (ce que l'on appelle le décalage vers le rouge). En utilisant cette idée, les scientifiques peuvent déterminer si les étoiles et les galaxies se rapprochent de nous ou s'éloignent de nous en observant la lumière qu'elles émettent. Cela nous aide à comprendre comment elles se déplacent dans l'Univers. Autrement dit, l'Effet Doppler permettait de mesurer le mouvement des étoiles et des galaxies.

Pendant cette période, en Italie, Angelo Secchi, un prêtre jésuite passionné par l'astronomie né en 1818, a aussi joué un rôle crucial dans l'avancement de l'astrophysique. Secchi a développé une classification novatrice des étoiles en se basant sur leurs spectres lumineux. Il a catégorisé ces astres en quatre groupes principaux, une avancée qui a permis aux astronomes de mieux comprendre la composition chimique et l'évolution stellaire. Les fondations de la spectroscopie stellaire moderne étaient posées.

Par ailleurs, le développement de la spectroscopie et son application à la composition des étoiles constituent l'une des avancées les plus remarquables de l'astrophysique moderne. Cette percée a commencé avec les travaux pionniers de Joseph von Fraunhofer au début du 19e siècle. Fraunhofer, un physicien et opticien allemand, a découvert de nombreuses lignes sombres dans le spectre solaire, qui seront plus tard connues sous le nom de raies de Fraunhofer. Ces raies représentaient des longueurs d'onde spécifiques où la lumière était absorbée, suggérant la présence d'éléments chimiques spécifiques dans l'atmosphère du Soleil.

Cette découverte a jeté les bases pour les avancées ultérieures de Gustav Kirchhoff et Robert Bunsen. Ensemble, dans les années 1850, ils ont développé la spectroscopie comme une méthode scientifique rigoureuse. Kirchhoff et Bunsen ont découvert que chaque élément chimique, lorsqu'il est chauffé, émet de la lumière à des longueurs d'onde caractéristiques. Ils ont établi que les raies sombres dans le spectre solaire correspondaient exactement aux longueurs d'onde de la lumière émise par les éléments chimiques connus sur Terre, démontrant ainsi que les mêmes éléments existaient dans le Soleil.

Cette réalisation a révolutionné la compréhension des scientifiques sur la composition des corps célestes. Avant cette époque, les étoiles et le Soleil étaient largement mystérieux en termes de composition. La spectroscopie a permis aux astronomes de déterminer que les étoiles étaient composées des mêmes éléments chimiques que ceux trouvés sur Terre, unifiant ainsi la compréhension de la matière dans l'Univers.

En approfondissant ces techniques, les astronomes ont pu identifier les éléments majeurs présents dans les étoiles, tels que l'hydrogène et l'hélium, et ont commencé à comprendre les processus de fusion nucléaire qui alimentent les étoiles. Cette connaissance a été essentielle pour le développement ultérieur de la théorie de l'évolution stellaire et de la cosmologie. La spectroscopie a permis non seulement de déterminer la composition des étoiles, mais aussi d'estimer leur température, leur pression, leur densité et leur vitesse (en utilisant l'effet Doppler).

La spectroscopie stellaire a ainsi ouvert un nouveau domaine d'étude en astrophysique, permettant aux scientifiques de « lire » la lumière des étoiles pour en déduire des informations clés sur leur nature et leur comportement. Cette technique est toujours un pilier fondamental de la recherche astronomique contemporaine, contribuant à notre compréhension des processus astrophysiques, de la formation et de la mort des étoiles, à la caractérisation des exoplanètes et à la cartographie de la structure de l'Univers.

La Naissance de l'Astrophysique Moderne

La naissance de l'astrophysique moderne est une période remarquable marquée par des avancées scientifiques qui ont radicalement transformé notre compréhension de l'Univers.

Cette ère a vu la fusion de la physique traditionnelle avec l'astronomie, conduisant à une approche plus profonde et plus quantitative de l'étude des phénomènes célestes.

Dans ce contexte, la découverte de Neptune en 1846 est un jalon crucial et illustre magnifiquement l'union de la théorie mathématique avec l'observation astronomique. Cette découverte, réalisée par Urbain Le Verrier et John Couch Adams, repose sur l'utilisation ingénieuse des mathématiques pour résoudre un mystère astronomique.

Ainsi, avant la découverte de Neptune, les astronomes avaient observé des irrégularités dans l'orbite d'Uranus qui ne pouvaient être expliquées par les lois de Newton sur la gravitation Universelle si l'on considérait seulement les planètes connues à l'époque. Ces irrégularités suggéraient l'influence gravitationnelle d'un autre corps non encore découvert. Indépendamment l'un de l'autre, Urbain Le Verrier, un mathématicien français, et John Couch Adams, un astronome britannique, se sont attaqués à ce problème. Ils ont appliqué les lois newtoniennes de la gravité et du mouvement pour calculer la position d'une hypothétique planète inconnue qui pourrait causer ces perturbations observées dans l'orbite d'Uranus. Le Verrier a envoyé ses calculs à l'observatoire de Berlin, où, le 23 septembre 1846, l'astronome Johann Gottfried Galle, aidé par Heinrich d'Arrest, a dirigé son télescope vers la position prédite par Le Verrier et a découvert Neptune, à moins d'un degré de la position calculée.

La découverte de Neptune a été une validation spectaculaire des lois de la mécanique céleste de Newton. Elle a montré que les lois physiques connues sur Terre s'appliquaient aussi dans les confins lointains du système solaire. Cet événement a marqué un tournant, démontrant la puissance des mathématiques comme outil pour sonder les mystères de l'Univers.

Cette découverte a également renforcé la confiance dans la méthode scientifique et a ouvert la voie à l'utilisation des mathématiques pour prédire l'existence et la position d'autres corps célestes. C'était une démonstration éclatante de la prédiction théorique suivie d'une confirmation observationnelle, une méthodologie qui reste une pierre angulaire de la recherche scientifique moderne. En plus de confirmer les lois de Newton, la découverte de Neptune a élargi notre compréhension du système solaire et a stimulé l'intérêt pour la recherche de planètes et d'objets transneptuniens.

Les travaux sur la classification des étoiles, notamment ceux d'Annie Jump Cannon et d'Ejnar Hertzsprung, ont aussi été fondamentaux. Ils ont développé un système de classification basé sur la température et la luminosité des étoiles, ce qui a conduit à la création du diagramme de Hertzsprung-Russell, un outil essentiel pour comprendre l'évolution stellaire.

La fin du 19e siècle et le début du 20e siècle ont également vu les premières étapes de l'astronomie extragalactique. Les astronomes ont commencé à réaliser que certains objets brumeux, connus sous le nom de « nébuleuses, » étaient en fait d'autres galaxies en dehors de la Voie lactée.

Bien qu'elle n'ait vraiment décollé qu'au milieu du 20e siècle, les bases de la radioastronomie ont également été posées pendant cette période, élargissant la gamme des longueurs d'onde utilisées pour l'observation astronomique au-delà du spectre visible.

En résumé, cette période de transformation profonde, marquée par l'intégration de la physique dans l'étude de l'Univers, a permis des avancées considérables dans notre compréhension de la nature et de la structure de l'Univers.

La Cosmologie Moderne

L'Ère de la Relativité

Au tournant du 20e siècle, la physique classique de Newton semblait être sur le point d'atteindre ses limites. Elle ne pouvait expliquer certaines observations expérimentales, notamment celles liées aux mouvements à des vitesses proches de la vitesse de la lumière. C'est dans ce contexte que la Relativité Restreinte, une théorie révolutionnaire formulée par Albert Einstein en 1905, est apparue.

Albert Einstein, alors jeune physicien employé au bureau des brevets de Suisse, publia un article intitulé « *Sur l'électrodynamique des corps en mouvement* » en 1905. Dans cet article, il présentait sa théorie de la Relativité Restreinte, qui allait bouleverser notre compréhension de l'espace, du temps et de la physique fondamentale.

La première idée révolutionnaire d'Einstein était que les lois de la physique sont les mêmes pour tous les observateurs, indépendamment de leur vitesse. Autrement dit, il n'existe pas de référentiel privilégié dans l'Univers. Cela signifiait que les concepts de temps et d'espace devaient être réexaminés.

Pour comprendre cela, imaginons un train se déplaçant à une vitesse constante. À l'intérieur du train, si vous mesurez la vitesse de la lumière en lançant un faisceau de lumière d'un bout à l'autre du train, vous obtiendrez une valeur constante, c, la vitesse de la lumière dans le vide. Cependant, pour un observateur situé en dehors du train, la vitesse de la lumière mesurée sera également c, bien que le train soit en mouvement. Cette constance de la vitesse de la lumière était en contradiction avec les lois classiques de la mécanique newtonienne.

Einstein a donc proposé que le temps et l'espace ne sont pas absolus, mais plutôt relatifs à la vitesse de l'observateur. Cela signifie que le temps s'écoule plus lentement pour un objet en mouvement par rapport à un observateur immobile. Cette notion, connue sous le nom de dilatation temporelle, était l'une des pierres angulaires de la Relativité Restreinte.

Cette théorie a radicalement modifié notre vision de l'Univers. Elle a introduit le concept d'espace-temps, où l'espace et le temps sont intrinsèquement liés. De plus, la Relativité Restreinte a également démontré que la vitesse de la lumière est une limite absolue, inatteignable par tout objet massif. Ainsi, rien ne peut voyager plus vite que la lumière dans le vide. Cette limitation a eu un impact profond sur notre compréhension des voyages interstellaires et a ouvert la porte à des concepts tels que les distorsions du temps à des vitesses relativistes.

L'une des équations les plus célèbres de la physique, $E=mc^2$, a émergé de la Relativité Restreinte. Cette équation relie l'énergie (E) d'un objet à sa masse (m) et à la vitesse de la lumière dans le vide (c). Elle signifie que l'énergie et la masse sont équivalentes et peuvent être converties l'une en l'autre.

Cette équation a eu des implications profondes, notamment dans le domaine de la physique nucléaire. Elle a montré que de petites quantités de masse peuvent être converties en une quantité colossale d'énergie, comme cela se produit dans les réactions nucléaires, y compris la fusion qui alimente le soleil. $E=mc^2$ est également au cœur de la compréhension des bombes atomiques et de la production d'énergie dans les centrales nucléaires.

La Relativité Restreinte a ouvert la porte à une nouvelle ère de la physique, remettant en question les concepts fondamentaux et apportant des réponses à des questions qui avaient longtemps défié l'entendement humain. Elle a non seulement révolutionné notre compréhension de l'espace, du temps et de la gravité, mais a également eu un impact profond sur de nombreux domaines scientifiques, de la cosmologie à la physique des particules.

La Relativité Générale, formulée en 1915, représente un autre jalon majeur dans l'histoire de la physique et de notre compréhension de l'Univers. Alors que la Relativité Restreinte avait révolutionné notre perception de l'espace et du temps, la Relativité Générale allait faire de même pour notre compréhension de la gravité.

La Relativité Générale est née de l'idée qu'Einstein avait déjà posée dans la Relativité Restreinte : il n'existe pas de référentiel absolu. Tout mouvement ou toute accélération peut être considéré comme relatif à un observateur. Cette idée s'applique également à la gravité.

Einstein a avancé que la gravité ne devait pas être vue comme une force agissant à distance entre les objets massifs, comme l'avait décrit Newton, mais plutôt comme une conséquence de la courbure de l'espace-temps. Pour comprendre cette notion, imaginons une feuille de papier tendue. Lorsque vous placez une bille lourde sur cette feuille, elle crée une courbure à sa surface. Si vous placez une petite bille à proximité de la grande, elle suivra naturellement une trajectoire courbe en raison de la déformation créée par la masse de la grande bille. C'est précisément ce que fait la gravité.

Dans la Relativité Générale, la présence de masse et d'énergie courbe l'espace-temps autour d'elle, créant ainsi ce que nous percevons comme une force gravitationnelle. Les objets en mouvement suivent des trajectoires influencées par cette courbure de l'espace-temps, ce qui donne l'impression d'une force gravitationnelle à l'œil d'un observateur.

Cette reformulation de la gravité a radicalement modifié notre conception du cosmos. Elle a uni la géométrie et la physique, reliant les déformations de l'espace-temps aux mouvements des objets massifs. La Relativité Générale a permis une compréhension plus profonde de la façon dont la gravité fonctionne à grande échelle, notamment dans le contexte de l'Univers entier.

Pour mieux saisir cette idée de courbure de l'espace-temps, prenons l'exemple d'un objet en orbite autour d'une étoile. Selon la Relativité Générale, cet objet suit une trajectoire courbe dans l'espace-temps en raison de la présence de l'étoile. L'étoile courbe l'espace-temps autour d'elle, et l'objet suit naturellement cette courbure.

En d'autres termes, la gravité est la conséquence de la façon dont les objets déforment l'espace-temps dans leur environnement. Plus un objet est massif, plus sa courbure de l'espace-temps est intense, et plus son influence gravitationnelle est grande. Cette approche géométrique de la gravité a révolutionné notre compréhension de l'Univers, remplaçant la vieille idée d'une force mystérieuse agissant à distance.

La Relativité Générale a généré des prédictions fascinantes qui ont rapidement suscité l'intérêt de la communauté scientifique. L'une des prédictions les plus célèbres était que la gravité d'une masse déforme non seulement l'espace-temps, mais dévie également la trajectoire de la lumière. Cette prédiction a été testée pour la première fois lors d'une éclipse solaire totale en 1919.

Lors de cette éclipse, l'astrophysicien britannique Arthur Eddington a mené une expédition pour observer les étoiles situées près du Soleil, dont la lumière serait déviée par la gravité de ce dernier. Si la Relativité Générale était correcte, les positions des étoiles observées seraient décalées par rapport à leurs positions attendues en l'absence de l'influence gravitationnelle du Soleil.

Les résultats de cette expédition ont été captivants. Les observations ont confirmé les prédictions d'Einstein, montrant que la lumière des étoiles était effectivement déviée par la gravité du Soleil, comme le prédisait la Relativité Générale. Cette confirmation a propulsé Einstein sur la scène internationale en tant que figure majeure de la Science et a établi la Relativité Générale comme l'une des théories les plus précises de la gravité à ce jour.

La Relativité Générale a également prédit d'autres phénomènes fascinants, tels que l'existence des trous noirs, des ondes gravitationnelles et l'expansion de l'Univers. Au fil des décennies, ces prédictions ont été vérifiées et confirmées par des observations et des expériences, renforçant ainsi la validité de la théorie et élargissant notre compréhension de l'Univers.

Ainsi, la Relativité Générale d'Einstein a apporté une révolution conceptuelle majeure dans notre compréhension de la gravité et de l'espace-temps. Elle a démontré que la gravité n'est pas une force mystérieuse, mais plutôt la courbure de l'espace-temps due à la présence de masse et d'énergie. Les prédictions de la Relativité Générale ont été confirmées par des observations et des expériences, faisant de cette théorie l'un des piliers de la physique moderne.

L'Univers Primordial et à la Théorie du Big Bang

Dans les années 1920 et 1930, notre vision de l'Univers a connu une transformation révolutionnaire grâce aux travaux pionniers d'Alexandre Friedmann, un mathématicien russe, et du prêtre et astrophysicien belge Georges Lemaître. Ces visionnaires ont contribué à la compréhension de l'expansion de l'Univers, ouvrant la voie au modèle de l'Univers primordial et à la théorie du Big Bang.

L'apport de Friedmann dans le domaine de la cosmologie est fondamental, particulièrement pour sa contribution à la compréhension de l'Univers en expansion. Ainsi, au début du 20e siècle, l'idée dominante en cosmologie était celle d'un Univers statique et immuable. Cependant, Friedmann a remis en question cette notion en appliquant les équations de la Relativité Générale d'Einstein à l'ensemble de l'Univers. Friedmann a découvert que les équations d'Einstein pouvaient être résolues de manière à permettre un Univers non statique.

En 1922, il a présenté des solutions décrivant un Univers dynamique qui pouvait soit se contracter, soit s'étendre, soit être en équilibre. Ces solutions étaient révolutionnaires car elles suggéraient que l'Univers pouvait changer avec le temps, contrairement à l'idée d'un cosmos éternel et invariable.

La solution la plus célèbre de Friedmann prédisait un Univers en expansion. Selon cette théorie, l'espace lui-même s'étend, entraînant les galaxies avec lui. Une autre solution de Friedmann décrivait un Univers en contraction. Dans ce modèle, l'Univers, après avoir atteint une certaine taille maximale, commencerait à se contracter sous l'effet de sa propre gravité. La troisième solution proposée par Friedmann était un Univers en équilibre, mais ce modèle s'est avéré instable. Le moindre écart par rapport à cet équilibre parfait entraînerait soit une expansion continue, soit une contraction.

Les modèles de Friedmann ont eu un impact profond sur la compréhension de l'Univers. Ils ont posé les bases de la cosmologie moderne et ont été essentiels pour le développement ultérieur de théories telles que le modèle du Big Bang. Ces solutions ont également ouvert la voie à l'idée que l'Univers avait un début et pourrait avoir une fin, des concepts qui étaient radicalement différents des idées cosmologiques précédentes.

Initialement, les idées de Friedmann n'ont pas été largement acceptées, en partie à cause de la popularité du modèle d'Univers statique. Cependant, avec les observations ultérieures de Hubble et le travail d'autres scientifiques, il est devenu clair que les solutions de Friedmann décrivaient plus précisément la réalité de notre Univers.

Lemaître, d'autre part, a également étudié les implications des équations d'Einstein pour la cosmologie. Il a fait une observation clé : si l'Univers était en expansion, alors il devait avoir été plus petit dans le passé. Cette idée a conduit à la formulation de ce que nous connaissons aujourd'hui sous le nom de théorie du Big Bang.

Lemaître a ainsi publié un article en 1927, dans lequel il a exposé sa théorie selon laquelle l'Univers avait commencé à partir d'un état extrêmement dense et chaud, une singularité, et qu'il avait ensuite évolué en se dilatant. Cette idée était révolutionnaire, car elle suggérait que l'Univers n'était pas statique et éternel, mais qu'il avait un début, un instant où tout avait commencé.

Ces travaux de Friedmann et Lemaître ont jeté les bases de la cosmologie moderne, en introduisant la notion fondamentale d'Univers en expansion et en proposant une explication à son origine. Cependant, à l'époque, ces idées étaient encore controversées, et il fallait des preuves observationnelles pour les confirmer.

L'une des preuves les plus convaincantes de l'expansion de l'Univers est venue de l'observation du décalage vers le rouge, un phénomène qui avait été remarqué dès la fin du 19e siècle, mais qui a pris une signification toute particulière dans le contexte de la nouvelle cosmologie.

Lorsque la lumière provenant d'une source s'éloigne de nous, sa longueur d'onde se décale vers le rouge, un phénomène appelé « redshift » en anglais. Ce décalage vers le rouge est proportionnel à la vitesse à laquelle l'objet s'éloigne. Ainsi, plus un objet est éloigné, plus son spectre lumineux est décalé vers le rouge, indiquant qu'il s'éloigne de nous.

Edwin Hubble a mené des observations systématiques d'objets célestes, notamment de galaxies lointaines, dans les années 1920. Il a découvert que presque toutes les galaxies observées présentaient un décalage vers le rouge proportionnel à leur distance par rapport à la Terre. Cela signifiait que l'Univers était en expansion, chaque galaxie s'éloignant des autres à mesure que l'Univers lui-même se dilatait.

Cette découverte a confirmé de manière irréfutable la vision de Friedmann et Lemaître selon laquelle l'Univers était en expansion. L'idée que notre cosmos était en constante évolution était désormais solidement ancrée dans la science, et l'Univers statique de Newton appartenait définitivement au passé.

La découverte de l'expansion de l'Univers a ouvert la porte à la formulation du modèle de l'Univers primordial, qui allait devenir la base de la théorie du Big Bang. Selon ce modèle, l'Univers était initialement très chaud et dense, à un moment que nous appelons le Big Bang. À partir de cette singulière explosion, l'Univers a commencé à se dilater et à évoluer, créant ainsi tout ce que nous connaissons aujourd'hui.

Une des implications les plus fascinantes de la théorie du Big Bang est que l'Univers avait un âge fini. En mesurant le taux d'expansion de l'Univers et en le remontant dans le temps, les cosmologues ont pu estimer l'âge de l'Univers, qui s'est avéré être d'environ 13,8 milliards d'années, un chiffre remarquablement précis.

Le modèle du Big Bang a également expliqué la distribution des éléments chimiques dans l'Univers. Selon cette théorie, les éléments légers, comme l'hydrogène et l'hélium, se sont formés dans les premières minutes qui ont suivi le Big Bang, tandis que les éléments plus lourds ont été créés dans les étoiles et les supernovas au fil du temps. Ainsi, le Big Bang a non seulement été la naissance de l'Univers, mais aussi la source de tous les éléments chimiques que nous trouvons aujourd'hui dans l'Univers.

La période des années 1960 à 1980 a été une époque cruciale pour la confirmation de la théorie du Big Bang. L'une des preuves les plus convaincantes du Big Bang est la découverte du fond diffus cosmologique, aussi appelé le rayonnement fossile. Ce rayonnement est essentiellement un « écho » du Big Bang lui-même, et sa découverte a été l'un des moments les plus marquants de l'histoire de la cosmologie.

L'idée derrière le fond diffus cosmologique est que si l'Univers a commencé par une explosion chaotique, il aurait dû être rempli de rayonnement intense à ses débuts. Au fur et à mesure que l'Univers se dilatait et refroidissait, ce rayonnement aurait été étiré et décalé vers le rouge, jusqu'à devenir un rayonnement micro-ondes de basse énergie, soit une lumière invisible à l'œil humain.

En 1965, deux astronomes américains, Arno Penzias et Robert Wilson, ont détecté par hasard ce rayonnement micro-ondes à l'aide d'une antenne parabolique géante conçue pour les communications par satellite. Ils ont d'abord pensé que le bruit qu'ils capturaient était dû à des problèmes techniques, comme la présence de pigeons dans l'antenne. Cependant, après avoir éliminé toutes les sources potentielles de bruit, ils ont réalisé qu'ils avaient découvert le fond diffus cosmologique lui-même.

Une autre preuve cruciale en faveur du Big Bang provient de l'abondance des éléments légers dans l'Univers. Au cours des premières minutes qui ont suivi le Big Bang, l'Univers était incroyablement chaud et dense. Dans ces conditions extrêmes, les noyaux atomiques légers tels que l'hydrogène et l'hélium se sont formés par fusion nucléaire.

Les physiciens et les cosmologues ont réussi à calculer les proportions attendues d'hydrogène et d'hélium qui devraient résulter de ces conditions primordiales. Les observations du cosmos ont confirmé ces calculs de manière remarquable. L'abondance relative de ces éléments légers dans l'Univers est en excellent accord avec les prédictions du Big Bang.

En fait, environ 75 % de la matière de l'Univers est composée d'hydrogène, tandis que l'hélium constitue environ 25 % de la matière totale. Les éléments plus lourds, comme le carbone, l'oxygène et les métaux, sont produits ultérieurement dans des étoiles et des supernovas, mais leur abondance initiale est principalement due à la nucléosynthèse primordiale qui a eu lieu peu de temps après le Big Bang.

Au cours des années 1960 et 1970, de nombreuses autres observations et découvertes ont consolidé la théorie du Big Bang. L'une des découvertes clés a été celle des quasars, des objets extrêmement lumineux et éloignés, émettant des signaux radio puissants. L'observation de ces quasars a confirmé que l'Univers était très différent dans le passé lointain, soutenant ainsi le concept d'une évolution dynamique de l'Univers.

De plus, les mesures précises de l'expansion de l'Univers ont montré que celle-ci était en accord avec les prédictions du Big Bang. L'observation de l'expansion accélérée de l'Univers dans les années 1990 a également été en ligne avec la Relativité

Générale d'Einstein, qui décrit comment la gravité agit sur l'expansion cosmique.

Enfin, la découverte des ondes gravitationnelles en 2015, directement prédites par la Relativité Générale d'Einstein, a fourni une preuve supplémentaire du Big Bang et de l'évolution de l'Univers.

Les Mystères de la Matière Noire et l'Énergie Sombre

La décennie des années 1980 à 1990 a vu émerger l'une des énigmes les plus intrigantes de l'astrophysique moderne : la matière noire. Comme vu précédemment, cette substance mystérieuse, invisible et non détectée directement, joue un rôle fondamental dans la structure et l'évolution de l'Univers.

Au cours des décennies précédentes, les astronomes ont commencé à collecter des données sur les mouvements des objets célestes, notamment des galaxies et des amas de galaxies. Ils ont observé que ces objets semblaient tourner beaucoup plus rapidement que prévu en fonction de la masse visible qu'ils contenaient. En d'autres termes, la masse visible des étoiles, du gaz et de la poussière à l'intérieur de ces galaxies ne suffisait pas à expliquer les mouvements observés.

L'exemple le plus frappant de cette anomalie a été observé dans les galaxies spirales, comme la Voie lactée. Selon les lois de la gravité de Newton, la vitesse de rotation des étoiles à la périphérie d'une galaxie devrait diminuer à mesure que l'on s'éloigne du centre, car la masse visible diminue également. Cependant, les observations ont montré que la vitesse de rotation restait constante ou même augmentait, suggérant qu'il y avait de la masse supplémentaire invisible.

Dans les amas de galaxies, de vastes regroupements de galaxies, une situation similaire a été observée. La vitesse des galaxies à l'intérieur des amas était beaucoup plus élevée que ce que la masse visible pouvait justifier. Il semblait y avoir quelque chose de caché, une composante invisible, qui exerçait une attraction gravitationnelle supplémentaire.

Ces observations ont conduit à la conclusion qu'il devait exister une forme de matière invisible, ce que les astrophysiciens ont appelé la « matière noire. » Cette matière n'émet pas de lumière, ce qui la rend indétectable par les moyens traditionnels d'observation astronomique. Elle n'interagit pas non plus avec la lumière.

Cependant, la matière noire a une influence gravitationnelle, c'est-à-dire qu'elle exerce une force d'attraction sur la matière visible. C'est cette influence gravitationnelle qui explique les mouvements observés des étoiles, des galaxies et des amas de galaxies. La matière noire semble agir comme une sorte de « squelette invisible » qui maintient ensemble la structure de l'Univers à grande échelle.

Les chercheurs ont rapidement réalisé que la matière noire devait constituer une grande partie de la masse totale de l'Univers. Les calculs ont montré que seulement environ 5 % de la masse de l'Univers est constituée de matière visible, c'est-à-dire de la matière que nous pouvons voir sous forme d'étoiles, de galaxies et de gaz. Le reste, soit environ 27 % de la masse totale de l'Univers, est attribué à la matière noire, tandis que les

68 % restants sont attribués à une énergie sombre encore plus mystérieuse.

La recherche de la matière noire est devenue l'une des quêtes les plus importantes en astrophysique et en cosmologie. Les scientifiques ont mis en place une série d'expériences et d'observations pour tenter de détecter la matière noire directement ou d'inférer sa présence à partir de ses effets gravitationnels.

L'une des approches les plus prometteuses a été la recherche de particules massives et faiblement interactives, appelées WIMPs (Weakly Interacting Massive Particles), qui pourraient constituer cette matière noire et les chercheurs ont mis en place des détecteurs souterrains sensibles pour tenter de capturer ces hypothétiques particules, mais jusqu'à présent, aucune détection directe n'a été réalisée.

D'autres expériences, comme le Grand Collisionneur de Hadrons (LHC) du CERN, ont tenté de produire des particules de matière noire dans des collisions à haute énergie, mais elles n'ont pas encore réussi à identifier quoi que ce soit de manière concluante.

Cependant, bien que la matière noire reste indétectable directement, son impact sur la structure de l'Univers est indéniable. Elle agit comme un « ciment gravitationnel » qui rassemble les galaxies en amas, les amas en superamas, et ainsi de suite. Sans la présence de la matière noire, l'Univers ne ressemblerait pas du tout à ce que nous observons aujourd'hui.

La recherche continue pour résoudre ce mystère captivant et comprendre la matière noire est l'une des missions les plus excitantes de la cosmologie contemporaine.

Par ailleurs, en 1998, les cosmologues ont été confrontés à une nouvelle découverte révolutionnaire qui a bouleversé notre compréhension de l'Univers : l'accélération de l'expansion cosmique. Cette découverte inattendue a donné naissance à l'hypothèse de l'énergie sombre, une énigme cosmologique qui défie nos conceptions actuelles et qui a des implications profondes pour la cosmologie moderne.

Ainsi, depuis les travaux de Georges Lemaître et d'Edwin Hubble, l'idée dominante était que l'Univers était en expansion. Cependant, au cours des décennies qui ont suivi, les astronomes ont cherché à déterminer si cette expansion ralentissait sous l'effet de la gravité, ou si elle se ralentissait jusqu'à s'arrêter, entraînant potentiellement une contraction de l'Univers.

C'est dans ce contexte que la découverte de l'accélération de l'expansion a été faite. L'équipe de chercheurs dirigée par Saul Perlmutter, Brian P. Schmidt et Adam G. Riess a mené une série d'observations sur des supernovas de type Ia, qui sont des explosions stellaires extrêmement lumineuses et uniformes. Ces supernovas servent de « chandelles standard » en cosmologie, car leur luminosité intrinsèque est bien comprise.

Les résultats de ces observations ont été choquants : les supernovas semblaient beaucoup plus lointaines que ce que les modèles cosmologiques précédents auraient prédit. En d'autres termes, l'expansion de l'Univers ne ralentissait pas comme on le pensait, mais elle s'accélérait. C'était comme si une force mystérieuse repoussait les galaxies les unes des autres avec une intensité croissante.

Cette découverte a été corroborée par plusieurs équipes indépendantes, confirmant ainsi l'accélération de l'expansion de l'Univers. Brian P. Schmidt a reçu le prix Nobel de physique en 2011 pour sa contribution à cette découverte révolutionnaire.

L'accélération de l'expansion cosmique a soulevé une question cruciale : quel est l'agent responsable de cette accélération ? Les chercheurs ont nommé cet agent l'énergie sombre en référence à la matière noire, car elle est tout aussi mystérieuse et invisible.

L'énergie sombre est postulée comme une forme d'énergie omniprésente dans l'Univers, mais contrairement à la matière noire, elle ne possède pas de composants matériels, tels que des particules. Au lieu de cela, l'énergie sombre est considérée comme une énergie du vide, c'est-à-dire une énergie associée à l'espace vide lui-même.

L'hypothèse de l'énergie sombre repose sur la notion que cette énergie du vide exerce une force répulsive sur l'Univers à grande échelle, l'empêchant de ralentir sous l'effet de la gravité. En d'autres termes, l'énergie sombre semble être l'antithèse de la gravité : elle pousse les objets cosmiques à s'éloigner les uns des autres au lieu de les attirer.

L'une des questions les plus pressantes est de comprendre la nature de l'énergie sombre. Qu'est-ce qui la compose, comment interagit-elle avec l'Univers, et pourquoi semble-t-elle exercer une influence répulsive sur l'expansion cosmique ? Autant de questions qui restent sans réponse.

L'énergie sombre a également des implications profondes pour le destin de l'Univers. Si son effet répulsif continue de dominer, il pourrait conduire à une expansion éternelle de l'Univers, avec des galaxies de plus en plus éloignées les unes des autres jusqu'à ce que tout s'évanouisse dans le noir. Cela contraste fortement avec les anciennes idées selon lesquelles l'Univers pourrait finir par se contracter sous l'effet de la gravité.

La quête pour comprendre l'énergie sombre continue de captiver les esprits scientifiques du monde entier.

Recherches Actuelles en Cosmologie

Les recherches actuelles en cosmologie nous plongent au cœur des mystères les plus profonds de l'Univers. À travers des avancées technologiques spectaculaires et des collaborations internationales, les scientifiques explorent l'origine, la structure et le destin de l'Univers avec une précision sans précédent. Des questions cruciales sur la matière noire, l'énergie sombre, l'expansion cosmique et les premiers instants du Big Bang sont au centre de ces enquêtes, ouvrant de nouvelles perspectives sur notre compréhension de l'Univers et de la nature même de la réalité. Dans cette section, nous plongerons dans les découvertes récentes, les projets ambitieux et les enjeux passionnants qui captivent la communauté scientifique aujourd'hui.

Recherche sur l'Infiniment Grand

Au tournant du nouveau millénaire, le domaine de la cosmologie a connu une série de développements révolutionnaires, chacun ouvrant de nouvelles fenêtres sur notre compréhension de l'Univers.

Réparation et Amélioration du Télescope Spatial Hubble

En 2002, une mission cruciale a été entreprise pour réparer et améliorer le Télescope Spatial Hubble. Lancé en 1990, Hubble avait déjà révolutionné notre vision de l'Univers, mais il était confronté à des défis techniques qui limitaient son potentiel. La réparation de Hubble a été un exploit d'ingénierie et d'exploration spatiale, impliquant des astronautes réalisant des sorties extravéhiculaires complexes dans l'espace pour effectuer des réparations délicates et installer de nouveaux équipements. Ces améliorations ont permis à Hubble de capturer des images encore plus détaillées de l'Univers lointain. Les galaxies, nébuleuses et autres objets célestes lointains ont été photographiés avec une clarté sans précédent, offrant aux scientifiques et au grand public des vues à couper le souffle de l'espace. Plus qu'un simple outil d'observation, Hubble est devenu un symbole de la quête humaine pour comprendre l'Univers.

Le Wilkinson Microwave Anisotropy Probe (WMAP)

L'année 2001 a vu le lancement d'une autre mission révolutionnaire : le Wilkinson Microwave Anisotropy Probe

(WMAP). Cette mission avait pour objectif d'étudier le rayonnement de fond diffus cosmologique pour acquérir des informations sur les premiers instants de l'Univers. WMAP a produit une carte détaillée des fluctuations de température dans le fond diffus cosmologique, révélant des informations cruciales sur la géométrie, l'âge et la composition de l'Univers. Ces données ont permis de préciser des paramètres clés de la cosmologie, comme l'âge de l'Univers et la contribution relative de la matière noire, de l'énergie sombre et de la matière ordinaire à la composition totale de l'Univers. Ces découvertes ont eu un impact profond sur la cosmologie.

Le Sloan Digital Sky Survey : Une Carte en Haute Résolution de l'Univers

Un des projets les plus emblématiques de cette période fut le Sloan Digital Sky Survey (SDSS). Lancé dans les années 2000, le SDSS a pris une ampleur considérable entre 2006 et 2010. Grâce à un télescope situé au Nouveau-Mexique, les astronomes ont utilisé le SDSS pour créer une carte détaillée de l'Univers, couvrant des portions plus vastes du ciel avec une précision sans précédent. Le SDSS a permis de cartographier la distribution des galaxies et des amas de galaxies, révélant la structure à grande échelle de l'Univers. Ces cartes ont mis en évidence les « filaments » et les « vides » qui sont des régions où les galaxies sont respectivement concentrées et rares. Cette distribution n'est pas aléatoire ; elle reflète l'influence de la matière noire et les dynamiques de l'expansion de l'Univers. La découverte de nouvelles galaxies et amas de galaxies a enrichi notre compréhension de la formation et de l'évolution de l'Univers, offrant des indices sur la façon dont les structures cosmiques se sont développées depuis le Big Bang.

La Mission Planck : À la Recherche des Échos du Big Bang

En 2009, l'Agence spatiale européenne (ESA) a lancé la mission Planck, un projet d'observation cosmologique d'une portée sans précédent. L'objectif de Planck était d'étudier le fond diffus cosmologique avec une précision et une résolution inégalées. Planck a scruté le ciel pendant plusieurs années, cartographiant les infimes variations de température dans le fond diffus cosmologique. Ces variations, bien que minuscules, sont extrêmement importantes car elles renseignent sur la densité, la composition et l'évolution de l'Univers depuis ses premiers instants. Les résultats de Planck ont affiné notre compréhension de la matière noire, de l'énergie sombre et des premières structures cosmiques. Les données de Planck ont également joué un rôle crucial dans la validation et l'affinement du modèle cosmologique standard. Elles ont confirmé avec une précision remarquable plusieurs paramètres clés de l'Univers, tels que son âge, sa vitesse d'expansion, et sa composition.

Découvertes de Nouvelles Galaxies et Amas de Galaxies

Parallèlement, le Sloan Digital Sky Survey et d'autres projets astronomiques ont continué à découvrir de nouvelles galaxies et amas de galaxies. Chaque nouvelle découverte a ajouté une pièce au puzzle de la formation de l'Univers. Ces galaxies lointaines, souvent observées telles qu'elles étaient il y a des milliards d'années, ont offert une fenêtre sur les différentes étapes de l'évolution cosmique. La découverte de ces galaxies éloignées a également permis de tester les théories de la formation des galaxies. En comparant les caractéristiques des galaxies jeunes et anciennes, les astronomes ont pu mieux comprendre comment les galaxies se forment, évoluent, et interagissent avec leur environnement cosmique. Ces connaissances ont enrichi notre compréhension de la dynamique de l'Univers à grande échelle.

Le Télescope Spatial James Webb : Une Nouvelle Ère de l'Astronomie

En 2021, le lancement du télescope spatial James Webb (JWST) a marqué le début d'une nouvelle ère dans l'étude de l'Univers. Conçu comme le successeur du télescope Hubble, le JWST est le résultat de décennies de collaboration internationale et d'ingénierie de pointe. Avec un miroir principal de 6,5 mètres de diamètre et équipé des technologies d'observation les plus avancées, le JWST est conçu pour observer l'Univers dans l'infrarouge, permettant ainsi de percer le voile des nuages de poussière cosmique et de regarder plus loin dans le temps et l'espace que jamais auparavant. Le JWST a pour mission principale d'explorer les premières époques de l'Univers, remontant à la formation des premières galaxies. Il vise à répondre à des questions fondamentales telles que la nature des premières étoiles, la formation et l'évolution des galaxies, et même la recherche de signes de vie sur des exoplanètes lointaines. Ses observations pourraient révéler des détails sur la période de « réionisation, » un moment clé de l'histoire cosmique où les premières étoiles ont commencé à briller, mettant fin à l'âge sombre de l'Univers.

L'Ère des Ondes Gravitationnelles : LIGO et Virgo

Un autre jalon scientifique majeur de cette période a été la détection des ondes gravitationnelles par les observatoires LIGO (Laser Interferometer Gravitational-Wave Observatory) aux États-Unis et Virgo en Europe. Ainsi, en 2015, LIGO a réalisé la première observation directe d'ondes gravitationnelles, un siècle après qu'elles aient été prédites par Albert Einstein dans sa théorie de la relativité générale. Les ondes gravitationnelles sont des ondulations dans le tissu de l'espace-temps, générées par des événements cosmiques violents tels que la fusion de trous noirs ou d'étoiles à neutrons. Leur détection représente une percée majeure, car elle offre une nouvelle méthode pour observer et comprendre des phénomènes qui étaient auparavant invisibles ou inaccessibles. LIGO et Virgo ont depuis détecté des dizaines d'événements d'ondes gravitationnelles, apportant de nouvelles informations sur la nature des trous noirs, la formation des étoiles à neutrons, et les processus extrêmes qui se produisent dans l'Univers.

Euclid : Cartographier l'Univers Invisible

Lancé par l'Agence Spatiale Européenne (ESA), le projet Euclid vise à cartographier la structure à grande échelle de l'Univers. Euclid est un télescope spatial équipé d'un appareil photo numérique et d'un spectromètre très sensibles, capable de mesurer la forme et la répartition de millions de galaxies lointaines. La mission d'Euclid est de percer les secrets de la matière noire en observant son influence gravitationnelle sur la lumière provenant de galaxies éloignées, un phénomène connu sous le nom de « lentille gravitationnelle. » De plus, Euclid cherchera à mieux comprendre l'énergie sombre en examinant comment elle influence l'expansion de l'Univers. Les données recueillies par Euclid pourraient fournir des indices cruciaux sur la nature de ces composants mystérieux de l'Univers et sur leur rôle dans l'évolution cosmique.

WFIRST : Une Fenêtre sur les Forces Cosmiques

WFIRST (Wide Field Infrared Survey Telescope) est une mission de la NASA conçue pour approfondir notre compréhension de l'énergie sombre et de la matière noire. Ce télescope spatial, équipé d'une caméra à champ large et d'un coronographe, explorera l'Univers à travers des observations infrarouges. WFIRST permettra d'effectuer des relevés du ciel profond, offrant une vue détaillée de l'Univers lointain. En observant des milliards de galaxies, WFIRST cherchera à déterminer précisément comment l'expansion de l'Univers a changé au fil du temps, fournissant des indices essentiels sur la nature de l'énergie sombre. Le coronographe de WFIRST, une technologie de pointe pour bloquer la lumière des étoiles, permettra également d'étudier les exoplanètes, ajoutant une dimension supplémentaire à cette mission polyvalente.

Recherche sur l'Infiniment Petit

Le nouveau millénaire a aussi marqué une période de progrès significatifs dans la compréhension de l'infiniment petit, particulièrement dans le domaine de la physique des particules, approfondissant notre compréhension du Modèle Standard, qui est le cadre théorique qui décrit les particules élémentaires et les forces fondamentales qui régissent leur interaction.

Le Modèle Standard : Une Compréhension Renouvelée

Le Modèle Standard de la physique des particules est un édifice théorique qui décrit trois des quatre forces fondamentales connues de l'Univers (la force électromagnétique, la force faible et la force forte) et classifie toutes les particules subatomiques connues.

Les accélérateurs de particules, tels que le Tevatron aux États-Unis et le Large Hadron Collider (LHC) au CERN, ont joué un rôle crucial dans l'exploration du Modèle Standard. Ces machines prodigieuses accélèrent des particules à des vitesses proches de celle de la lumière avant de les faire entrer en collision, permettant aux scientifiques d'observer les produits de ces collisions et de découvrir des particules et des interactions jusqu'alors inconnues.

Ils ont notamment permis la caractérisation complète du quark top, l'une des particules élémentaires du Modèle Standard, permettant une meilleure compréhension de sa masse et de ses propriétés.

Les études sur les neutrinos ont également pris un essor significatif. Les neutrinos sont d'étranges particules qui interagissent très faiblement avec la matière ordinaire. Les expériences ont confirmé que les neutrinos ont une masse, bien que très faible, et qu'ils oscillent entre différents types, un phénomène inattendu qui n'était pas pleinement expliqué par le Modèle Standard original. Ces découvertes ont eu des implications profondes non seulement pour la physique théorique, mais aussi pour notre compréhension de l'Univers. Par exemple, la confirmation que les neutrinos ont une masse a eu des implications pour la cosmologie, en particulier pour les théories sur la matière noire et l'évolution de l'Univers dans ses premiers instants.

Malgré ces succès, de nombreuses questions demeurent sans réponse. Le Modèle Standard, bien qu'exceptionnellement réussi dans l'explication de nombreux phénomènes, ne peut pas intégrer la gravité, et il n'offre pas d'explication sur la matière noire et l'énergie sombre, des composants cruciaux pour comprendre l'Univers dans son ensemble. De plus, la découverte de l'oscillation des neutrinos suggère que le Modèle Standard pourrait nécessiter des extensions ou des modifications pour incorporer ces résultats surprenants. Ces mystères continuent à stimuler les recherches en physique des particules, poussant les scientifiques à explorer au-delà du Modèle Standard.

Le Grand Collisionneur de Hadrons (LHC) : Une Prouesse Technique

Le LHC, situé à la frontière franco-suisse près de Genève, est le plus grand accélérateur de particules et le plus puissant collisionneur au monde. Sa construction, commencée dans les années 1990 et achevée en 2008, a été une entreprise massive, impliquant des milliers de scientifiques et d'ingénieurs de plus de 100 pays. Le LHC est un anneau de 27 kilomètres de circonférence, enfoui à environ 100 mètres sous terre. Sa fonction principale est d'accélérer des protons à des vitesses proches de celle de la lumière, puis de les faire entrer en collision. Le LHC utilise un système complexe d'aimants supraconducteurs pour guider et accélérer les particules. Lorsque les faisceaux de protons sont accélérés à des énergies extrêmement élevées et entrent en collision, ils produisent une variété de particules subatomiques, offrant un aperçu des lois fondamentales de la nature. Le LHC est équipé de plusieurs détecteurs gigantesques, chacun conçu pour observer différents aspects des collisions de particules.

La Découverte du Boson de Higgs

La découverte du boson de Higgs en 2012 a été l'un des moments les plus marquants de la physique moderne. Le boson de Higgs, parfois surnommé « la particule de Dieu, » est crucial pour le Modèle Standard. Il est associé au champ de Higgs, un champ énergétique qui imprègne tout l'Univers. La présence de ce champ est ce qui confère leur masse à d'autres particules élémentaires.

La recherche du boson de Higgs a été une quête de plusieurs décennies, débutant bien avant la construction du LHC. La théorie du champ de Higgs a été proposée dans les années 1960 par Peter Higgs et d'autres physiciens, mais c'est seulement avec le LHC que la technologie nécessaire pour détecter le boson de Higgs est devenue disponible.

Le 4 juillet 2012, les équipes des expériences ATLAS et CMS du LHC ont annoncé conjointement qu'elles avaient observé une nouvelle particule cohérente avec le boson de Higgs. Cette découverte a été saluée comme un triomphe monumental pour la physique théorique et expérimentale. Elle a non seulement confirmé un élément clé du Modèle Standard, mais a également ouvert de nouvelles voies pour comprendre l'Univers.

Les Neutrinos : Des Messagers Mystérieux de l'Univers Subatomique

Les neutrinos sont des particules élémentaires qui, contrairement aux électrons ou aux quarks, n'interagissent que très faiblement avec la matière ordinaire. Ils sont produits en abondance dans des processus nucléaires, comme ceux se produisant dans le soleil, lors de réactions nucléaires, ou dans les phénomènes cosmiques tels que les supernovæ. Leur étude est cruciale car elle fournit des informations uniques sur des processus qui ne peuvent pas être étudiés directement par d'autres moyens.

Les neutrinos ont été postulés pour la première fois dans les années 1930 par Wolfgang Pauli, mais leur existence n'a été confirmée expérimentalement qu'en 1956. Depuis lors, l'analyse des neutrinos a été un champ de recherche actif, mais leur nature insaisissable a rendu leur étude particulièrement difficile.

L'une des questions les plus intrigantes est celle de leur masse. Longtemps supposés être sans masse, les travaux récents ont confirmé que les neutrinos possèdent effectivement une masse, bien qu'extrêmement faible. Cette découverte a des implications profondes, car elle nécessite une révision des modèles standards de la physique des particules qui ne prévoyaient pas de masse pour les neutrinos.

Un autre aspect fascinant de la physique des neutrinos est le phénomène d'oscillation. En effet, il a été découvert que les neutrinos existent en trois « saveurs » - électronique, muonique et tauique. Chacune de ces saveurs est associée à un lepton chargé différent. Les neutrinos électroniques (souvent notés v_e)

sont associés à l'électron, le plus léger des leptons chargés. Ils sont souvent produits dans les réactions nucléaires qui se produisent dans les étoiles, y compris notre Soleil, ainsi que lors de certaines formes de désintégration radioactive. Par exemple, dans la fusion nucléaire au cœur du Soleil, les neutrinos électroniques sont créés en abondance. Les neutrinos muoniques (notés v_μ) sont associés au muon, qui est comme une version plus lourde de l'électron. Les muons et les neutrinos muoniques sont souvent produits dans les rayons cosmiques, qui sont des particules de haute énergie venant de l'espace et interagissant avec l'atmosphère de la Terre. Les neutrinos tauiques (notés v_τ) sont associés au tau, le plus lourd des trois leptons chargés. Les taus et les neutrinos tauiques sont moins communs car le tau a une masse plus grande et une durée de vie plus courte. Ils peuvent être produits dans des accélérateurs de particules ou lors de certains événements cosmiques de très haute énergie.

Les neutrinos peuvent changer de saveur lorsqu'ils se déplacent, un phénomène connu sous le nom d'oscillation, ce qui signifie qu'un neutrino électronique, par exemple, peut se transformer en neutrino muonique ou tauique, et vice versa. Ce phénomène est important car il suggère l'existence de nouvelles lois physiques au-delà du Modèle Standard. Il a également des implications pour notre compréhension de la matière noire et de l'évolution de l'Univers. Les neutrinos pourraient ainsi jouer un rôle dans le déséquilibre entre matière et antimatière dans l'Univers, une question clé non résolue en cosmologie. Cette découverte a valu le prix Nobel de physique en 2015 à Takaaki Kajita et Arthur B. McDonald et ouvert un nouveau domaine de recherche en physique des particules.

La détection des neutrinos est un défi en raison de leur interaction extrêmement faible avec la matière. Les détecteurs de neutrinos sont à la pointe de la technologie en physique des particules. Ils nécessitent une ingénierie de précision et des technologies avancées pour capturer et analyser les interactions rarissimes des neutrinos, comme l'informatique et la détection de rayonnement.

Les expériences actuelles, telles que IceCube au Pôle Sud, Super-Kamiokande au Japon, et le projet DUNE aux États-Unis, utilisent de grands volumes d'eau ou de glace pour détecter les rares interactions des neutrinos. Les détecteurs sont souvent situés sous terre ou sous la glace pour réduire le bruit de fond des rayons cosmiques. Par exemple, DUNE, situé aux États-Unis, implique l'envoi de faisceaux de neutrinos depuis le Fermilab dans l'Illinois jusqu'à un gigantesque détecteur situé dans une ancienne mine d'or au Dakota du Sud, à plus de 1 300 kilomètres de distance. Hyper-Kamiokande, au Japon, est une version agrandie et améliorée de son prédécesseur, Super-Kamiokande, et vise à détecter des neutrinos provenant de sources cosmiques et terrestres.

Les études actuelles visent ainsi à répondre à des questions fondamentales sur les neutrinos, telles que leurs masses exactes, les détails de leur processus d'oscillation, et leur rôle potentiel dans les asymétries matière-antimatière de l'Univers. Elles pourraient également détecter des neutrinos provenant de supernovæ, offrant ainsi une fenêtre unique sur ces événements cosmiques catastrophiques.

Au-delà du Modèle Standard

Une des attentes les plus intrigantes dans la recherche sur l'infiniment petit est la confirmation potentielle de la supersymétrie, une théorie qui étend le Modèle Standard. La supersymétrie propose que chaque particule connue ait un partenaire supersymétrique non encore découvert. Ces nouvelles particules pourraient résoudre plusieurs énigmes non expliquées par le Modèle Standard, comme la nature de la matière noire et certaines questions de la théorie de la relativité d'Einstein.

La confirmation de la supersymétrie serait une révolution dans la physique des particules. Elle ouvrirait de nouvelles avenues de recherche et pourrait fournir un cadre unifié pour comprendre les forces et les particules de l'Univers. Cependant, malgré des décennies de recherche, les particules supersymétriques restent insaisissables, et leur existence continue d'être un sujet de débat intense dans la communauté scientifique.

Ces projets de recherche impliquent une collaboration internationale massive, réunissant des scientifiques, des ingénieurs et des techniciens de différents pays et disciplines. Cette collaboration est essentielle pour relever les défis complexes posés par la recherche de pointe en physique des particules.

Mystères et Défis de la Recherche Actuelle

La Forme de l'Univers : Un Débat Revigoré

La question de savoir si l'Univers est plat, fermé ou ouvert a longtemps été un sujet de débat intense parmi les cosmologues. Traditionnellement, les données, notamment celles issues du fond diffus cosmologique, suggéraient que l'Univers était remarquablement plat. Cependant, l'étude « *Planck evidence for a closed Universe and a possible crisis for cosmology* » publiée en 2020 dans Nature Astronomy par Eleonora Di Valentino, Alessandro Melchiorri et Joseph Silk, a remis en question cette idée.

Basée sur les données de la mission Planck de l'Agence Spatiale Européenne, cette étude a suggéré que l'Univers pourrait être fermé. Cela impliquerait une courbure positive de l'espace-temps, menant potentiellement à un Univers sphérique. Si ces résultats sont confirmés, ils pourraient signifier une révision majeure de notre compréhension de la cosmologie, mettant en lumière des anomalies entre les observations et les modèles théoriques actuels.

Pour explorer ces mystères, les scientifiques développent des technologies d'observation plus avancées, permettant de sonder des régions de l'Univers jusqu'alors inaccessibles.

Des instruments comme le James Webb Space Telescope (JWST) et les observatoires d'ondes gravitationnelles tels que LIGO et Virgo jouent un rôle crucial dans cette quête. Le JWST, par exemple, va permettre d'observer l'Univers dans l'infrarouge, ouvrant une fenêtre sur les premières époques après le Big Bang, tandis que LIGO et Virgo détectent les ondulations de l'espace-temps causées par des événements cosmiques violents comme la fusion de trous noirs.

Cependant, le développement de ces technologies n'est pas sans défis. La conception, la construction et l'exploitation de tels instruments nécessitent une expertise avancée en ingénierie et en physique, ainsi que des investissements financiers considérables. Chaque nouvelle avancée technologique ouvre la voie à de nouvelles découvertes, mais soulève également de nouvelles questions et défis techniques.

Les Voyages Interstellaires et la Recherche de Vie Extraterrestre

L'exploration de l'espace ne se limite pas à l'observation ; elle englobe également la quête active de nouvelles frontières et de vie au-delà de la Terre.

Avec la découverte de milliers d'exoplanètes, dont certaines dans la « zone habitable » de leur étoile, la recherche de signes de vie extraterrestre est devenue plus concrète. Les missions comme le télescope Kepler ont révolutionné notre compréhension des systèmes planétaires et stimulé la recherche de biosignatures dans les atmosphères planétaires.

Par ailleurs, l'idée des voyages interstellaires, autrefois un fantasme de science-fiction, commence à prendre forme dans le domaine de la recherche scientifique. Des concepts comme les voiles solaires, les moteurs à propulsion ionique, ou même les théories sur les trous de ver et la propulsion par antimatière, bien que théoriques et loin d'être réalisables à court terme, continuent de stimuler l'imagination et la recherche.

Les Défis de la Cosmologie Quantique

La cosmologie quantique est le domaine de recherche à la croisée de la physique quantique et de la relativité générale. Elle vise à résoudre l'une des questions les plus fondamentales et captivantes de la science : comment l'Univers a-t-il commencé, et comment a-t-il évolué depuis ses premiers instants ?

La relativité générale d'Albert Einstein, formulée au début du 20e siècle, a révolutionné notre compréhension de l'Univers à grande échelle. Elle décrit comment la gravité est le résultat de la courbure de l'espace-temps causée par la présence de masse et d'énergie. Cette théorie a été confirmée par de nombreuses observations, notamment le déplacement de la lumière par les champs gravitationnels et l'existence des trous noirs.

D'un autre côté, la physique quantique, développée à peu près à la même époque, s'occupe de l'infiniment petit. Elle décrit un monde où l'incertitude et la probabilité règnent, un monde où les particules peuvent exister en plusieurs états à la fois et où rien n'est prévisible avec certitude.

Ces deux théories, aussi puissantes soient-elles, entrent en contradiction lorsqu'il s'agit de décrire certains phénomènes, en particulier aux échelles où elles devraient théoriquement se rencontrer, comme dans les singularités des trous noirs ou au moment du Big Bang.

Une singularité est un point dans l'Univers où les densités de masse et d'énergie deviennent infinies, et où les lois de la physique telles que nous les connaissons cessent de s'appliquer. Selon la relativité générale, de telles singularités existent au cœur des trous noirs et au commencement de l'Univers. Cependant, la physique quantique ne supporte pas l'idée d'une densité infinie, ce qui suggère que notre compréhension actuelle de ces phénomènes est incomplète.

La théorie de l'inflation cosmique, proposée dans les années 1980, est une tentative de répondre à certaines des questions laissées ouvertes par le modèle du Big Bang. Selon cette théorie, l'Univers a connu une phase d'expansion exponentielle incroyablement rapide juste après le Big Bang. Cette expansion aurait aplani l'Univers, expliquant ainsi pourquoi l'espace à grande échelle semble si uniforme et si plat, en dépit de la gravité qui aurait dû créer plus de courbure.

Le principal défi de la cosmologie quantique est d'élaborer une théorie qui puisse intégrer harmonieusement la relativité générale et la physique quantique. Plusieurs approches ont été proposées, comme la théorie des cordes, la gravité quantique à boucles, et la théorie M. Chacune de ces théories présente une façon différente d'aborder le problème, mais aucune n'a encore été pleinement acceptée ou confirmée par des données expérimentales.

Les implications d'une telle unification seraient profondes. Non seulement cela nous permettrait de mieux comprendre l'origine et l'évolution de l'Univers, mais cela pourrait également répondre à des questions sur la nature de la matière noire, de l'énergie sombre, et même offrir des indices sur la possibilité d'autres Univers ou dimensions.

Cette quête pour unifier les lois de la physique quantique avec celles de la relativité générale pourrait un jour nous fournir une vision complète et cohérente de la réalité, changeant notre compréhension de l'Univers de façon spectaculaire.

En conclusion, ce deuxième chapitre nous a fait voyager à travers l'évolution de la recherche cosmologique, depuis les premiers regards émerveillés des anciens vers les cieux jusqu'aux découvertes révolutionnaires de la science moderne. Nous avons découvert comment notre vision de l'Univers a été radicalement transformée par des siècles de quête intellectuelle, de défi scientifique et d'avancées technologiques. Nous avons vu des théories naître, se transformer et parfois être renversées, chaque étape nous rapprochant un peu plus de la compréhension des mystères de l'Univers.

Mais alors que nous avons parcouru un long chemin dans la compréhension de la structure et de la dynamique de l'Univers, la question de l'information - de ce qu'elle est, comment elle fonctionne, et quel rôle elle joue dans le cosmos - reste en grande partie un mystère. C'est sur cette question fondamentale que nous allons nous pencher dans le prochain chapitre : « Théorie de l'Information et Code Universel ».

Dans ce troisième chapitre, nous explorerons la nature profonde de l'information. Comment est-elle encodée dans la matière et l'énergie qui constituent notre Univers ? Comment la théorie de l'information, développée pour comprendre les signaux et les communications humaines, peut-elle éclairer les principes fondamentaux de la physique ? Nous examinerons l'ADN, ce code biologique qui dirige la vie sur Terre, et nous nous demanderons s'il existe un équivalent cosmique - un code Universel sous-jacent à tout.

Alors que nous nous préparons à plonger dans ces questions profondes, nous nous tenons à la frontière de la connaissance, prêts à explorer comment l'information façonne notre monde et peut-être même l'Univers lui-même. Préparez-vous à questionner ce que vous pensiez savoir et à être émerveillé par les mystères qui nous attendent.

3

Théorie de l'Information et Code Universel

Dans ce troisième chapitre, nous plongerons au cœur de la fascinante relation entre la théorie de l'information et l'Univers. L'information est une notion cruciale qui sous-tend notre compréhension de tout ce qui nous entoure, depuis la formation des étoiles jusqu'à l'évolution de la vie sur Terre. Ce chapitre se divise en trois parties, chacune explorant un aspect unique de la manière dont l'information façonne notre monde.

La première partie nous introduira aux concepts fondamentaux de cette discipline captivante. Nous explorerons les idées de pionniers tels que Claude Shannon, qui ont jeté les bases de la théorie de l'information au 20e siècle. Vous découvrirez comment cette théorie s'est révélée essentielle dans de nombreux domaines, de la communication moderne à la compréhension de la complexité de l'Univers lui-même.

La deuxième partie plongera dans le mystère de la vie sur Terre. Nous examinerons comment l'information génétique, stockée dans l'ADN, joue un rôle crucial dans la formation et l'évolution de tous les êtres vivants. Vous découvrirez comment les molécules d'ADN portent en elles toutes les instructions nécessaires à la création et à la survie de la diversité extraordinaire de la vie sur notre planète.

La troisième partie nous entraînera dans un domaine où la science rejoint la spéculation. Nous explorerons les idées fascinantes sur la possibilité d'une forme d'information cosmique, similaire à l'ADN biologique, qui pourrait exister à l'échelle de l'Univers tout entier. Cette notion éveille l'imagination et soulève des questions sur l'Universalité de l'information et son rôle potentiel dans l'évolution de l'Univers.

Ce chapitre nous guidera donc au cœur de notre manière de percevoir et de comprendre l'Univers qui nous entoure.

Introduction à la Théorie de l'Information

La théorie de l'information, telle que nous la connaissons aujourd'hui, est le fruit d'un long voyage intellectuel qui remonte à l'aube de la communication humaine. Dans cette section, nous nous aventurerons dans le passé pour découvrir les origines fascinantes de cette discipline qui a profondément influencé notre monde moderne.

Les Origines de la Théorie de l'Information

Le Début de la Communication : La Nécessité de Transmettre l'Information

L'histoire de la Théorie de l'Information commence bien avant l'ère numérique, même avant l'invention de l'écriture. Dès les débuts de l'humanité, les êtres humains ont ressenti le besoin de communiquer et de transmettre des informations essentielles pour leur survie et leur progrès. À cette époque, la communication était principalement orale et visuelle, mais elle était déjà fondée sur des principes d'information.

Les premières formes de communication humaine étaient rudimentaires mais vitales. Les gestes, les cris et les signaux visuels étaient utilisés pour avertir d'un danger, indiquer la présence de nourriture, ou coordonner des activités de groupe telles que la chasse. À travers ces premières interactions, les humains ont compris l'importance de transmettre des informations pour leur survie.

Les Écrits Anciens et la Transmission de Connaissances

Avec l'émergence de l'écriture, la capacité à stocker et à transmettre des informations a fait un bond en avant. Les anciennes civilisations, telles que les Sumériens, les Égyptiens et les Chinois, ont développé des systèmes d'écriture sophistiqués pour documenter des connaissances essentielles sur l'agriculture, la médecine, et bien d'autres domaines. La transmission de l'information était devenue plus durable et moins vulnérable aux erreurs de transmission.

L'invention de l'écriture a ouvert la voie à une nouvelle ère de préservation et de diffusion du savoir. Les tablettes d'argile sumériennes, les papyrus égyptiens, et les inscriptions sur des os de tortue en Chine témoignent de la quête humaine de stocker et de partager des informations cruciales. Ces premiers écrits étaient souvent liés à la gestion des ressources, à la tenue des registres, et à la formulation de lois, reflétant ainsi la nécessité d'une communication organisée dans des sociétés en expansion.

La Révolution de l'Impression et la Diffusion de l'Information

L'invention de l'imprimerie par Johannes Gutenberg au 15e siècle a été un tournant majeur dans l'histoire de la diffusion de l'information. Les livres et les pamphlets imprimés ont permis une distribution plus large des connaissances, réduisant ainsi les barrières à l'accès à l'information. Cette période a marqué le début de la démocratisation de l'information.

Les premiers ouvrages imprimés, tels que la Bible de Gutenberg, ont contribué à la diffusion de la foi religieuse et ont favorisé la réforme protestante. Cependant, l'imprimerie a également permis la propagation d'idées nouvelles et révolutionnaires, notamment dans les domaines de la science, de la politique et de la philosophie. Des penseurs tels que Copernic, Galilée et Descartes ont pu partager leurs découvertes et leurs idées avec un public plus large grâce à l'impression, contribuant ainsi à la révolution intellectuelle de la Renaissance.

La Révolution Industrielle et les Communications à Longue Distance

La Révolution Industrielle a vu l'essor des télécommunications, notamment avec le développement du télégraphe électrique au 19e siècle. Cette invention a permis la transmission rapide de messages sur de longues distances, réduisant considérablement les délais de communication. La nécessité de comprendre la transmission efficace de l'information a commencé à émerger à cette époque.

Les télégraphes ont été largement utilisés pour la communication entre les villes et les pays, révolutionnant les affaires, la diplomatie et le commerce. Le code Morse, développé par Samuel Morse, était un exemple précoce de codage de l'information pour une transmission efficace. Cette période a marqué le début de la compréhension systématique des méthodes de transmission de l'information.

La Formalisation Mathématique de l'Information

Le 20e siècle a vu l'émergence d'une figure emblématique dans le domaine de la Théorie de l'Information : Claude Shannon. Né en 1916, ce génie de l'ingénierie électronique et des mathématiques allait révolutionner notre compréhension de la transmission de l'information.

Claude Shannon était un esprit brillant qui avait un don pour résoudre des problèmes complexes. Sa carrière académique a débuté à l'Université du Michigan, où il a obtenu un diplôme en génie électrique en 1936. Cependant, c'est lorsqu'il a rejoint le

Massachusetts Institute of Technology (MIT) pour poursuivre des études supérieures qu'il a commencé à explorer sérieusement les questions liées à la communication et à l'information.

Pendant ses études au MIT, Shannon a rédigé sa thèse de master intitulée « *Une Analyse Symbolique des Relais et des Commutateurs de Téléphone*, » qui posait déjà les bases de sa future carrière. Il y explorait des idées sur la manière dont les signaux électriques pouvaient être utilisés pour transmettre de l'information, une question essentielle pour les communications.

La Seconde Guerre mondiale a été un tournant majeur dans la vie de Shannon et dans le développement de la théorie de l'information. Engagé dans les communications militaires, Shannon a rapidement compris l'importance cruciale de la transmission d'informations précises et sûres sur le champ de bataille. Ses compétences en mathématiques et en ingénierie électronique allaient devenir un atout essentiel pour l'effort de guerre.

L'une des contributions les plus célèbres de Shannon pendant la guerre a été la création du « télégraphe de Shannon. » Ce dispositif, basé sur la théorie de l'information naissante, a été utilisé pour coder et décoder des messages secrets en utilisant des séquences aléatoires, rendant ainsi la cryptographie plus robuste et difficile à décoder pour l'ennemi. Cette invention allait marquer le début de la formalisation mathématique de la transmission de l'information.

En 1948, Claude Shannon a publié un article fondamental intitulé « *A Mathematical Theory of Communication* » dans la revue Bell System Technical Journal. Cet article allait devenir un jalon majeur dans l'histoire de la science de l'information et poser les fondements de la théorie de l'information moderne.

Dans cet article, Shannon a formalisé plusieurs concepts clés qui allaient devenir centraux pour la théorie de l'information. L'un de ces concepts était l'entropie, qu'il a introduit comme une mesure de l'incertitude dans un système de transmission. Plus un système est imprévisible, plus son entropie est élevée. Shannon a montré comment l'entropie pouvait être utilisée pour quantifier l'information contenue dans un message et comment elle était liée à l'efficacité de la communication.

Un autre concept majeur était celui d'information mutuelle, qui mesurait la dépendance entre deux ensembles de données. Cette mesure était cruciale pour comprendre comment l'information pouvait être extraite de manière efficace d'un signal bruité, une question essentielle pour les communications fiables.

Enfin, Shannon a abordé la question du codage de l'information, montrant comment les messages pouvaient être encodés de manière efficace pour minimiser les erreurs de transmission tout en maximisant la vitesse de communication. Ces concepts étaient d'une importance cruciale pour la conception des systèmes de communication, en particulier dans le domaine émergent des communications numériques.

Les travaux révolutionnaires de Claude Shannon ont eu un impact durable sur de nombreux domaines, de l'ingénierie des communications à l'informatique en passant par la cryptographie. Sa théorie de l'information a jeté les bases de la révolution numérique en permettant la transmission rapide et fiable de données à travers le monde. Les concepts qu'il a développés sont encore largement utilisés aujourd'hui dans des technologies allant de l'Internet aux téléphones mobiles. En reconnaissance de ses réalisations exceptionnelles, Shannon a reçu de nombreuses distinctions, dont la Médaille Nationale des Sciences en 1966.

Les Concepts Fondamentaux

Dans cette section, nous explorons les concepts fondamentaux qui ont révolutionné la façon dont nous comprenons l'information, sa quantification et sa transmission. Pour rendre ces concepts accessibles à tous, nous les démystifierons à travers des exemples simples et concrets.

Entropie : Mesure de l'Incertitude

L'entropie est l'un des concepts centraux de la Théorie de l'Information. À première vue, il peut sembler mystérieux, mais en réalité, c'est une mesure simple et puissante de l'incertitude dans un système. Imaginez un jeu de devinettes :

Supposons que vous jouiez à un jeu où vous devez deviner la couleur d'une balle tirée d'un sac. Si le sac ne contient que des balles rouges, vous pouvez être sûr que la prochaine balle sera rouge. Dans ce cas, l'entropie est faible car il n'y a pas d'incertitude.

Maintenant, imaginez que le sac contienne un mélange égal de balles rouges, vertes et bleues. Dans ce cas, vous êtes beaucoup moins sûr de la couleur de la prochaine balle, car elle pourrait être l'une des trois couleurs. L'entropie est élevée car il y a beaucoup d'incertitude.

En termes mathématiques, l'entropie mesure le nombre moyen de bits d'information nécessaires pour représenter le résultat de ce jeu de devinettes. Plus il y a d'incertitude, plus l'entropie est élevée.

Information Mutuelle : Le Partage de l'Information

L'information mutuelle est un concept qui se rapporte à la quantité d'information partagée entre deux variables aléatoires. Pour le rendre plus tangible, examinons un exemple de communication entre deux amis :

Imaginez que vous parliez au téléphone avec un ami et que vous discutiez du temps qu'il fait dehors. Votre ami vit dans une région où il fait généralement très froid. Si vous lui dites qu'il fait 30ºC aujourd'hui, cette information est précieuse car elle diffère considérablement de la norme.

Maintenant, imaginez que vous parliez à un autre ami qui vit dans une région où il fait toujours très chaud. Si vous lui dites qu'il fait 30ºC, cette information a moins de valeur car c'est la norme pour lui.

Dans le premier cas, l'information sur la température a une grande information mutuelle car elle est informative. Dans le second cas, l'information a une information mutuelle plus faible car elle n'apporte pas autant d'informations nouvelles.

L'information mutuelle nous aide à comprendre à quel point deux variables sont liées par l'information qu'elles partagent.

Quantification de l'Information : La Mesure en Bits

La quantification de l'information est un concept essentiel qui consiste à mesurer l'information en unités appelées bits. Les bits sont la base de la communication numérique et de la compression de données.

Supposez que vous ayez un document texte de 1 000 caractères. Si vous le compressez de manière efficace, vous pourriez être en mesure de le réduire à seulement 500 caractères sans perdre d'informations essentielles. Cela signifie que vous avez réduit la quantité d'information nécessaire pour représenter le texte de 1 000 bits à 500 bits.

La quantification de l'information est essentielle dans de nombreux domaines, de la transmission de données sur Internet à la création de fichiers MP3 compressés.

Applications Pratiques

La Théorie de l'Information a profondément influencé notre monde moderne. Ella a de multiples applications pratiques dans des domaines tels que les télécommunications, l'informatique, la sécurité de l'information et la science des données.

Les Besoins Modernes en Communication et en Transmission d'Informations

La société moderne est devenue de plus en plus dépendante de la communication et de la transmission d'informations. Des domaines tels que les télécommunications, l'informatique, la science des données, et l'intelligence artificielle reposent largement sur les principes de la Théorie de l'Information pour transmettre, stocker, et analyser les données.

Aujourd'hui, la connectivité accrue, rendue possible par l'avènement d'Internet et la croissance des réseaux sociaux, a transformé la façon dont nous échangeons des informations, en permettant des communications instantanées et mondiales. La mobilité et l'accessibilité, grâce aux appareils mobiles tels que les smartphones et les tablettes, offrent une flexibilité sans précédent, permettant aux gens de rester connectés où qu'ils soient.

La vitesse et l'efficacité de la transmission d'informations ont été grandement améliorées par des technologies comme la fibre optique, le Wi-Fi à haut débit et la 5G. Dans un monde où la rapidité d'accès à l'information est souvent cruciale, cette évolution est essentielle. Parallèlement, la sécurité et la confidentialité sont devenues des préoccupations majeures avec l'augmentation des cybermenaces, nécessitant le développement de technologies de cryptage avancées et de protocoles de sécurité rigoureux pour protéger les données.

L'utilisation du Big Data et de l'intelligence artificielle dans le traitement de l'information ouvre de nouvelles perspectives dans la compréhension des tendances et la prise de décision, tout en permettant une personnalisation accrue des communications. Ces technologies encouragent également une interactivité et un engagement plus forts, que ce soit dans le marketing, l'éducation ou sur les médias sociaux.

Enfin, il y a une conscience croissante de la nécessité d'adopter des pratiques de communication durables, qui minimisent l'impact environnemental tout en étant socialement responsables. Le domaine de la communication continue d'évoluer, avec des innovations comme la réalité augmentée, la réalité virtuelle et les technologies immersives qui changent notre façon d'interagir avec l'information. Ces développements reflètent une quête constante d'efficacité, de rapidité, de sécurité et d'innovation, tout en intégrant des enjeux de responsabilité sociale et environnementale.

Cette discipline a transformé notre capacité à communiquer et à transmettre des connaissances, et elle continue de façonner notre compréhension de la communication, de la technologie, et de la science.

Télécommunications : Du Code Morse à la Communication Numérique

L'histoire des télécommunications reflète une trajectoire impressionnante de progrès technologiques, débutant par des méthodes simples comme le code Morse et évoluant vers les technologies numériques complexes que nous utilisons aujourd'hui, jouant un rôle clé même dans la recherche sur le cosmos.

Au 19e siècle, le code Morse a marqué un tournant dans l'histoire des télécommunications. Avec son système de points et de tirets représentant lettres et chiffres, il a permis d'envoyer des messages sur de grandes distances via le télégraphe, brisant ainsi les barrières physiques de la communication.

L'arrivée du téléphone au 20e siècle a ensuite révolutionné la communication en permettant les échanges vocaux à distance, en temps réel. Cette innovation a ouvert la voie à des technologies telles que la radio et la télévision, qui ont utilisé des ondes électromagnétiques pour transmettre sons et images, redéfinissant les médias et le divertissement.

Avec l'avènement de la communication numérique, les données telles que la voix, le texte et, plus tard, la vidéo, ont commencé à être converties en séquences binaires de 0 et 1. Cette transformation a permis une transmission plus efficace et sécurisée des données, jetant les bases d'Internet, une nouvelle révolution dans les modes de communication.

Internet a introduit des outils tels que l'email, les forums en ligne et les réseaux sociaux, offrant des moyens de communication diversifiés et instantanés. La fusion des télécommunications avec l'informatique a donné naissance à des technologies comme la VoIP, qui permet de transmettre la voix et d'autres médias via Internet, réduisant ainsi considérablement les coûts de communication.

L'émergence des technologies mobiles, avec les smartphones et autres appareils, a encore élargi nos capacités de communication, offrant un accès instantané à une multitude de services en ligne, de la navigation sur le web à la vidéoconférence.

Dans le contexte de la recherche sur le cosmos, ces avancées en télécommunications ont été cruciales. Elles ont permis de développer des réseaux de communication à longue distance et haute vitesse nécessaires pour la transmission de données depuis les télescopes spatiaux et les sondes interplanétaires. Ces technologies facilitent le partage en temps réel d'observations astronomiques et de données scientifiques entre les chercheurs du monde entier, accélérant ainsi les découvertes dans l'étude de l'Univers.

Enfin, l'avènement de la 5G promet des vitesses de transmission de données encore plus élevées et une faible latence, essentielles pour des applications comme l'Internet des Objets, les villes intelligentes et les véhicules autonomes, ainsi que pour soutenir les futures missions spatiales et l'exploration du cosmos, ouvrant ainsi de nouvelles frontières dans la recherche et la communication humaines.

Informatique : Compression de Données et Correction d'Erreurs

Dans le vaste domaine de l'informatique, la Théorie de l'Information a aussi joué un rôle fondamental en optimisant la taille des fichiers de données pour économiser de l'espace et du temps, tout en assurant leur exactitude et fiabilité durant le transfert. Ces améliorations, connues sous le nom de compression de données et correction d'erreurs, ont une importance particulière dans la recherche sur le cosmos.

La compression de données est comparable à l'art de faire tenir un grand volume d'objets dans un espace restreint. La compression sans perte, par exemple, revient à plier avec soin des vêtements pour les ranger dans une valise sans les couper, permettant de les restaurer à leur forme originale par la suite. Cette méthode est cruciale pour des éléments nécessitant une précision absolue, comme les textes ou les programmes informatiques. En revanche, la compression avec perte, c'est un peu comme ajuster un grand tableau dans un cadre plus petit en sacrifiant certaines parties moins essentielles. Bien que des détails soient perdus, l'essentiel demeure. Cette approche est souvent utilisée pour les médias numériques, tels que les photos ou les vidéos en ligne, où une légère dégradation est acceptable en échange d'une réduction significative de la taille du fichier.

La correction d'erreurs, quant à elle, est essentielle pour assurer l'intégrité des données durant leur transmission. Imaginez envoyer une lettre importante par la poste qui risque d'être endommagée en cours de route. La correction d'erreurs dans le monde informatique fonctionne comme un système capable de détecter et réparer ces dommages, garantissant ainsi que les données arrivent intactes. Cette fonction est particulièrement cruciale lorsqu'il s'agit d'envoyer des données sur de longues distances ou dans des environnements sujets à de nombreuses interférences, comme dans l'espace.

Dans la recherche spatiale et l'exploration du cosmos, ces technologies informatiques sont indispensables. Les télescopes spatiaux, les sondes et les satellites génèrent d'énormes volumes de données scientifiques qui doivent être transmises sur de grandes distances jusqu'à la Terre. La compression de données permet de réduire la taille de ces fichiers, facilitant ainsi leur transmission rapide et efficace à travers l'espace. Parallèlement, les mécanismes de correction d'erreurs garantissent que ces précieuses informations, souvent collectées dans des environnements hostiles et soumises à diverses formes d'interférences, arrivent sans altération pour une analyse et une interprétation précises.

Ces progrès en informatique continuent d'évoluer, répondant aux défis posés par l'augmentation constante du volume de données générées et traitées chaque jour, non seulement sur Terre mais aussi dans le cadre de notre quête continue pour comprendre l'Univers qui nous entoure.

Sécurité de l'Information : Cryptographie et Confidentialité

La sécurité de l'information repose sur deux piliers fondamentaux : la cryptographie et la confidentialité, essentiels pour sauvegarder les données des accès non autorisés et des fuites potentielles.

La cryptographie est comparable à l'art d'écrire des messages secrets. Imaginons que vous souhaitiez envoyer une note confidentielle à un ami. Au lieu d'écrire dans un langage courant, vous opteriez pour un code spécial, compréhensible seulement par votre ami. De cette manière, même si quelqu'un d'autre tombe sur votre message, il ne pourra pas en déchiffrer le sens sans la clé de ce code. Dans le domaine informatique, ce principe est appliqué à travers des algorithmes sophistiqués qui transforment les données sensibles en un format codé, le cryptage. Seule la personne détenant la clé adéquate peut reconvertir ces données cryptées en leur forme originale. Cette méthode est largement employée, des transactions bancaires en ligne à la communication sécurisée.

D'autre part, la confidentialité concerne la protection et le contrôle de l'accès aux informations. Elle s'assure que seules les personnes autorisées puissent accéder et utiliser certaines données. Prenons l'exemple des dossiers médicaux qui renferment des informations personnelles sensibles. La confidentialité veille à ce que ces informations ne soient accessibles qu'au patient et à son médecin, excluant tout tiers non autorisé.

Dans notre monde numérisé, la confidentialité est maintenue grâce à diverses mesures comme les contrôles d'accès, les mots de passe et les autorisations d'utilisateur, définissant qui peut accéder à quoi et dans quelles circonstances. Les lois et réglementations telles que le RGPD en Europe établissent également des standards pour la protection des données personnelles.

L'alliance de la cryptographie et de la confidentialité est le socle de la sécurité de l'information. Ensemble, elles forment un bouclier contre les cyberattaques, les fuites de données et les violations de la vie privée. Dans notre ère où d'immenses quantités de données sont générées, stockées et partagées en ligne, ces mesures de sécurité sont indispensables pour défendre aussi bien les entreprises que les individus contre les menaces grandissantes à la sécurité de l'information.

Science des Données : L'Explosion des Big Data

L'ère moderne est caractérisée par une augmentation spectaculaire de la quantité et de la complexité des données générées, un phénomène connu sous le nom de Big Data. Imaginez un océan infini d'informations, où chaque goutte d'eau représente une petite partie des données créées chaque jour à partir de multiples sources comme les réseaux sociaux, les transactions en ligne, les équipements connectés et bien d'autres. Ce vaste ensemble de données, à la fois énorme en volume, produit à une vitesse fulgurante, et diversifié dans sa forme, défie les méthodes traditionnelles de traitement de l'information.

C'est ici que la science des données entre en jeu, agissant comme un puissant outil qui nous aide à naviguer et à donner un sens à cette mer de données. Les scientifiques des données utilisent des techniques statistiques avancées, l'apprentissage automatique et des méthodes d'analyse pour déchiffrer, comprendre et extraire des informations précieuses de ces vastes ensembles de données. Ils sont comme des explorateurs qui, au lieu de parcourir chaque île de cet océan, utilisent des méthodes sophistiquées pour cartographier rapidement et efficacement les zones les plus importantes.

Le rôle des Big Data et de la science des données s'étend à presque tous les secteurs, y compris la recherche sur le cosmos. Dans l'astronomie et la cosmologie, les Big Data transforment la façon dont nous explorons l'Univers. Les télescopes et les sondes spatiales génèrent d'énormes quantités de données, fournissant des images, des signaux et des informations sur des galaxies lointaines, des trous noirs et d'autres phénomènes cosmiques. Le traitement et l'analyse de ces données nécessitent des techniques de science des données avancées.

Cependant, avec le potentiel immense des Big Data vient une grande responsabilité. La gestion de la confidentialité, de la sécurité des données et les questions éthiques sont des

préoccupations majeures dans ce domaine. Rôle de
l'Information dans l'Origine de la Vie

La question de l'origine de la vie est l'un des mystères les plus profonds et les plus fascinants de la science. C'est un domaine où la biologie, la chimie, l'astrophysique et, au cœur de tout, la théorie de l'information, se rencontrent. L'ADN, en tant que support d'information biologique, joue un rôle clé dans ce mystère, reliant les processus chimiques et biologiques fondamentaux à l'histoire cosmique de l'Univers.

Les Conditions Nécessaires à l'Émergence de la Vie

Pour comprendre l'émergence de la vie, il est essentiel de plonger dans les conditions et les éléments fondamentaux qui ont permis à cette merveilleuse aventure biologique de commencer. Imaginez un monde primitif, riche en défis et en opportunités, où les éléments et l'environnement ont collaboré pour créer les premiers blocs de construction de la vie.

Les Blocs de Construction de la Vie

La vie, dans sa forme la plus élémentaire, est un ballet chimique complexe où des éléments spécifiques jouent des rôles cruciaux. Ces éléments sont les briques fondamentales de toutes les structures et fonctions biologiques.

Au cœur de cette danse moléculaire se trouve le carbone. Cet élément se distingue par sa remarquable capacité à former une variété de liaisons chimiques stables. Le carbone peut se lier à d'autres atomes de carbone ainsi qu'à divers autres éléments, formant ainsi la base des molécules organiques. Cette polyvalence est la raison pour laquelle le carbone est au cœur de structures biologiques complexes, allant des acides aminés, qui sont les unités constitutives des protéines, aux sucres qui fournissent l'énergie, en passant par les acides nucléiques (ADN et ARN) qui stockent et transmettent l'information génétique.

Bien que le carbone soit l'étoile de ce spectacle, d'autres éléments jouent également des rôles indispensables :

- L'Hydrogène et l'Oxygène : Ces deux éléments sont les composants principaux de l'eau, le milieu dans lequel se déroulent presque toutes les réactions chimiques de la vie. L'eau n'est pas seulement un solvant; elle participe également à de nombreuses réactions biochimiques.

- L'Azote : Cet élément est un composant fondamental des acides aminés, les briques de construction des protéines. Les protéines réalisent une multitude de fonctions dans les organismes vivants, allant de la structuration cellulaire à la catalyse des réactions biochimiques.

- Le Phosphore : Essentiel dans les molécules d'ADN et d'ARN, le phosphore joue un rôle clé dans le stockage et la transmission de l'information génétique. Il est également un composant vital des ATP (adénosine triphosphate), la molécule qui fournit de l'énergie pour de nombreuses activités cellulaires.

Chacun de ces éléments contribue à la complexité et à la diversité de la vie sur Terre. Sans eux, les processus biochimiques essentiels à la vie, tels que la respiration, la photosynthèse, la reproduction et le métabolisme, ne seraient pas possibles. Ces éléments se combinent de manières infiniment variées pour former les innombrables molécules organiques qui constituent les bases de toute forme de vie connue.

Conditions Environnementales

L'émergence de la vie sur Terre dépendait non seulement de la composition chimique, mais aussi des conditions environnementales spécifiques de notre planète à ses débuts. Ces conditions ont créé le cadre idéal pour la formation des premières molécules organiques.

Dans les premiers temps de la Terre, la température et la pression atmosphérique jouaient un rôle crucial. Des températures modérées étaient essentielles car elles permettaient des réactions chimiques sans détruire les composés délicats nécessaires à la vie. Une pression atmosphérique stable était également vitale, car elle permettait à l'eau de rester à l'état liquide. L'eau liquide est un milieu réactif fondamental, offrant un environnement dans lequel les molécules organiques peuvent se former, interagir et évoluer.

L'atmosphère de la Terre primitive était très différente de celle d'aujourd'hui. Elle était riche en gaz comme le méthane (CH_4), l'ammoniac (NH_3) et le dioxyde de carbone (CO_2), contrairement à l'actuelle atmosphère riche en oxygène. Ces gaz constituaient des matières premières pour les molécules organiques. Sous l'effet de diverses sources d'énergie, ces gaz ont réagi pour former des composés organiques simples, qui ont ensuite évolué en structures plus complexes.

La formation des molécules organiques complexes nécessite une source d'énergie. Sur la Terre primitive, cette énergie provenait de plusieurs sources :

- Éruptions Volcaniques : Elles fournissaient non seulement de la chaleur, mais aussi des minéraux et des gaz qui pouvaient participer aux réactions chimiques.

- Éclairs : Les décharges électriques des éclairs pouvaient catalyser des réactions chimiques importantes, contribuant à la formation de molécules organiques à partir de gaz simples.

- Rayonnements Ultraviolets du Soleil : Bien que potentiellement destructeurs, ces rayonnements pouvaient aussi fournir l'énergie nécessaire pour initier des réactions chimiques.

- Évents Hydrothermaux : Situés au fond des océans, ces évents émettaient de la chaleur et des substances chimiques. Les conditions chaudes et riches en minéraux des évents hydrothermaux sont considérées par beaucoup comme des sites cruciaux pour l'origine de la vie, offrant un environnement riche et énergétique pour la synthèse des molécules organiques.

Ces conditions particulières ont non seulement permis la formation de molécules organiques essentielles, mais ont également favorisé leur assemblage en structures plus complexes, ouvrant la voie à l'évolution de la vie sur Terre.

L'Émergence de la Vie : Un Acte Chimique

Dans cet environnement primitif, un ensemble complexe de réactions chimiques a eu lieu, menant finalement à l'émergence des premières formes de vie. La chimie de la Terre primitive a été le terreau sur lequel la biologie a pu s'épanouir. La transformation de molécules organiques simples en structures biologiques complexes a ouvert la voie à l'évolution de la vie sur Terre.

Ainsi, il y a des milliards d'années, les océans de la Terre primitive étaient des chaudrons bouillonnants d'éléments chimiques. Ces océans étaient le théâtre de réactions chimiques innombrables, facilitées par l'énergie issue de sources diverses comme la chaleur des volcans, les décharges électriques des éclairs et les rayons ultraviolets du soleil. Ces sources d'énergie ont catalysé des réactions chimiques essentielles, transformant des composés inorganiques en molécules organiques simples.

Parmi ces molécules organiques, les acides aminés et les bases nucléiques étaient particulièrement importants. Les acides aminés sont les unités constitutives des protéines, qui jouent un rôle crucial dans presque toutes les fonctions biologiques. Les bases nucléiques, quant à elles, sont les éléments constitutifs de l'ADN et de l'ARN, les molécules qui stockent et transmettent l'information génétique essentielle à la vie.

Au fur et à mesure que ces molécules organiques interagissaient dans ce berceau océanique, elles ont commencé à former des structures plus complexes. Un événement clé a été l'assemblage des lipides en membranes cellulaires, marquant la naissance des premières cellules. Ces cellules primitives pouvaient non seulement maintenir leur structure mais aussi stocker de l'information génétique.

Cette information génétique, encodée dans les molécules d'ADN, est devenue le moteur de l'évolution. Les processus de mutation, de réplication et de sélection naturelle ont permis à ces premiers organismes de s'adapter à leur environnement. Au fil du temps, cela a conduit à une diversité étonnante de formes de vie, chacune adaptée à son environnement de manières uniques et complexes.

L'ADN : Le Code Numérique de la Vie

L'ADN, ou acide désoxyribonucléique, est l'un des codes numériques les plus fascinants et complexes que nous connaissions. Il s'agit d'une molécule qui stocke, transmet et reproduit l'information génétique nécessaire à la construction et au fonctionnement de tous les organismes vivants. Bien que cela puisse sembler éloigné de la programmation informatique, l'ADN partage de nombreuses similitudes avec les langages de codage numérique que nous utilisons pour créer des logiciels et des applications.

L'ADN, Architecte de la Vie

L'ADN est bien plus qu'une simple molécule biologique. Il est essentiellement le code de la vie, une sorte de « script » génétique qui guide le développement, le fonctionnement et la reproduction de chaque organisme vivant sur Terre.

Chaque être vivant, depuis la plus petite bactérie jusqu'aux êtres humains, possède de l'ADN. Ce qui est remarquable, c'est que l'ADN de tous ces organismes est composé des mêmes éléments de base : les nucléotides adénine (A), cytosine (C), guanine (G) et thymine (T). La seule différence entre un humain et un arbre, ou entre un champignon et un poisson, réside dans la séquence spécifique de ces nucléotides.

L'ADN détermine non seulement les caractéristiques physiques d'un organisme, comme la couleur des yeux, la forme des feuilles, ou la capacité de résister à certaines maladies, mais il influence également des aspects plus subtils, tels que le comportement, les réactions métaboliques, et même certaines prédispositions aux maladies.

Comment l'ADN Dirige-t-il la Vie ?

- Stockage de l'Information : L'ADN agit comme une immense bibliothèque stockant les instructions pour construire et faire fonctionner un organisme. Chaque gène dans l'ADN est comme un « livre » contenant des instructions spécifiques pour fabriquer une protéine ou réaliser une fonction particulière.

- Transmission de l'Information : Lors de la reproduction, l'ADN est transmis des parents à la progéniture, assurant la continuité des caractéristiques génétiques. Cette transmission est la base de l'hérédité, expliquant pourquoi les enfants ressemblent souvent à leurs parents.

- Expression Génétique : Les instructions contenues dans l'ADN sont « exprimées » ou converties en actions via la synthèse des protéines. Les protéines sont les exécutants de l'ADN, réalisant les fonctions nécessaires au maintien de la vie.

- Adaptation et Évolution : L'ADN est sujet à des mutations, qui sont des changements dans sa séquence. Ces mutations peuvent entraîner des variations dans les traits d'un organisme, ce qui, sous l'influence de la sélection naturelle, peut conduire à l'évolution de nouvelles espèces.

La compréhension de l'ADN a des implications majeures dans divers domaines tels que la médecine, la biotechnologie, la conservation et l'écologie. Par exemple, en médecine, la connaissance du code génétique permet de développer des thérapies personnalisées. En écologie, elle aide à comprendre les interactions entre les espèces et leur adaptation à l'environnement.

En résumé, l'ADN est un élément fondamental de la vie sur Terre, encodant les informations qui définissent et soutiennent l'existence de chaque organisme. Il est à la fois un enregistrement de l'histoire biologique et un acteur actif dans la continuité et l'évolution de la vie.

Structure et Fonction de l'ADN

L'ADN est le pilier du code génétique de toutes les formes de vie connues. Pour apprécier pleinement son rôle, il est essentiel de comprendre sa structure complexe et sa fonction.

- *La Structure de la Double Hélice :* L'ADN se présente sous la forme d'une double hélice, souvent comparée à une échelle torsadée ou à une spirale. Cette configuration est constituée de deux longs brins qui s'enroulent l'un autour de l'autre. Chaque brin est formé d'une séquence de nucléotides, qui sont les unités fondamentales de l'ADN.

- *Les Nucléotides :* Les Unités de Base de l'ADN : Il existe quatre types de nucléotides dans l'ADN : adénine (A), cytosine (C), guanine (G) et thymine (T). Chaque nucléotide est composé d'une base azotée (l'adénine, la cytosine, la guanine ou la thymine), d'un sucre (le désoxyribose) et d'un groupe phosphate. L'ordre spécifique de ces nucléotides le long du brin d'ADN détermine l'information génétique qu'il porte, un peu comme les lettres d'un mot forment un message ou une instruction.

- *Complémentarité des Brins :* Un aspect clé de la structure de l'ADN est la complémentarité des brins. Chaque base azotée d'un brin s'apparie spécifiquement avec une base azotée sur l'autre brin : l'adénine (A) se lie toujours avec la thymine (T), et la cytosine (C) avec la guanine (G). Cet appariement précis assure la stabilité de la structure en double hélice et joue un rôle crucial dans la réplication de l'ADN.

L'ADN en tant que Système d'Information

L'ADN n'est pas seulement une molécule biologique ; c'est un système d'information complexe et élégant qui sous-tend la vie elle-même. Imaginer l'ADN comme une immense bibliothèque numérique est un excellent moyen de conceptualiser sa complexité et son rôle essentiel dans le stockage des informations biologiques. Dans cette métaphore, chaque composant de l'ADN correspond à un élément d'une bibliothèque, organisant l'information de manière structurée et accessible.

- *Les Lettres : Nucléotides (A, C, G, T).* Les quatre molécules de base de l'ADN, adénine (A), cytosine (C), guanine (G), et thymine (T), sont comme les lettres d'un alphabet. Ces lettres, ou nucléotides, sont les unités fondamentales qui composent l'ADN. Chaque nucléotide a une structure spécifique et joue un rôle unique dans la formation du code génétique. La façon dont ces lettres sont arrangées détermine le message génétique, tout comme l'ordre des lettres dans un mot change son sens.

- *Les Mots : Gènes.* Les séquences de ces nucléotides forment des « mots » que nous appelons gènes. Un gène est une unité d'information héréditaire qui occupe une position spécifique (locus) sur un chromosome. Chaque gène contient les instructions pour la fabrication de protéines ou de molécules d'ARN, et ces protéines et ARN accomplissent diverses fonctions essentielles dans l'organisme. Tout comme les mots dans une phrase, chaque gène a une signification spécifique et contribue à la fonction globale de l'organisme.

- *Les Paragraphes : Chromosomes.* Les gènes sont regroupés dans des structures plus grandes appelées chromosomes. On peut les comparer à des « paragraphes » dans notre bibliothèque numérique. Chaque chromosome contient des centaines ou des milliers de gènes. Chez les humains, par exemple, il y a 23 paires de chromosomes dans chaque cellule. Ces chromosomes organisent l'information génétique de manière plus complexe, permettant une régulation et une coordination efficaces de l'expression des gènes.

- *Le Texte Complet : Génome.* L'ensemble des chromosomes forme le génome, qui est le « texte » complet de l'organisme. Le génome inclut toutes les informations génétiques nécessaires pour construire et maintenir cet organisme en vie. Comme un livre dans une bibliothèque, le génome fournit un plan complet pour la création d'un individu, de ses caractéristiques physiques à ses prédispositions à certaines conditions médicales.

Transmission de l'Information

L'ADN contient toutes les instructions nécessaires pour construire et maintenir un organisme vivant. Chaque organisme porte son propre ensemble d'informations génétiques, ce qui explique pourquoi nous avons tous des caractéristiques uniques.

- *La Réplication de l'ADN : Copier et Coller du Code.* L'une des caractéristiques les plus remarquables de l'ADN est sa capacité à se répliquer. Cela signifie qu'il peut faire des copies exactes de lui-même, ce qui est essentiel pour la croissance et la réparation des cellules. La réplication de l'ADN fonctionne un peu comme une photocopieuse. Lorsqu'une cellule se divise pour créer deux cellules filles, chaque brin de l'ADN parent se sépare, et une nouvelle chaîne complémentaire est synthétisée pour chaque brin existant. Cela signifie que chaque nouvelle cellule a une copie complète de l'ADN original.

- *La Transcription : De l'ADN à l'ARN.* L'ADN contient les instructions nécessaires pour créer des protéines, les travailleurs essentiels de la cellule. Cependant, avant que ces instructions ne puissent être suivies, elles doivent être transmises sous forme d'un autre code numérique appelé ARN (acide ribonucléique). Ce processus de conversion de l'ADN en ARN est appelé transcription. Lors de la transcription, l'ADN est « lu » par une enzyme, qui synthétise une molécule d'ARN correspondante. L'ARN est ensuite utilisé comme modèle pour assembler les protéines.

- *La Traduction : De l'ARN aux Protéines.* Une fois que l'ARN a été produit, il est temps de « traduire » les instructions en protéines. Cela se fait grâce à un code numérique différent appelé code génétique. Le code génétique est un ensemble de règles qui associe chaque séquence d'ARN à un acide aminé spécifique, la brique de base des protéines. Les ribosomes, de petites machines cellulaires, « lisent » l'ARN et assemblent la séquence correcte d'acides aminés pour créer une protéine spécifique. C'est un peu comme si une imprimante imprimait un document à partir d'un fichier informatique.

- *Mutations : Les « Erreurs de Code » de la Vie.* Dans le monde de la programmation informatique, nous sommes familiers avec les « bugs » ou les erreurs de code qui peuvent provoquer des dysfonctionnements dans un programme. De manière similaire, l'ADN peut subir des « mutations » qui modifient le code génétique. Ces mutations peuvent se produire naturellement en raison d'erreurs lors de la réplication ou en réponse à des facteurs environnementaux tels que la radiation ou les produits chimiques. Certaines mutations peuvent être neutres, tandis que d'autres peuvent avoir un impact sur la santé ou la survie de l'organisme.

- *Transmission de l'Information Génétique.* Lors de la reproduction, l'information génétique est transmise de parent à enfant. Chaque parent fournit la moitié de son matériel génétique, qui se combine avec celui de l'autre parent pour créer une nouvelle séquence d'ADN unique chez l'enfant. Ce mélange de matériel génétique assure non seulement la continuité de la vie, mais aussi une variabilité génétique cruciale pour l'adaptation et l'évolution des espèces.

ADN et Évolution

L'ADN et son rôle dans l'évolution est un sujet fascinant qui illustre la dynamique complexe de la vie et son adaptation continue. L'évolution via l'ADN peut être comparée à un processus de mise à jour continue dans un système informatique, où chaque nouvelle version apporte des modifications, certaines étant plus avantageuses que d'autres.

Ainsi, les mutations sont des changements dans la séquence de l'ADN, pouvant être comparés à des modifications ou des erreurs dans un code de programmation. Ces changements peuvent se produire de manière aléatoire lors de la réplication de l'ADN ou en réponse à des facteurs externes comme les radiations, les produits chimiques ou même des virus. La plupart des mutations sont neutres, n'ayant aucun effet notable sur l'organisme. Certaines peuvent être nuisibles, mais d'autres peuvent s'avérer bénéfiques. Les mutations bénéfiques confèrent un avantage sélectif. Cela signifie que les individus porteurs de ces mutations ont de meilleures chances de survivre et de se reproduire dans leur environnement. Par exemple, une mutation peut rendre un animal plus résistant à une maladie, lui permettant de vivre plus longtemps et de se reproduire davantage que ses congénères non-mutés.

Au fil des générations, les mutations bénéfiques tendent à s'accumuler dans une population. Les individus porteurs de ces traits avantageux ont plus de descendants, et donc, ces mutations sont plus susceptibles d'être transmises. Avec le temps, ces changements s'accumulent, modifiant progressivement le code génétique de la population. La diversité génétique issue des mutations est la matière première de l'évolution. Elle fournit un ensemble de traits variés sur lesquels la sélection naturelle peut agir. Dans des environnements changeants, cette diversité est cruciale pour la survie des espèces : plus une population est génétiquement diverse, plus elle a de chances de contenir des individus capables de s'adapter à de nouveaux défis. Sans l'évolution, les espèces resteraient statiques, incapables de s'adapter aux changements, ce qui pourrait ultimement mener à leur extinction.

En résumé, l'ADN n'est pas un code statique ; c'est un système dynamique en constante évolution. Les mutations génétiques et la sélection naturelle sont les forces motrices de ce processus continu d'adaptation et de modification qui sous-tend la richesse et la complexité de la vie sur Terre.

Parallèles entre l'ADN et la Programmation Informatique

L'ADN et les langages de codage numérique utilisés dans la création de logiciels et d'applications ont des similitudes surprenantes, bien que leurs domaines d'application soient très différents. Ces similitudes offrent une perspective intéressante sur la façon dont l'information est stockée, traitée et transmise dans les systèmes biologiques et informatiques.

- *Stockage de l'Information :* Tout comme les langages de programmation utilisent des caractères comme 0 et 1 pour coder l'information, l'ADN utilise quatre nucléotides (adénine, cytosine, guanine et thymine) pour stocker l'information génétique. Dans les deux cas, c'est la séquence ou l'arrangement de ces unités de base qui crée des instructions significatives. Dans l'ADN, cette séquence détermine tout, de la couleur des yeux à la prédisposition à certaines maladies.

- *Syntaxe et Règles :* Les langages de programmation ont une syntaxe et des règles strictes pour organiser les instructions. De même, l'ADN a des règles spécifiques pour la façon dont les nucléotides sont disposés. Par exemple, l'adénine (A) s'apparie toujours avec la thymine (T), et la cytosine (C) avec la guanine (G). Ces règles sont cruciales pour la réplication précise de l'ADN et la synthèse des protéines.

- *Instructions pour les Fonctionnalités :* Dans la programmation, des suites de codes sont écrites pour effectuer des fonctions spécifiques. De manière similaire, dans l'ADN, des séquences spécifiques de nucléotides, connues sous le nom de gènes, contiennent les instructions pour créer des protéines qui effectuent diverses fonctions dans l'organisme.

- *Capacité d'Autoréplication et de Réparation :* L'ADN a la capacité remarquable de se copier lui-même, ce qui est essentiel pour la croissance et la réparation cellulaire. Bien que les systèmes informatiques n'aient pas la capacité de s'auto-répliquer dans le sens biologique, les concepts de duplication de données et de correction d'erreurs dans la programmation ressemblent à la réplication et au mécanisme de réparation de l'ADN.

- *Mutations et Bugs :* Les mutations dans l'ADN sont analogues aux bugs dans un programme informatique. Tout comme les bugs peuvent provoquer des dysfonctionnements dans un programme, les mutations dans l'ADN peuvent entraîner des dysfonctionnements biologiques, des maladies, mais aussi parfois des adaptations bénéfiques. Dans les deux domaines, ces changements peuvent avoir un impact significatif sur le système dans son ensemble.

- *Mise à Jour et Évolution :* En programmation, les logiciels sont régulièrement mis à jour pour améliorer les fonctionnalités ou corriger des erreurs. Dans le monde biologique, l'évolution est le processus de mise à jour à long terme de l'ADN, où des mutations bénéfiques sont conservées et transmises, conduisant à une adaptation et à une amélioration continues des espèces.

Ainsi, bien que l'ADN soit un système biologique et que les langages de programmation soient des outils numériques créés par l'homme, les deux partagent des principes fondamentaux de stockage et de traitement de l'information. Cette analogie entre l'ADN et la programmation informatique aide non seulement à comprendre les concepts biologiques, mais ouvre également la voie à des innovations où la biologie et la technologie se croisent, comme dans la bio-informatique et la biologie synthétique.

L'ADN, en tant que code numérique, est l'une des merveilles les plus étonnantes de la nature et continue d'inspirer la recherche scientifique et la compréhension de la vie elle-même.

Implications de la Vie dans le Contexte Cosmique

L'ADN est une molécule Universelle, présente dans tous les organismes vivants de notre planète. Cette constatation nous amène à nous interroger sur la place de la vie dans le vaste contexte cosmique. Dans cette section, nous allons explorer les implications de la vie, son ubiquité dans la diversité des formes de vie terrestre, ainsi que la question fascinante de la rareté de la vie dans l'Univers.

L'ADN : La Même Molécule pour Toute Forme de Vie

L'une des découvertes les plus remarquables de la biologie moderne est que l'ADN est la même molécule de l'information génétique pour tous les êtres vivants sur Terre. Que vous soyez une bactérie, une rose, un dauphin ou un être humain, votre ADN est constitué des mêmes éléments de base : les nucléotides adénine (A), cytosine (C), guanine (G) et thymine (T), organisés en une séquence unique et spécifique. Cette séquence est ce qui dicte les caractéristiques physiques et fonctionnelles de l'organisme, depuis la couleur d'une fleur jusqu'aux capacités cognitives d'un dauphin.

Ainsi, bien que la composition de base de l'ADN soit la même chez tous les êtres vivants, la manière dont ces nucléotides sont arrangés varie grandement d'une espèce à l'autre et même d'un individu à l'autre au sein de la même espèce. C'est cette séquence unique et spécifique qui rend chaque organisme distinct. Par exemple, bien que les humains partagent environ 99% de leur ADN avec les chimpanzés, c'est le 1% restant qui définit les différences significatives entre les deux espèces.

Cette Universalité de l'ADN suggère aussi que tous les êtres vivants sur Terre descendent d'un ancêtre commun. Cette idée d'un « ancêtre commun Universel » est un principe fondamental en biologie évolutive. Elle implique que, dans le lointain passé, un type d'organisme primitif a donné naissance à la diversité incroyable de la vie que nous observons aujourd'hui, à travers un long processus évolutif.

Cette compréhension de l'ADN comme une molécule Universelle d'information génétique a des implications profondes. Elle renforce l'idée de l'interconnexion de toute vie sur Terre, soulignant notre parenté partagée avec toutes les formes de vie, des plus modestes microorganismes aux créatures les plus élaborées. En outre, cette connaissance ouvre d'innombrables possibilités en médecine, en biotechnologie, en conservation de la nature et dans la compréhension de notre propre histoire évolutive.

La Rareté de la Vie : Une Question Énigmatique

Lorsque nous contemplons l'immensité de l'Univers, une question intrigante se pose : la vie est-elle courante ou rare dans le cosmos ?

Ce mystère captivant pousse les scientifiques et les penseurs à explorer les limites de notre compréhension de la vie et de son origine. Cette question, ancrée dans l'étude de l'astrobiologie, nous incite à réfléchir sur les conditions spécifiques nécessaires à l'existence de la vie et sur la possibilité de sa présence ailleurs dans l'Univers.

Sur Terre, la vie telle que nous la connaissons dépend de conditions très spécifiques. Par exemple, l'eau liquide est essentielle pour la plupart des formes de vie. Les éléments chimiques comme le carbone, l'hydrogène, l'oxygène, l'azote et d'autres sont également indispensables. En plus de cela, des conditions environnementales particulières, telles qu'une température et une pression adéquates, sont nécessaires pour soutenir les processus biologiques complexes. Cette spécificité soulève des questions sur la fréquence de telles conditions dans l'Univers. L'existence d'environnements propices à la vie sur d'autres planètes ou lunes reste un sujet de recherche intense.

La découverte sur Terre de formes de vie dites « extrêmophiles » a aussi élargi notre compréhension de la résilience de la vie. Ces organismes peuvent prospérer dans des conditions que l'on croyait auparavant hostiles à la vie, comme les évents hydrothermaux au fond des océans, où il n'y a ni lumière solaire ni oxygène, ou dans des lacs extrêmement acides ou alcalins. La capacité de ces formes de vie à survivre dans des environnements extrêmes indique que la vie, sous une forme ou une autre, pourrait exister dans des conditions bien différentes de celles de la Terre. Cela ouvre la possibilité que la vie puisse se trouver dans des environnements extraterrestres qui, bien que très différents de notre planète, pourraient être habitables pour certaines autres formes de vie.

Recherche de Vie Extraterrestre : À la Quête de Signes de Vie

Face à ces questions fascinantes, les scientifiques se sont lancés dans la recherche de vie extraterrestre. Les progrès technologiques nous ont permis d'explorer notre système solaire, et au-delà, à la recherche de signes de vie, passée ou présente, sur d'autres planètes, lunes et exoplanètes.

Mars, surnommée la Planète Rouge, est au centre des efforts de recherche de vie extraterrestre. Grâce à des missions d'exploration comme le rover Curiosity, les scientifiques ont découvert des preuves que Mars possédait autrefois de l'eau liquide à sa surface. Cette découverte est cruciale car l'eau liquide est considérée comme une condition nécessaire à la vie telle que nous la connaissons. Ainsi, la présence passée d'eau sur Mars ouvre la possibilité que la planète ait pu abriter des formes de vie primitives.

Les lunes glacées des planètes géantes de notre système solaire, comme Europe et Encelade (lunes de Jupiter) et Titan (lune de Saturne), sont également des cibles prometteuses dans la recherche de vie extraterrestre. Des observations suggèrent que ces lunes pourraient abriter des océans d'eau liquide sous leur surface glacée. Ces océans pourraient fournir les conditions nécessaires à la vie, similaires aux écosystèmes trouvés près des évents hydrothermaux au fond des océans terrestres.

Avec l'avancement de la technologie, la détection et l'étude des exoplanètes (planètes situées en dehors de notre système solaire) sont aussi devenues possibles. Les astronomes recherchent des exoplanètes situées dans la « zone habitable » de leur étoile, où les conditions pourraient permettre l'existence d'eau liquide à la surface. La découverte d'exoplanètes avec des conditions favorables à la vie suscite un grand intérêt et de l'excitation dans la communauté scientifique.

La Vie dans l'Univers : Des Formes et des Molécules Différentes

Lorsque nous pensons à la vie dans l'Univers, nous avons souvent tendance à imaginer des extraterrestres ressemblant à des créatures terrestres, peut-être avec une tête, deux bras et deux jambes, tout en utilisant de l'ADN comme molécule porteuse de l'information génétique. Cependant, cette vision anthropocentrique de la vie pourrait être bien loin de la réalité. En effet, la vie dans l'Univers pourrait prendre des formes tout à fait différentes et ne pas reposer sur les mêmes molécules que l'ADN.

- L'Univers est un immense laboratoire naturel, où les conditions varient considérablement d'une planète à l'autre, voire d'une lune à l'autre. Ces variations offrent une multitude de possibilités pour l'émergence de la vie sous des formes inattendues. L'ADN, en tant que molécule de l'information biologique sur Terre, est le résultat de l'évolution chimique spécifique de notre planète. Dans d'autres environnements, d'autres molécules pourraient remplir ce rôle, et la vie pourrait se développer différemment.

- Sur Terre, l'eau est le solvant essentiel pour la chimie de la vie. Cependant, d'autres liquides pourraient servir de solvants dans des environnements extraterrestres. Par exemple, sur Titan, la plus grande lune de Saturne, les lacs et les rivières sont composés de méthane et d'éthane liquides. Dans de telles conditions, des molécules organiques différentes pourraient jouer un rôle central dans la chimie prébiotique et la vie éventuelle.

- L'ADN, avec son double brin enroulé en une double hélice, est bien adapté à la réplication et à la transmission de l'information génétique sur Terre. Cependant, il existe d'autres molécules capables de stocker de l'information. Par exemple, l'ARN (acide ribonucléique) est une molécule apparentée à l'ADN et joue un rôle clé dans la synthèse des protéines. Des formes alternatives d'ARN pourraient exister ailleurs dans l'Univers et servir de support à l'information génétique.

- Les acides aminés constituent les briques de base des protéines sur Terre, et ils présentent une caractéristique intéressante appelée chiralté. Les acides aminés sont de deux types, D et L, en fonction de leur orientation moléculaire. Sur Terre, la vie utilise principalement les acides aminés de type L. Cependant, dans un environnement différent, il pourrait être possible que la vie utilise des acides aminés de type D ou même une combinaison des deux, élargissant ainsi considérablement les possibilités de chimie biologique.

- Sur Terre, nous avons découvert des formes de vie extrêmophiles, qui prospèrent dans des environnements extrêmes tels que les sources hydrothermales profondes de l'océan, les lacs salés, les régions polaires, et même à l'intérieur de roches. Ces organismes ont développé des adaptations uniques pour survivre dans des conditions hostiles. Si la vie peut s'adapter si efficacement sur Terre, imaginez ce qui pourrait être possible dans les environnements variés de l'Univers.

- Bien que la vie sur Terre soit basée sur le carbone, il a été suggéré que la vie extraterrestre pourrait être basée sur le silicium. Le silicium partage de nombreuses similitudes chimiques avec le carbone, et il peut former des liaisons covalentes avec d'autres éléments. Cela pourrait permettre la création de molécules complexes similaires à celles du carbone, mais avec des propriétés différentes. Des organismes basés sur le silicium pourraient exister dans des environnements où le carbone est moins abondant.

Ainsi, la recherche de la vie extraterrestre nous amène à repenser notre définition de la vie elle-même. Plutôt que de restreindre notre compréhension de la vie à des critères terrestres, nous devons être ouverts à l'idée que la vie puisse revêtir des formes et des molécules entièrement différentes. Cela signifie que nos méthodes de recherche de la vie extraterrestre doivent également être flexibles et capables de détecter des signes de vie non conventionnelle.

Le Lien entre la Vie et l'Histoire Cosmique de l'Univers

La découverte de l'ADN a profondément changé notre vision de la place de l'homme dans l'Univers en plusieurs points clés :

- Compréhension de l'Origine Humaine : L'ADN a permis de reconstituer l'histoire de l'humanité en traçant les liens génétiques entre les différentes populations humaines. Cela a révélé que tous les êtres humains partagent un ancêtre commun relativement récent en Afrique, ce qui remet en question les anciennes conceptions de la création de l'homme et de la diversité humaine.

- Lien avec les Autres Espèces : L'ADN a montré que les êtres humains partagent de nombreux gènes avec d'autres espèces, y compris des primates comme les chimpanzés. Cette similitude génétique renforce l'idée que l'homme est une partie intégrante de la biosphère et partage un ancêtre commun avec d'autres formes de vie.

- Responsabilité Environnementale : La compréhension génétique de notre lien avec d'autres espèces a accru la sensibilisation à la nécessité de protéger la biodiversité et l'environnement. La destruction des écosystèmes et la perte de biodiversité sont perçues comme des menaces non seulement pour d'autres espèces, mais aussi pour notre propre avenir.

- Origine de la Vie : La découverte de l'ADN a suscité des questions sur l'origine de la vie elle-même. Comment cette molécule complexe est-elle apparue sur Terre ? Si la vie peut émerger à partir de processus chimiques naturels, cela suggère que d'autres formes de vie pourraient exister ailleurs dans l'Univers.

- Manipulation Génétique : Les avancées dans la manipulation génétique ont soulevé des questions sur les limites éthiques de notre capacité à modifier notre propre ADN. Cela remet en question notre rôle en tant qu'architectes de notre propre nature.

- Place dans la Chaîne Alimentaire : La compréhension de l'ADN a mis en lumière notre place dans la chaîne alimentaire et les conséquences environnementales de notre régime alimentaire. Les questions éthiques et écologiques concernant la production de viande et les régimes alimentaires à base de plantes sont devenues plus pressantes.

- Évolution de la Conscience Humaine : La compréhension de notre code génétique a eu un impact sur notre conception de la conscience et de l'identité individuelle. La question de savoir dans quelle mesure nos comportements et nos traits sont déterminés par notre ADN est un sujet de réflexion philosophique.

- Place dans l'Univers : La compréhension de l'ADN nous rappelle que nous sommes le résultat de milliards d'années d'évolution, façonnés par les forces naturelles qui ont sculpté la vie sur Terre. Cela renforce le sentiment d'humilité quant à notre place dans l'Univers et notre responsabilité envers la planète.

En somme, la découverte de l'ADN a remis en question de nombreuses idées préconçues sur la place de l'homme dans l'Univers. Elle a élargi notre vision de la vie, de la diversité biologique, de l'évolution, de l'éthique, de la conscience et de la responsabilité environnementale, tout en nous rappelant que nous faisons partie intégrante d'un monde vivant et complexe qui s'étend bien au-delà de notre propre espèce.

Notion d'ADN Cosmique

L'idée d'un « Code Cosmique » est une notion intrigante qui suscite l'imaginaire et la curiosité. Elle évoque l'idée que l'Univers, dans toute sa grandeur et sa complexité, pourrait être gouverné par des lois et des principes fondamentaux, tout comme l'ADN code l'information biologique. Cette analogie audacieuse nous pousse à explorer les mystères profonds de l'Univers et à chercher des liens entre le microcosme biologique et le macrocosme cosmique.

Introduction au Concept de Code Cosmique

Découverte de l'ADN et Compréhension de l'Univers

La découverte de l'ADN en 1953, en tant que complexe code génétique, a révolutionné notre compréhension de la biologie.

Cependant, elle a également éveillé des réflexions plus profondes concernant l'Univers lui-même. L'ADN, avec sa structure élaborée et sa capacité à stocker et transmettre des informations biologiques, suggère que des principes similaires pourraient régir l'ensemble de l'Univers. Cette perspective fascinante nous invite à envisager l'Univers comme un système complexe et ordonné, où chaque élément interagit selon des règles précises.

Ainsi, cette découverte a renforcé l'idée d'un « Code Universel » qui pourrait expliquer toutes les forces et phénomènes de l'Univers. Elle sous-tend la recherche d'une forme d'ADN cosmique qui pourrait imprégner l'Univers, transcendant les échelles, des particules subatomiques aux vastes superamas de galaxies. Cette perspective révolutionnaire nous encourage à explorer les lois fondamentales de la physique, la nature de la matière, de l'énergie, de la lumière, ainsi que les constantes mathématiques qui semblent gouverner notre réalité.

Tout cela non seulement façonne notre Univers, mais influence également profondément notre compréhension fondamentale de l'information. Voici quelques aspects clés de la recherche sur un code Universel :

- *Les Loi de la Physique :* Les principes de la physique, tels que la gravité, l'électromagnétisme, la mécanique quantique et la relativité, forment la base de notre compréhension de l'Univers. Les chercheurs se demandent si ces lois pourraient être interprétées comme un code sous-jacent régissant tous les aspects de notre réalité.

- *Les Constantes Mathématiques :* Des nombres tels que la vitesse de la lumière, la constante gravitationnelle et la constante de Planck semblent profondément ancrés dans la structure de l'Univers. Les chercheurs s'efforcent de déterminer si ces constantes pourraient constituer les éléments d'un code Universel dictant la réalité physique.

- *La Théorie du Tout :* La quête d'une « Théorie du Tout » par les physiciens théoriciens vise à unifier toutes les forces fondamentales de l'Univers en un seul ensemble cohérent de principes mathématiques. Une telle théorie unifiée équivaudrait à un code Universel expliquant tous les phénomènes physiques.

- *La Quête de l'Unité :* L'idée sous-jacente est que l'Univers forme un système unifié où toutes les forces et phénomènes sont interconnectés. La découverte de l'ADN a stimulé la recherche de similitudes dans la manière dont l'information est stockée, transmise et transformée à toutes les échelles, des particules subatomiques aux galaxies.

- *La Recherche de Motifs et de Symétries :* Les chercheurs scrutent les lois de la physique à la recherche de motifs, de symétries et de régularités. La découverte de tels schémas pourrait indiquer l'existence d'un code sous-jacent unifiant toute la réalité physique.

- *La Quête Philosophique :* La recherche d'un code Universel transcende la science pour aborder la philosophie, soulevant des questions profondes sur la nature de la réalité, de l'information et de la compréhension humaine de l'Univers.

Cette quête pour un code Universel reste un objectif central de la physique théorique et de la recherche scientifique en général.

L'Univers en tant que Toile de l'Information

Imaginez l'Univers comme une immense toile tissée d'informations, où chaque particule, étoile et galaxie communique des données à travers l'immensité de l'espace et du temps. Cette information se présente sous diverses formes, depuis les lois élémentaires qui gouvernent le comportement des particules subatomiques jusqu'aux interactions complexes qui sculptent le destin des galaxies. De la plus infime particule élémentaire jusqu'au vaste enchevêtrement des superamas galactiques, tout s'intègre dans cette trame complexe d'informations cosmiques.

Au niveau subatomique, la physique des particules se révèle comme une quête de l'unité, où les chercheurs s'efforcent de dévoiler les lois fondamentales régissant les interactions entre les particules élémentaires, comme les quarks et les leptons. Des théories, telles que le modèle standard de la physique des particules, tentent de décrire les forces et les particules qui composent notre Univers observable.

À l'échelle cosmique, l'information se manifeste à travers d'imposantes structures, des galaxies aux superamas de galaxies. La gravité joue un rôle pivot dans la formation de ces gigantesques agglomérations, en agrégeant la matière pour créer des entités massives au sein de l'Univers. L'exploration de ces vastes formations permet aux astrophysiciens d'élucider davantage l'histoire de notre Univers et la distribution de la matière à une échelle gigantesque.

Ainsi, au cœur de notre quête pour décrypter le mystérieux Code Universel, une notion saisissante émerge : l'omniprésence de l'information.

Voici dans ce contexte plusieurs concepts importants de la physique et de la cosmologie :

- *La Conservation de l'Information :* En physique, il existe un principe fondamental appelé la conservation de l'information, signifiant que l'information ne peut ni être créée ni détruite, mais seulement transformée. Selon ce principe, l'information qui existe aujourd'hui dans l'Univers était présente depuis le début du Big Bang.

- *La Loi de l'Entropie :* La deuxième loi de la thermodynamique stipule que l'entropie, qui mesure le désordre d'un système, augmente au fil du temps dans un système isolé. Cependant, même lorsque l'entropie augmente, l'information est conservée, car chaque état chaotique contient toujours une quantité précise d'information sur la manière dont il est passé de l'état précédent.

- *L'Évolution Cosmique :* L'Univers a évolué au fil du temps, passant de son état initial très dense et chaud à un état actuel plus étendu et moins dense. Tout au long de cette évolution, l'information sur la distribution de la matière, les forces physiques et les lois fondamentales de la nature est restée présente.

- *L'Information dans la Structure Cosmique :* Les structures cosmiques, des particules subatomiques aux galaxies et aux superamas de galaxies, portent en elles-mêmes une quantité immense d'information. Par exemple, la manière dont les galaxies sont réparties dans l'Univers et leur mouvement contiennent des informations sur la distribution de la matière, l'expansion de l'Univers et les forces gravitationnelles à l'œuvre.

- *La Théorie de l'Information Quantique* : La théorie de l'information quantique, concernant le comportement de l'information à l'échelle quantique, suggère que l'information est une entité fondamentale de l'Univers. Les particules quantiques, telles que les électrons, portent de l'information quantique sous forme de spins et d'états quantiques.

Ainsi, la quête de cet ADN cosmique, de cette matrice d'information sous-jacente à l'Univers, découle de la manière dont les lois de la physique, de la thermodynamique et de l'évolution cosmique interagissent pour conserver et véhiculer l'information à toutes les échelles.

Les Mathématiques : Fondements de l'Univers

Dans notre exploration de l'information dans l'Univers, nous arrivons à un point crucial : le rôle essentiel des lois physiques et des grandes constantes et suites mathématiques. Ces éléments sont les fondements qui déterminent la façon dont l'information se comporte à travers l'espace et le temps. Comprendre leur nature et leur influence est essentiel pour saisir le fonctionnement de cet ADN cosmique.

Les Lois Physiques : La Grammaire de l'Univers

Les lois de la physique sont les principes fondamentaux qui gouvernent notre Univers. Elles agissent comme la grammaire de la réalité, dictant comment la matière, l'énergie, l'espace et le temps interagissent. Ces lois sont essentielles pour comprendre la formation de l'Univers, la structuration de l'information à travers l'espace-temps et les mécanismes qui sous-tendent la complexité de notre réalité.

La Gravité : L'Attraction Universelle

L'une des lois les plus fondamentales de la physique est la loi de la gravité. Formulée par Sir Isaac Newton au 17e siècle et raffinée par Albert Einstein dans sa théorie de la relativité générale au 20^{e}siècle, la gravité régit l'attraction mutuelle entre les objets massifs. Elle est responsable de la structure à grande échelle de l'Univers, influençant la formation des galaxies, des étoiles et des planètes.

La gravité joue un rôle clé dans la structuration de l'information cosmique en organisant la matière en structures complexes. Les galaxies sont le résultat de l'attraction gravitationnelle entre des milliards d'étoiles, tandis que les planètes sont formées par l'agrégation de matériaux sous l'influence de la gravité. Cette loi permet également d'expliquer la trajectoire des objets célestes, de la lune en orbite autour de la Terre aux comètes vagabondes dans le système solaire.

L'Électromagnétisme : Les Forces de l'Interaction

L'électromagnétisme est une autre loi fondamentale qui régit notre Univers. Il englobe les forces électriques et magnétiques qui agissent sur les particules chargées électriquement. Cette force est responsable de nombreuses interactions que nous rencontrons dans notre vie quotidienne.

L'une des implications les plus cruciales de l'électromagnétisme est la lumière. La lumière est une onde électromagnétique qui transporte de l'information sous forme d'ondes. Ces ondes lumineuses nous permettent de voir et de percevoir le monde qui nous entoure. Les lois de l'électromagnétisme sont également à la base des technologies de communication modernes, telles que la radio, la télévision et Internet, qui transmettent des informations sur de longues distances à travers des ondes électromagnétiques.

La Mécanique Quantique : L'Incertitude et la Subtilité

À l'échelle des particules subatomiques, la mécanique quantique prend le relais. Cette branche de la physique étudie le comportement des particules telles que les électrons et les photons. Elle révèle un monde étrange où les concepts classiques de certitude et de déterminisme laissent place à des notions d'indétermination et de probabilité.

La mécanique quantique joue un rôle crucial dans la structuration de l'information à l'échelle microscopique. Elle explique comment les particules subatomiques interagissent et comment leur état est décrit par des fonctions d'onde probabilistes. Cette incertitude quantique a des implications profondes pour notre compréhension de la réalité et soulève des questions sur la nature fondamentale de l'information.

La Relativité : La Déformation de l'Espace-Temps

La théorie de la relativité d'Einstein a révolutionné notre vision de l'espace et du temps. La relativité restreinte traite des objets en mouvement à des vitesses proches de celle de la lumière, tandis que la relativité générale traite de la gravité en tant que courbure de l'espace-temps.

La relativité a un impact significatif sur la façon dont nous comprenons la transmission de l'information à travers l'Univers. Elle explique comment la gravité influe sur la trajectoire de la lumière, provoquant des phénomènes tels que la déviation gravitationnelle de la lumière des étoiles et des galaxies. De plus, elle met en évidence la relation profonde entre la matière, l'énergie, l'espace et le temps, ce qui influence notre perception de l'information et de la réalité.

La Loi du Chaos et de l'Entropie : De l'Ordre au Désordre

En plus des lois physiques fondamentales, la science a également identifié des principes tels que la loi du chaos et l'entropie. La loi du chaos traite des systèmes dynamiques sensibles aux conditions initiales. Elle suggère que de petites variations dans les conditions initiales peuvent entraîner des résultats très différents, ce qui peut avoir un impact sur la transmission et l'interprétation de l'information. L'entropie, d'autre part, suggère que les systèmes tendent naturellement vers un état de désordre, ce qui peut affecter la manière dont l'information est stockée et transmise.

Les Mystérieuses Constantes Mathématiques

Souvent considérées comme des nombres arbitraires, les grandes constantes mathématiques jouent un rôle central dans notre compréhension de l'information cosmique. Ces mystérieuses constantes, telles que la vitesse de la lumière, la constante de Planck et la constante gravitationnelle, sont profondément intégrées dans la structure même de la réalité.

La Vitesse de la Lumière (c) : L'Étalon de la Vitesse

La vitesse de la lumière dans le vide, notée c, est l'une des constantes les plus célèbres de la physique. Sa valeur est d'environ 299 792 458 mètres par seconde. Ce nombre est bien plus qu'une simple mesure de la rapidité à laquelle la lumière se déplace. Il est devenu l'étalon de la vitesse dans l'Univers et a des implications profondes pour notre compréhension de l'espace, du temps et de la manière dont l'information se propage.

La constance de c signifie que la vitesse de la lumière est invariable, quelle que soit la source de la lumière ou l'observateur.

Sans la constance de c, l'Univers serait un endroit radicalement différent. Les notions familières de simultanéité et d'ordre des événements seraient bouleversées, ce qui compliquerait grandement notre capacité à comprendre et à interpréter l'information cosmique.

La Constante de Planck (h) : La Clé de la Mécanique Quantique

La constante de Planck, notée h, est une autre constante mathématique fondamentale. Elle est nommée en l'honneur du physicien allemand Max Planck, qui a été l'un des pionniers de la mécanique quantique au début du 20ᵉ siècle. La constante de Planck détermine l'échelle à laquelle le monde subatomique fonctionne.

Une des implications les plus remarquables de h est son rôle dans la quantification de l'énergie. La mécanique quantique nous enseigne que l'énergie n'est pas un continuum infini, mais qu'elle est quantifiée en paquets discrets appelés quanta. La taille de ces quanta d'énergie est directement liée à la constante de Planck. Plus précisément, l'énergie d'un quantum est proportionnelle à h. Cette quantification de l'énergie est responsable de nombreux phénomènes étranges et fascinants du monde subatomique.

La constante de Planck est également liée à l'intrication quantique, un phénomène par lequel des particules subatomiques peuvent être instantanément corrélées même si elles sont séparées par de grandes distances. Cette corrélation quantique est à la base de nombreuses technologies de pointe, telles que la cryptographie quantique, qui peut garantir une sécurité inégalée dans la transmission d'informations.

La Constante Gravitationnelle (G) : La Force de l'Attraction Universelle

La constante gravitationnelle, notée G, est une constante de la physique qui régit la force d'attraction gravitationnelle entre deux objets massifs. Elle est intimement liée à la théorie de la gravité de Newton et à la théorie de la relativité générale d'Einstein. La constante G détermine la force gravitationnelle entre les planètes, les étoiles et les galaxies, ainsi que l'accélération de l'expansion de l'Univers.

Sans G, la gravité n'existerait pas sous sa forme actuelle, et l'Univers serait dépourvu de la structure complexe que nous observons. Les étoiles ne pourraient pas se former, les planètes ne pourraient pas orbiter autour de leur étoile, et les galaxies ne pourraient pas s'agréger en structures massives. De plus, la constante cosmologique d'Einstein, liée à G, est responsable de l'accélération de l'expansion de l'Univers.

π : La Constante Irrationnelle Qui Orchestre le Cosmos

Le nombre Pi (π) est un nombre irrationnel représenté approximativement par 3,14159, bien que ses décimales se prolongent à l'infini sans répétition de motif. Il est défini comme le rapport de la circonférence d'un cercle à son diamètre. En d'autres termes, si vous prenez la circonférence d'un cercle et la divisez par son diamètre, vous obtiendrez toujours π, quelle que soit la taille du cercle.

π est l'une des constantes mathématiques les plus importantes et se trouve au cœur de nombreuses formules et équations dans les mathématiques et les sciences, en particulier dans la géométrie, la trigonométrie, et le calcul. Sa valeur exacte ne peut pas être exprimée comme une fraction simple, ce qui en fait un nombre irrationnel.

π revêt une importance cruciale dans l'astronomie. Il est utilisé pour calculer les circonférences et les aires de cercles et d'ellipses, aidant ainsi à déterminer les dimensions d'objets célestes comme les planètes, les lunes et les comètes. Dans les lois de Kepler, π intervient pour décrire les formes elliptiques des orbites planétaires. De plus, π est essentiel pour convertir les mesures angulaires en radians, ce qui est crucial pour les observations astronomiques et la navigation spatiale. Il est également lié aux périodes et aux fréquences des phénomènes périodiques célestes, aidant à comprendre les modèles temporels des événements stellaires. En outre, π est utilisé dans les conversions entre systèmes de coordonnées, notamment cartésiennes et polaires, pour représenter les positions des objets célestes.

Autres Constantes Notables

- Le nombre d'Euler (e) : Approximativement égal à 2,71828, e est la base des logarithmes naturels. Il est essentiel pour modéliser la croissance exponentielle, les taux de dérivation et d'intégration, et les séries complexes.

- La constante d'Euler-Mascheroni (γ) : D'environ 0,57721, γ trouve sa place en analyse mathématique et en théorie des nombres, influençant les limites et les phénomènes impliquant la fonction harmonique.

- La constante d'Apéry ($\zeta(3)$) : Connu pour être un nombre irrationnel, $\zeta(3)$ a une valeur d'environ 1,20206. Il joue un rôle crucial dans la preuve de l'irrationalité du produit de la constante d'Euler (e) et de $\zeta(3)$.

- La constante du Nombre d'Or (φ) : Avec une valeur approximative de 1,61803, φ est un nombre irrationnel qui transcende la géométrie pour influencer l'esthétique, l'art ou l'architecture en raison de ses propriétés uniques.

- La constante de Boltzmann (k) : Utilisée en thermodynamique, k relie la température d'un gaz à l'énergie cinétique moyenne de ses particules.

- La constante d'Avogadro (N_A) : Indiquant le nombre de particules (généralement des atomes ou des molécules) dans une mole d'une substance, NA est essentielle en chimie et en physique pour comprendre la composition de la matière.

Suites Mathématiques : Ordre et Harmonie

Les mathématiques sont un langage Universel qui permet aux scientifiques de modéliser et d'expliquer les phénomènes naturels de manière cohérente et précise. Dans ce contexte, les suites mathématiques jouent plusieurs rôles significatifs :

- Modélisation des Phénomènes Naturels : De nombreux processus naturels présentent des motifs ou des comportements répétitifs qui peuvent être décrits ou modélisés par des suites mathématiques. Par exemple, la suite de Fibonacci, bien que simple en apparence, se retrouve dans divers phénomènes naturels, comme les arrangements de feuilles sur une tige ou les motifs de croissance de certains fruits et fleurs.

- Analyse des Structures et des Modèles : Les suites permettent de décomposer et d'analyser des structures complexes, qu'elles soient physiques, biologiques ou cosmiques. Elles aident à identifier des motifs récurrents ou des régularités, contribuant ainsi à la compréhension des lois sous-jacentes qui régissent ces structures.

- Prédiction et Extrapolation : Les suites sont souvent utilisées pour prédire le comportement futur d'un système en se basant sur des tendances passées et présentes. Cela est particulièrement utile dans les domaines tels que l'astronomie et la physique, où la prédiction précise du mouvement des objets célestes est cruciale.

- Compréhension des Lois Fondamentales : Les suites jouent un rôle dans l'élucidation des principes mathématiques fondamentaux qui gouvernent l'Univers. Par exemple, les lois de la mécanique céleste peuvent être exprimées et comprises à travers des séquences et des relations mathématiques.

- Représentation des Données et des Observations : Dans la recherche scientifique, les suites sont utilisées pour représenter et analyser des données, notamment en astronomie et en physique. Elles aident à organiser les observations de manière logique et à détecter des schémas ou des anomalies.

- Développement de la Théorie et des Modèles : Les suites sont intégrées dans des théories et des modèles plus complexes pour aider à expliquer des phénomènes tels que la formation des galaxies, l'évolution de l'Univers, ou les oscillations dans les systèmes quantiques.

- Simplification et Résolution de Problèmes Complexes : Dans des domaines tels que la cosmologie, la physique des particules, et la dynamique des fluides, les suites sont utilisées pour simplifier des problèmes complexes, les rendant plus accessibles à l'analyse et à la résolution.

Voici quelques-unes des grandes suites mathématiques et leur rôle dans le cosmos :

- *Suite de Fibonacci :* Cette suite commence par les nombres 0 et 1, et chaque nombre suivant est la somme des deux précédents (0, 1, 1, 2, 3, 5, 8, 13, ...). La suite de Fibonacci se retrouve fréquemment dans la nature, par exemple dans les motifs de croissance des plantes, les spirales de coquillages, ou la disposition des graines dans un tournesol. Elle reflète la symétrie et la régularité que l'on observe dans l'Univers.

- *Suite géométrique :* Une suite géométrique est une séquence où chaque terme est le produit du terme précédent par une constante appelée la raison. Les suites géométriques sont utilisées pour modéliser des phénomènes de croissance exponentielle, tels que la population d'une espèce, la croissance de l'Univers, ou la décomposition radioactive. Elles jouent un rôle clé dans la compréhension des changements à grande échelle dans le cosmos.

- *Suite arithmétique :* Une suite arithmétique est une séquence où chaque terme est la somme du terme précédent et d'une constante appelée la différence. Ces suites sont utiles pour modéliser des phénomènes où la variation est linéaire, comme la position d'un objet en mouvement dans le cosmos.

- *Suite de Lucas :* Cette suite est similaire à la suite de Fibonacci, mais elle commence par les nombres 2 et 1 (2, 1, 3, 4, 7, 11, ...). Elle partage de nombreuses propriétés avec la suite de Fibonacci et se retrouve également dans des phénomènes naturels et des modèles cosmiques.

- *Suite de Bernoulli :* Cette suite apparaît dans divers contextes mathématiques et physiques, y compris dans la théorie des nombres et la mécanique des fluides. Elle joue un rôle dans la modélisation de phénomènes tels que les écoulements de fluides et les oscillations dans le cosmos.

- *Suite harmonique :* La suite harmonique est utilisée en mathématiques et en physique pour représenter des séries de nombres inverses, ce qui est essentiel dans la compréhension des phénomènes périodiques, des oscillations, et des résonances qui se produisent dans l'Univers.

Ces suites mathématiques, parmi d'autres, fournissent des outils puissants pour modéliser et comprendre les phénomènes naturels, qu'ils soient observés dans la croissance des plantes, les lois de la physique, les mouvements célestes, ou d'autres aspects du cosmos. Elles ne sont pas seulement des outils pour la résolution de problèmes abstraits ; elles sont essentielles pour décrypter, modéliser, et comprendre le « code » selon lequel l'Univers fonctionne. Elles illustrent comment les principes mathématiques simples peuvent être à la base de structures et de processus extrêmement complexes dans la nature.

Les Clés Mathématiques de l'Univers

L'exploration des lois physiques, des constantes mathématiques et des suites mathématiques, ainsi que leur origine, nous permet de pénétrer profondément dans les arcanes de notre Univers et de dévoiler les fondements mêmes de sa structure et de son fonctionnement. Cela nous offre un aperçu fascinant des mécanismes sous-jacents qui gouvernent notre réalité à toutes les échelles, de l'infiniment petit à l'infiniment grand.

Les lois physiques sont comme les règles du jeu de l'Univers. Elles dictent comment la matière, l'énergie, l'espace et le temps interagissent, créant ainsi les conditions qui ont permis à notre cosmos de se développer et de se structurer depuis sa naissance. Ces lois, qui ont été découvertes et affinées au fil de l'histoire de la science, sont le produit de millénaires d'observation, d'expérimentation et de réflexion. Elles représentent notre meilleure compréhension actuelle de la manière dont le monde fonctionne, et elles ont des implications profondes pour notre compréhension de l'origine et de l'évolution de l'Univers.

Les constantes mathématiques, telles que la vitesse de la lumière, la constante de Planck et la constante gravitationnelle, sont des valeurs numériques qui se présentent comme des invariants fondamentaux de notre réalité. Ces constantes sont profondément intégrées dans la structure même de l'Univers, et leur présence affecte tout, de la physique des particules à la formation des galaxies. Elles sont comme les « clés » de l'Univers, permettant de déverrouiller les énigmes les plus complexes de la nature. L'origine de ces constantes reste un mystère en grande partie, mais elles semblent être profondément liées à la manière dont notre cosmos est construit.

Les suites mathématiques, quant à elles, sont comme les motifs mélodiques qui émergent de la symphonie mathématique de l'Univers. Elles sont des séquences ordonnées de nombres qui se produisent naturellement dans divers contextes mathématiques et scientifiques. Ces suites jouent un rôle essentiel dans la modélisation des phénomènes naturels, la compréhension des structures complexes, la prédiction des événements futurs, la représentation des données scientifiques et la simplification des problèmes complexes. Elles sont le produit de l'application des principes mathématiques à notre exploration du cosmos.

En fin de compte, l'exploration de ces lois physiques, constantes mathématiques et suites mathématiques est une quête pour percer les mystères de notre Univers et pour comprendre pourquoi il est tel qu'il est. Cela nous amène à nous interroger sur l'origine de ces éléments fondamentaux et sur la manière dont ils sont intrinsèquement liés à la réalité que nous observons.

Rôle de l'Information dans La Formation de l'Univers

L'exploration des lois physiques et des constantes mathématiques nous révèle une réalité complexe et fascinante. Ces éléments jouent un rôle essentiel dans la manière dont l'Univers se forme, évolue et interagit. Leur impact est ressenti à toutes les échelles, de l'infiniment petit à l'infiniment grand, et leur compréhension est cruciale pour interpréter notre place dans l'Univers. Dans cette section, nous allons explorer en détail comment ces lois et constantes façonnent notre réalité et influencent notre compréhension de l'information cosmique.

Formation des Atomes : La Danse des Particules Élémentaires

À l'échelle subatomique, où règne la physique quantique, les règles du jeu diffèrent considérablement de celles qui s'appliquent à notre réalité quotidienne. Nous plongerons ici dans l'infiniment petit pour comprendre comment les particules élémentaires interagissent et se combinent pour donner naissance à la matière qui nous entoure.

La Formation des Atomes : Les Blocs de Construction de la Matière

Grâce à la physique quantique et à la constante de Planck, nous pouvons comprendre comment les particules élémentaires se combinent pour former les atomes, les unités fondamentales de la matière.

Les atomes sont constitués d'un noyau central composé de protons, qui ont une charge positive, et de neutrons, qui sont neutres du point de vue de la charge. Les électrons, qui ont une charge négative, orbitent autour du noyau à des niveaux d'énergie spécifiques. Ces niveaux d'énergie sont déterminés par la mécanique quantique, et chaque électron occupe un état quantique particulier.

L'interaction électromagnétique, régie par les lois de l'électromagnétisme, est la force responsable de la stabilité des atomes. Les électrons sont maintenus en orbite autour du noyau en raison de l'attraction électromagnétique entre les charges opposées des électrons et des protons. Si l'énergie des électrons change, ils peuvent émettre ou absorber des photons, ce qui entraîne l'émission ou l'absorption de lumière à des fréquences spécifiques.

Le Spectre Électromagnétique : De la Lumière Visible aux Rayons X

L'émission et l'absorption de lumière par les atomes donnent naissance au spectre électromagnétique, qui englobe toutes les formes de lumière, des ondes radio aux rayons gamma. Cependant, la partie du spectre électromagnétique que nous percevons directement avec nos yeux est la lumière visible.

Chaque couleur que nous voyons correspond à une plage spécifique de longueurs d'onde. Par exemple, le rouge a des longueurs d'onde plus longues que le bleu. Le spectre électromagnétique comprend également des régions invisibles à l'œil nu, telles que les rayons X et les rayons ultraviolets, qui ont des longueurs d'onde plus courtes, ainsi que les ondes radio, qui ont des longueurs d'onde plus longues.

Évolution des Étoiles et des Galaxies : L'Attraction et l'Électromagnétisme

À mesure que nous élargissons notre exploration des forces fondamentales qui façonnent l'Univers, nous atteignons des échelles cosmiques plus vastes, où la gravité et l'électromagnétisme jouent un rôle central. Ces deux forces, bien qu'elles se manifestent à des niveaux très différents, sont essentielles pour comprendre la formation, l'évolution et le fonctionnement des étoiles et des galaxies.

La Gravité : L'Architecte Céleste

La gravité est l'une des forces les plus familières et les plus omniprésentes de l'Univers. Elle est régie par la loi de la gravité, qui énonce que chaque particule de matière attire chaque autre particule avec une force qui est proportionnelle au produit de leurs masses et inversement proportionnelle au carré de la distance qui les sépare.

La gravité joue un rôle majeur dans la formation des structures cosmiques, notamment des étoiles et des planètes. Tout commence par une immense nébuleuse, une vaste étendue de gaz et de poussière cosmique, où la gravité commence à exercer son influence. Sous l'effet de cette force, les régions plus denses de la nébuleuse commencent à s'effondrer sur elles-mêmes, donnant naissance à des noyaux de matière de plus en plus massifs.

Au fur et à mesure que la matière s'accumule, la pression et la température au cœur de ces noyaux augmentent. Lorsque ces conditions atteignent un seuil critique, les réactions de fusion nucléaire sont enclenchées. C'est le processus par lequel les noyaux d'hydrogène fusionnent pour former de l'hélium, libérant une quantité colossale d'énergie sous forme de lumière et de chaleur. C'est cette réaction de fusion qui alimente les étoiles, y compris notre propre soleil, en produisant une énergie constante qui rayonne dans l'espace.

Les étoiles naissent, vivent et meurent en fonction de leur masse. Les étoiles de faible masse, comme notre soleil, brillent pendant des milliards d'années avant de devenir des naines blanches, des objets denses et refroidis. Les étoiles de grande masse, en revanche, peuvent exploser en supernovæ spectaculaires et donner naissance à des objets compacts tels que les étoiles à neutrons ou les trous noirs.

L'Électromagnétisme : La Lumière des Étoiles

Les étoiles brillent grâce aux réactions nucléaires en leur sein, mais la conséquence la plus remarquable de ces réactions est l'émission de lumière, qui se propage dans l'espace sous forme d'ondes. La lumière est donc un aspect essentiel de l'interaction électromagnétique dans l'Univers.

L'électromagnétisme est clé dans l'observation des étoiles et des galaxies. Les astronomes collectent des données à partir du rayonnement électromagnétique émis par ces objets célestes et utilisent des télescopes qui sont sensibles à différentes parties du spectre électromagnétique, ce qui leur permet d'explorer l'Univers à des longueurs d'onde variées.

Expansion de l'Univers : La Constante Cosmologique d'Einstein

Nous avons exploré comment la gravité et l'électromagnétisme jouent un rôle fondamental dans la formation et l'évolution des étoiles et des galaxies. Maintenant, nous allons plonger dans le concept d'expansion de l'Univers, une découverte qui a radicalement transformé notre compréhension de l'espace-temps. Au cœur de cette expansion se trouve la mystérieuse constante cosmologique d'Einstein, symbolisée par le symbole "Λ" (lambda).

L'Expansion de l'Univers : Une Découverte Révolutionnaire

Au début du 20e siècle, l'idée que l'Univers était statique et immuable prévalait parmi les scientifiques. Cependant, cette vision du cosmos a été bouleversée par les travaux d'Edwin Hubble dans les années 1920. Hubble, à travers l'observation des galaxies lointaines, a découvert un phénomène extraordinaire : les galaxies semblaient s'éloigner les unes des autres. De plus, il a constaté que la vitesse à laquelle elles s'éloignaient était proportionnelle à leur distance respective. Cette observation a été interprétée comme une expansion de l'Univers lui-même.

Imaginez que l'Univers soit comme une pâte levée dans un four cosmique, où chaque point de la pâte représente une galaxie. Alors que la pâte cuit, elle s'étend et les points (galaxies) s'éloignent les uns des autres. C'est une analogie simplifiée de ce qui se passe dans notre Univers en expansion. Cette découverte a ouvert une nouvelle ère de la cosmologie et a remis en question notre vision statique de l'Univers.

La Relativité Générale d'Einstein et la Constante Cosmologique

Pour comprendre l'expansion de l'Univers et la constante cosmologique d'Einstein, nous devons revenir à la relativité générale, formulée en 1915. Cette théorie repose sur un concept fondamental : l'espace-temps.

Selon la relativité générale, la présence de matière et d'énergie courbe l'espace-temps autour d'elle. Cela signifie que les objets en mouvement, tels que les planètes ou les rayons lumineux, suivent des trajectoires courbes en réponse à cette courbure de l'espace-temps.

L'équation de la relativité générale d'Einstein, qui décrit cette relation entre la courbure de l'espace-temps et la distribution de la matière et de l'énergie, est une œuvre d'une grande beauté mathématique. Cette équation, souvent exprimée de manière simplifiée comme "$R = 8\pi GT$", est composée de plusieurs termes. "R" représente la courbure de l'espace-temps, "G" est la constante gravitationnelle de Newton, et "T" représente le tenseur énergie-impulsion, qui caractérise la distribution de la matière et de l'énergie dans l'Univers.

Cependant, lorsque Einstein a formulé cette équation, il a introduit un terme supplémentaire : la constante cosmologique "Λ". À l'époque, il a ajouté cette constante pour rendre l'Univers statique, conformément à la vision dominante de l'époque. Il considérait Λ comme une sorte de force répulsive, équilibrant la gravité attractive de la matière et maintenant ainsi l'Univers immuable. Cette constante était alors considérée comme une sorte d'artifice mathématique, sans véritable signification physique.

L'Explosion de la Théorie de l'Expansion

Cependant, avec les travaux de Hubble et la découverte de l'expansion de l'Univers, Einstein a qualifié l'introduction de la constante cosmologique de « plus grande erreur » de sa carrière. Il a réalisé que sa constante avait en fait prédit l'expansion de l'Univers avant même qu'elle ne soit observée.

Lorsque l'expansion de l'Univers a été confirmée, la constante cosmologique est devenue un paramètre essentiel pour décrire cette expansion. Aujourd'hui, elle est souvent associée à l'idée de l'énergie sombre. La constante cosmologique Λ est l'une des façons dont nous pouvons mathématiquement modéliser cette énergie sombre, qui est caractérisée par sa pression négative, ce qui signifie qu'elle exerce une force répulsive sur l'espace-temps, conduisant à une expansion de plus en plus rapide.

L'accélération de l'expansion de l'Univers a des implications profondes pour notre compréhension de l'information cosmique. À mesure que l'Univers s'étend, les objets cosmiques s'éloignent de plus en plus rapidement les uns des autres. Cela signifie que certaines régions de l'Univers deviennent inaccessibles à l'observation directe.

Pour illustrer cela, imaginez que vous envoyiez un signal lumineux depuis une galaxie lointaine. Pendant son voyage vers la Terre, l'Univers continue de s'étendre. Si l'expansion est suffisamment rapide, la lumière émise par cette galaxie pourrait ne jamais nous atteindre. Cela limite notre capacité à collecter des informations sur les parties les plus éloignées et les plus anciennes de l'Univers.

Théorie de l'Information Cosmologique

La Théorie de l'Information Cosmologique vise à déchiffrer les messages cachés dans la lumière, les ondes et les particules qui parcourent l'Univers. Elle pourrait être interprétée comme un cadre théorique ou un ensemble de principes visant à comprendre et interpréter l'ensemble des données ou informations que l'Univers nous envoie.

Les Sources d'Information Cosmologique

Imaginez l'Univers comme un gigantesque livre d'histoire, où chaque étoile, chaque galaxie et chaque particule jouent un rôle dans la narration de l'évolution cosmique. Ces acteurs cosmiques émettent de l'information sous forme de lumière, d'ondes radio, de rayons X, de neutrinos et bien d'autres choses encore. L'étude de cette information nous permet de reconstruire le récit de l'Univers depuis son origine jusqu'à aujourd'hui.

La Théorie de l'Information Cosmologique intervient à ce stade en nous aidant à extraire des données cosmologiques des signaux que nous recevons. Elle repose sur des principes mathématiques et statistiques pour analyser et interpréter ces données, nous donnant ainsi un aperçu précieux de la structure, de l'évolution et de la composition de l'Univers.

Les sources d'information cosmologique sont variées et diverses. Certaines des plus importantes comprennent :

- La lumière cosmique : L'observation de la lumière émise par les étoiles, les galaxies et les objets célestes nous permet de reconstruire leur histoire, leur composition chimique, leur mouvement et leur âge.

- Les ondes gravitationnelles : Ces ondes, prédites par la relativité générale d'Einstein, sont émises lors d'événements cosmiques majeurs tels que les collisions de trous noirs ou de neutron. Elles nous fournissent une nouvelle façon d'observer l'Univers et d'étudier des phénomènes inaccessibles par d'autres moyens.

- Le fond cosmique micro-ondes : Il s'agit du rayonnement fossile issu du Big Bang lui-même. L'étude de ce rayonnement permet de remonter aux premiers instants de l'Univers et de mieux comprendre son expansion.

- Les particules cosmiques : Les particules subatomiques, telles que les neutrinos, les rayons cosmiques et les particules exotiques de matière noire, nous livrent des informations sur la composition de l'Univers et sur les processus qui s'y déroulent.

L'Importance de la Théorie de l'Information

La Théorie de l'Information Cosmologique joue un rôle crucial car elle fournit les outils mathématiques et statistiques nécessaires pour extraire des informations significatives des données brutes collectées par les observatoires cosmologiques.

L'une des tâches les plus importantes dans ce contexte est de distinguer le signal du bruit. Dans un Univers rempli de signaux lumineux, de radiations cosmiques de fond et d'autres sources potentielles de confusion, il est essentiel de séparer les informations importantes de ce qui est simplement du « bruit » aléatoire. Cela garantit que les conclusions que nous tirons de nos observations sont fiables et significatives.

L'Information Cosmologique a de nombreuses applications dans notre compréhension de l'Univers. Voici quelques-unes de ses principales contributions :

- L'expansion de l'Univers : En analysant la lumière des galaxies lointaines, les cosmologues ont découvert que l'Univers est en expansion. La théorie de l'information a joué un rôle clé dans la mesure précise de cette expansion, ce qui a conduit à la formulation du modèle cosmologique standard, connu sous le nom de modèle Λ-CDM.

- La composition de l'Univers : En étudiant la lumière cosmique et les particules émises par les étoiles et les galaxies, les scientifiques ont pu déterminer la composition de l'Univers, y compris la proportion de matière ordinaire, de matière noire et d'énergie sombre.

- Les fluctuations du fond cosmique micro-ondes : L'analyse des fluctuations du rayonnement fossile nous renseigne sur les petites variations de densité dans l'Univers primordial, qui ont éventuellement donné naissance aux galaxies et aux structures que nous observons aujourd'hui.

En utilisant les outils de la théorie de l'information, nous sommes en mesure de déchiffrer ces informations et de les traduire en connaissances qui élargissent notre compréhension de l'Univers.

En conclusion, dans ce troisième chapitre sur la théorie de l'information et le code Universel, nous avons voyagé à travers les méandres de la connaissance, explorant comment l'information façonne non seulement notre compréhension de l'Univers mais aussi la complexité même de la vie sur Terre. Nous avons sondé les profondeurs de l'ADN, ce code génétique qui orchestre l'extraordinaire diversité de la vie.

Nous avons également contemplé la possibilité fascinante d'une information cosmique, une sorte d'ADN de l'Univers, qui pourrait détenir les secrets de l'évolution cosmique. Ces réflexions nous ont menés aux frontières de la science et de la spéculation, là où se posent des questions aussi vastes et profondes que l'Univers lui-même.

Dans le chapitre suivant, nous nous apprêtons à plonger dans les origines mêmes de l'Univers. Nous explorerons comment le Big Bang a non seulement donné naissance à l'espace et au temps, mais a également posé les fondations de toute l'information cosmique. Nous nous aventurerons dans le monde des particules subatomiques et déchiffrerons ensemble les mystères du champ quantique primordial, cherchant à comprendre comment les lois fondamentales de l'information quantique ont façonné l'Univers depuis son premier instant.

4

Big Bang et Information Quantique

Dans ce quatrième chapitre, nous explorerons le lien intrigant entre l'événement extraordinaire qui est à l'origine de tout, le Big Bang, et le monde fascinant de la mécanique quantique et des particules subatomiques. Nous découvrirons comment cette explosion primordiale a non seulement donné naissance à l'Univers tel que nous le connaissons, mais a également posé les fondations de toute l'information cosmique présente dans notre Univers.

La première section retracera l'histoire passionnante de la façon dont les avancées cruciales et les esprits de scientifiques brillants ont contribué à prouver cette théorie révolutionnaire.

Ensuite, dans la deuxième section, nous examinerons l'état de l'Univers immédiatement après le Big Bang. Ici, nous nous familiariserons avec les phénomènes étranges et merveilleux de la physique quantique qui régnaient pendant cette époque primordiale.

La troisième section nous amènera plus profondément dans la compréhension de la manière dont l'information est traitée et stockée au niveau le plus fondamental de l'Univers. Nous découvrirons comment cette compréhension révolutionne notre perception de la réalité elle-même.

Dans la quatrième section, nous aborderons les méthodes et les défis associés à l'extraction des secrets enfouis dans les premiers moments de l'Univers. C'est une quête pour comprendre l'origine de l'information cosmique et comment elle a influencé l'évolution de l'Univers.

Enfin, la cinquième section nous confronte à l'un des mystères les plus troublants et fascinants de la physique moderne : le paradoxe de l'information noire. Nous discuterons des implications profondes de ce paradoxe et de ce qu'il révèle sur le destin ultime de toute information dans l'Univers.

Ainsi, à travers ce chapitre, nous chercherons à comprendre non seulement comment l'Univers a commencé, mais aussi comment les lois fondamentales de l'information quantique ont façonné sa trajectoire à travers l'espace et le temps.

La Découverte du Big Bang

La découverte du Big Bang marque un tournant majeur dans notre compréhension de l'Univers. Cette théorie cosmologique révolutionnaire suggère que l'Univers a commencé une gigantesque explosion il y a environ 13,8 milliards d'années. Depuis sa formulation, la théorie du Big Bang a été confirmée et affinée par une multitude de preuves observationnelles et expérimentales, transformant notre vision de l'origine de l'Univers. Dans cette section, nous reviendrons plus en détail dans les moments clés de son développement, les scientifiques visionnaires qui l'ont promue, ainsi que les implications profondes qu'elle a pour notre compréhension de l'Univers et de notre place en son sein.

Le Big Bang : Clé de Voûte du Code Cosmique

L'exploration du Big Bang est primordiale dans notre quête de Code Cosmique, car elle nous permet de remonter aux sources de l'Univers et de démêler les processus qui ont modelé le cosmos tel que nous le voyons aujourd'hui. Reconnue comme la théorie cosmologique prédominante, le Big Bang dépeint l'origine de l'Univers il y a environ 13,8 milliards d'années. Selon cette théorie, l'Univers est né d'un état extrêmement dense et brûlant, et il a depuis lors continué à s'étendre, donnant naissance à l'espace, au temps, à la matière et à l'énergie que nous expérimentons aujourd'hui. Le Big Bang marque donc le point initial, le commencement absolu de l'histoire de notre Univers, le point de départ de notre cosmos.

Pourquoi le Big Bang est-il si central dans notre recherche du Code Cosmique ? C'est parce que comprendre le Big Bang revient à décoder le premier chapitre d'une longue et riche histoire cosmique. C'est la première note d'une grande symphonie cosmique qui a sculpté les galaxies, les étoiles, les planètes et ultimement, la vie elle-même. En explorant ce moment fondateur, nous cherchons à élucider comment un Univers aussi vaste et complexe a pu surgir d'un état si dense et incandescent.

Les raisons de cette importance cruciale sont multiples :

- Origine de l'Univers : Le Big Bang nous offre un point d'origine, un début à partir duquel nous pouvons tracer l'évolution de l'Univers. En sondant les conditions premières de l'Univers, nous gagnons une compréhension plus profonde des lois physiques, des constantes cosmiques et des forces fondamentales qui ont dirigé son évolution.

- Évolution Cosmique : Étudier le Big Bang nous permet de cartographier le parcours de l'Univers, depuis son état embryonnaire jusqu'à sa configuration actuelle. Cette analyse englobe la création des atomes, des étoiles, des galaxies, et même des structures plus imposantes comme les amas de galaxies et les superamas. Cette compréhension détaillée de l'évolution cosmique nous aide à déchiffrer le "code" sous-jacent à la croissance et à l'organisation de notre Univers à travers le temps.

- Réalité Primordiale : Le Big Bang nous conduit à un état de réalité primaire, caractérisé par des conditions extrêmes et des lois physiques distinctes de celles que nous observons actuellement. L'exploration de cet état fondamental nous éclaire sur la genèse des lois physiques et révèle les processus qui ont permis la formation de la matière, des particules élémentaires et des forces fondamentales.

- Énergie Sombre et Matière Noire : Le Big Bang joue un rôle crucial dans notre quête pour comprendre l'énergie sombre et la matière noire, deux éléments énigmatiques qui constituent une part significative de l'Univers. L'analyse de l'expansion de l'Univers depuis le Big Bang a mis en lumière que l'Univers se dilate à une vitesse croissante, une observation qui a mené à la théorie de l'énergie sombre. De même, la formation des structures cosmiques, telles que les galaxies, est influencée par la matière noire, dont l'existence a été déduite grâce à l'étude de l'expansion cosmique.

Les Premières Théories de l'Univers

Avant que la théorie du Big Bang ne prenne le devant de la scène en cosmologie, les scientifiques avaient plusieurs autres théories pour expliquer l'origine et la nature de l'Univers. Ces modèles, bien que dépassés aujourd'hui, ont jeté les bases de notre compréhension actuelle de l'Univers et ont souligné des questions fondamentales qui intriguent encore les chercheurs.

La conception la plus ancienne et la plus durable de l'Univers était celle d'un cosmos statique, éternel et immuable. Cette idée remonte à des philosophes anciens comme Aristote et a été intégrée dans les croyances religieuses et philosophiques pendant des millénaires. Selon ce modèle, l'Univers n'avait ni début ni fin et ne subissait aucun changement significatif dans son état global.

L'un des modèles les plus influents de l'Univers statique au 20e siècle a été proposé par Albert Einstein avec sa théorie de la relativité générale. Einstein lui-même croyait initialement en un Univers statique et avait même introduit la constante cosmologique pour contrecarrer l'effet de la gravité et maintenir l'Univers stable.

Malgré sa popularité, le modèle de l'Univers statique avait plusieurs limitations majeures. Il ne pouvait pas expliquer l'observation des nébuleuses spirales, que nous connaissons maintenant comme des galaxies en dehors de la Voie lactée. De plus, l'Univers statique ne pouvait pas répondre à des questions cruciales sur l'origine et la destinée finale de l'Univers.

D'autres modèles cosmologiques ont également été proposés. Par exemple, le modèle cyclique, où l'Univers se contracte et se dilate dans un cycle éternel. Cette idée, qui a vu des versions modernes dans des théories comme celle de l'Univers oscillant, suggérait que l'Univers pouvait avoir connu une série infinie de bangs et de crunchs.

Dans les années 1940, le modèle de l'État Stationnaire a été introduit par Fred Hoyle et d'autres comme une alternative au Big Bang. Ce modèle suggérait que l'Univers était en expansion constante mais ne changeait pas en apparence générale, car de nouvelles matières étaient continuellement créées pour remplir l'espace vide laissé par l'expansion. Ce modèle était attrayant car il évitait la notion d'un début ou d'une fin de l'Univers, mais il ne pouvait pas expliquer certaines observations, telles que le fond diffus cosmologique découvert plus tard.

Ces modèles, bien qu'intellectuellement stimulants, avaient des lacunes significatives. Ils ne pouvaient pas expliquer de manière adéquate les observations astronomiques émergentes. Par exemple, aucun de ces modèles n'a pu prévoir l'existence du rayonnement cosmique de fond, qui est une preuve cruciale de l'Univers chaud et dense du Big Bang. De plus, ces modèles ne pouvaient pas expliquer pourquoi l'Univers semblait être en expansion, une découverte faite par Edwin Hubble dans les années 1920.

En résumé, les premières théories de l'Univers, bien qu'importantes pour le développement de la cosmologie, étaient limitées dans leur capacité à expliquer les observations astronomiques et phénomènes physiques. Leur incapacité à répondre à certaines des questions les plus fondamentales sur l'Univers a mené à l'élaboration de nouvelles théories, notamment celle du Big Bang, qui a révolutionné notre compréhension de l'Univers. Cependant, ces premiers modèles cosmologiques ont été des étapes essentielles dans notre quête incessante pour comprendre l'Univers dans lequel nous vivons.

L'Ère d'Edwin Hubble

Au début du 20e siècle, la compréhension de l'Univers était sur le point de subir une transformation radicale, grâce aux travaux d'un homme : Edwin Hubble. Avant ses découvertes, l'Univers était considéré comme un vaste espace peuplé d'étoiles et de nébuleuses, mais fondamentalement immuable et statique. Hubble, avec ses observations minutieuses, était sur le point de renverser cette perception.

La contribution la plus significative de Hubble à l'astronomie a été sa découverte que l'Univers est en expansion. Travaillant à l'Observatoire du Mont Wilson en Californie, Hubble a observé que les galaxies s'éloignaient de la Terre. Cette observation a été faite en étudiant le décalage vers le rouge de la lumière des galaxies, un phénomène similaire à l'effet Doppler observé lorsque le son d'une sirène change de tonalité à mesure qu'elle s'éloigne.

Imaginez un ballon avec des points dessus : à mesure que le ballon se gonfle, les points s'éloignent les uns des autres. De la même manière, dans l'Univers d'Hubble, les galaxies s'éloignaient les unes des autres à mesure que l'Univers lui-même s'expandait. Cette découverte a été révolutionnaire car elle a suggéré que l'Univers n'était pas statique, mais dynamique et en constante évolution.

Hubble a formulé une relation mathématique, maintenant connue sous le nom de Loi d'Hubble, qui établit un lien direct entre la distance d'une galaxie et sa vitesse de récession. Plus une galaxie est éloignée, plus elle semble s'éloigner rapidement. Cette loi a fourni le premier outil quantitatif pour mesurer l'expansion de l'Univers.

La découverte de l'expansion de l'Univers a eu des implications profondes pour la cosmologie. Premièrement, elle a remis en question les modèles cosmologiques existants, comme la notion d'un Univers éternel et immuable. Deuxièmement, elle a ouvert la voie à l'acceptation du modèle du Big Bang comme origine de l'Univers.

En effet, si l'Univers s'expandait, cela signifiait qu'à un moment donné dans le passé, tout l'Univers devait avoir été concentré en un seul point extrêmement dense et chaud. Cette réalisation a conduit à l'élaboration de la théorie du Big Bang, qui postule que l'Univers a commencé par une explosion gigantesque et continue de s'étendre depuis.

Avant les travaux de Hubble, l'idée que l'Univers avait un début était largement considérée comme une spéculation philosophique plutôt que scientifique. Hubble a fourni des preuves tangibles qui ont permis de transformer cette idée en une hypothèse scientifique viable. Sa découverte a également aidé à établir l'astronomie et la cosmologie comme des sciences empiriques, où les théories doivent être testées contre des observations.

Bien que la Loi d'Hubble ait fourni un cadre pour comprendre l'expansion de l'Univers, elle a également soulevé de nouvelles questions. L'une des plus importantes était de savoir comment et pourquoi cette expansion a commencé. Les travaux ultérieurs d'autres scientifiques, comme Georges Lemaître et George

Gamow, ont commencé à explorer ces questions, en posant les bases de la cosmologie moderne.

La découverte de l'expansion de l'Univers a également lancé un débat sur le destin final de l'Univers. Si l'expansion continue indéfiniment, cela pourrait conduire à un "Big Freeze", où l'Univers devient de plus en plus froid et dilué. Alternativement, si la gravité l'emporte, l'Univers pourrait s'effondrer dans un "Big Crunch". Ces scénarios restent des sujets de recherche et de débat actifs.

La Contribution de Georges Lemaître

Au sein du vaste et souvent mystérieux domaine de la cosmologie, l'un des noms les plus influents est celui de Georges Lemaître, un prêtre catholique belge et astronome physicien. Lemaître est surtout connu pour sa théorie novatrice de la « singularité primordiale », une idée qui a radicalement changé notre compréhension de l'origine de l'Univers.

Dans les années 1920, au moment où la théorie de la relativité d'Einstein gagnait en popularité et acceptation, Lemaître a commencé à explorer l'idée d'un Univers en expansion. En 1927, il a publié un article révolutionnaire dans lequel il proposait que l'Univers ait commencé par une explosion d'une « singularité primordiale » ou « atome primitif ».

L'idée de Lemaître impliquait que l'Univers, tel que nous le connaissons aujourd'hui, a évolué à partir d'un état extrêmement dense et chaud. Selon Lemaître, cet atome primitif était la source de toute la matière et de l'énergie de l'Univers, et son explosion initiale a donné naissance à l'espace et au temps. Cette conception était révolutionnaire car elle suggérait non seulement que l'Univers avait un début, mais aussi qu'il était en constante évolution.

Initialement, les idées de Lemaître ont été accueillies avec scepticisme par la communauté scientifique. À cette époque, l'idée d'un Univers statique, sans commencement ni fin, était profondément ancrée dans la pensée scientifique. De plus, la suggestion que l'Univers avait un point de départ unique semblait s'aligner trop étroitement avec les récits théologiques de la création, ce qui a causé une certaine réticence parmi les scientifiques à accepter sa théorie.

Cependant, Lemaître n'a pas été découragé par cette réception initiale. Il a continué à développer sa théorie, en s'appuyant sur les travaux d'Einstein et sur les observations croissantes qui suggéraient que l'Univers était en effet en expansion. Son idée a commencé à gagner en crédibilité lorsqu'Edwin Hubble a découvert que les galaxies s'éloignaient les unes des autres.

Ainsi, la découverte de Hubble a été un tournant pour la théorie de Lemaître. Elle a fourni une preuve observationnelle que l'Univers n'était pas statique mais dynamique, soutenant ainsi l'idée d'un Univers qui a commencé par une explosion initiale. En reconnaissance de la contribution de Lemaître, le terme « modèle de Big Bang » a été adopté pour décrire cette théorie de l'origine de l'Univers.

Au fil du temps, d'autres découvertes ont renforcé la position de la théorie du Big Bang. Dans les années 1960, la découverte du rayonnement cosmique de fond par Penzias et Wilson a fourni une preuve cruciale de l'état chaud et dense de l'Univers primitif, comme le suggérait Lemaître. Cette découverte a été un argument de poids en faveur de l'idée d'un Univers qui avait commencé par une explosion massive.

Aujourd'hui, la théorie du Big Bang est largement acceptée comme la meilleure explication de l'origine et de l'évolution de l'Univers. L'héritage de Lemaître est donc immense. Il a été l'un des premiers à proposer une théorie cohérente et scientifiquement fondée sur l'origine de l'Univers, une théorie qui a ouvert la voie à de nouvelles découvertes et a radicalement changé notre façon de comprendre l'Univers.

En outre, Lemaître a joué un rôle clé dans la démonstration que la science et la religion ne sont pas nécessairement en conflit. En tant que prêtre et scientifique, il a cherché à comprendre l'Univers à travers les lunettes de la science tout en maintenant sa foi religieuse.

La Découverte du Rayonnement Cosmique de Fond

Dans l'histoire de la cosmologie moderne, il y a eu quelques moments décisifs qui ont radicalement changé notre compréhension de l'Univers. Parmi ceux-ci, la découverte du rayonnement cosmique de fond par Arno Penzias et Robert Wilson en 1965 est l'un des plus significatifs. Cette découverte a non seulement fourni une preuve solide du modèle du Big Bang, mais a également ouvert de nouveaux horizons dans la compréhension de l'Univers primitif.

Ces deux radioastronomes travaillaient aux Laboratoires Bell, lorsqu'ils ont découvert le rayonnement cosmique de fond presque par accident. Ils utilisaient un grand radiotélescope pour des observations astronomiques et ont constaté un bruit statique persistant, réparti uniformément dans le ciel, qu'ils ne pouvaient pas expliquer. Ce bruit était présent même après avoir éliminé toutes les sources possibles d'interférence terrestre et de bruits de fond du système.

Après de nombreux tests et vérifications, Penzias et Wilson ont conclu que ce bruit était en fait un signal cosmique, présent partout dans l'Univers. Ils ont publié leurs résultats, qui ont rapidement attiré l'attention de la communauté scientifique. Leur découverte a été identifiée par d'autres scientifiques, notamment Robert Dicke de l'Université de Princeton, comme étant la preuve du rayonnement résiduel du Big Bang - le rayonnement cosmique de fond.

Le modèle du Big Bang, qui soutient que l'Univers a commencé à partir d'un état extrêmement dense et chaud et a depuis lors été en expansion, était jusqu'alors une théorie avec un soutien observationnel limité. La découverte du rayonnement cosmique de fond a changé cela. Ce rayonnement est un écho du moment où l'Univers était suffisamment refroidi pour que les photons se déplacent librement sans être constamment dispersés par des électrons et des protons. Il représente le moment où l'Univers est devenu transparent, environ 380 000 ans après le Big Bang.

L'importance de la découverte du rayonnement cosmique de fond réside dans sa capacité à fournir des informations sur les conditions de l'Univers dans ses premiers moments. Premièrement, il a confirmé que l'Univers avait effectivement commencé dans un état extrêmement chaud et dense, comme le suggère le modèle du Big Bang. Deuxièmement, il a permis aux scientifiques de déterminer l'âge de l'Univers avec plus de précision. Troisièmement, il a offert un aperçu unique de la formation des premières structures dans l'Univers, telles que les galaxies et les amas de galaxies.

Le rayonnement cosmique de fond est remarquable par son uniformité, mais les infimes variations de température qu'il présente sont cruciales pour comprendre la structure à grande échelle de l'Univers. Ces variations de température, bien que minuscules, sont les empreintes des fluctuations quantiques de l'Univers primitif. Elles ont servi de « graines » pour la formation de toutes les structures cosmiques ultérieures.

Après la découverte de Penzias et Wilson, de nombreuses expériences et observations ont été menées pour étudier plus en détail le rayonnement cosmique de fond. Des missions telles que le Cosmic Background Explorer (COBE) et le Wilkinson Microwave Anisotropy Probe (WMAP) ont permis de mesurer avec précision les variations de température du rayonnement cosmique de fond sur tout le ciel. Ces mesures ont renforcé la compréhension du modèle du Big Bang et ont permis d'affiner nos connaissances sur les paramètres cosmologiques, comme la densité totale de l'Univers et la vitesse de son expansion.

La Théorie de la Nucléosynthèse Primordiale

La théorie de la nucléosynthèse primordiale est cruciale pour expliquer la formation des premiers éléments dans l'Univers. Cette théorie nous éclaire sur comment les éléments comme l'hydrogène, l'hélium et, dans une moindre mesure, le lithium, ont été formés.

Après le Big Bang, l'Univers était dans un état extrêmement chaud et dense, rempli d'un mélange de particules subatomiques telles que des protons, des neutrons et des électrons. Au fur et à mesure que l'Univers se refroidissait, les conditions sont devenues favorables à la combinaison de ces particules pour former des noyaux atomiques simples - un processus connu sous le nom de nucléosynthèse primordiale.

Cette période de nucléosynthèse primordiale a commencé environ une minute après le Big Bang et a duré quelques minutes. Pendant cette courte période, la majorité de l'hydrogène et de l'hélium présents dans l'Univers actuel a été formée. Les protons (les noyaux d'hydrogène) étaient déjà présents, et les neutrons ont commencé à se combiner avec eux pour former des noyaux d'hélium. Ce processus était extrêmement rapide et efficace, mais il a cessé relativement rapidement car l'expansion de l'Univers a réduit la densité et la température à des niveaux qui ne favorisaient plus ces réactions.

Un des aspects remarquables de la nucléosynthèse primordiale est qu'elle a fixé les abondances relatives de l'hydrogène et de l'hélium dans l'Univers. Ces proportions sont un indicateur clé pour tester la validité de la théorie du Big Bang. Les modèles de nucléosynthèse primordiale prédisent que l'Univers devrait être composé d'environ 75% d'hydrogène et de 25% d'hélium en masse, avec des traces de lithium et d'autres éléments légers. Ces prédictions ont été confirmées par les observations.

Ainsi, l'une des preuves les plus convaincantes de la nucléosynthèse primordiale vient de l'observation des étoiles anciennes et des nébuleuses. Les mesures des abondances d'hydrogène, d'hélium et de lithium dans ces objets célestes correspondent étroitement aux prédictions théoriques. En particulier, l'abondance d'hélium observée dans l'Univers est beaucoup plus élevée que celle qui aurait été produite par les processus stellaires seuls, ce qui suggère une production significative d'hélium dans les premiers moments de l'Univers.

De plus, les observations des anciennes nuées de gaz et des galaxies les plus éloignées ont fourni des informations précieuses sur l'état primitif de l'Univers. Ces observations ont renforcé l'idée que les éléments légers ont été formés pendant une période très brève et intense peu de temps après le Big Bang.

La nucléosynthèse primordiale est un élément crucial pour comprendre l'histoire de l'Univers. Elle nous informe non seulement sur la façon dont les premiers éléments ont été créés, mais aussi sur les conditions physiques de l'Univers dans ses premiers instants. Cette connaissance est essentielle pour reconstituer l'histoire cosmique et comprendre comment l'Univers tel que nous le connaissons a évolué à partir d'un point de départ extrêmement chaud et dense.

Bien que la nucléosynthèse primordiale ait été largement confirmée, elle soulève également des questions non résolues. Par exemple, il y a des différences mineures entre les abondances prédites et observées de certains isotopes, comme le lithium. Ces différences peuvent être dues à des lacunes dans notre compréhension des processus de nucléosynthèse ou à des conditions inattendues dans l'Univers primitif.

L'Inflation Cosmique : Un Complément au Big Bang

La théorie de l'inflation cosmique a été proposée pour la première fois par Alan Guth en 1981. Elle suggère qu'immédiatement après le Big Bang, l'Univers a connu une phase d'expansion exponentielle, où il a grandi de manière spectaculaire en une fraction de seconde. Cette idée d'une expansion ultra-rapide et massive a été introduite pour expliquer certaines caractéristiques observées de l'Univers qui étaient difficiles à concilier avec le modèle du Big Bang classique.

Selon Guth, cette période d'inflation aurait eu lieu dans les premiers instants (environ 10^{-36} secondes) après le Big Bang. Pendant cette brève période, l'Univers aurait augmenté de taille de façon exponentielle, passant d'une taille microscopique à une étendue cosmique en un clin d'œil. Cette idée a introduit un nouveau paradigme dans la compréhension de l'évolution de l'Univers.

En effet, bien que la théorie du Big Bang ait été extrêmement réussie pour expliquer l'origine et l'évolution de l'Univers, elle présentait certaines lacunes qui rendaient difficile l'explication complète de l'état actuel de l'Univers.

Le Problème de l'Horizon

L'un des problèmes résolus par l'inflation est le problème de l'horizon. Ce problème découle de l'observation que l'Univers est remarquablement homogène et isotrope (identique dans toutes les directions) à grande échelle. La lumière n'a pas eu suffisamment de temps pour voyager entre les régions les plus éloignées de l'Univers depuis le Big Bang, ce qui soulève la question de savoir comment ces régions pourraient être si uniformément similaires en température et en densité.

L'inflation offre une réponse élégante à ce dilemme. Si l'Univers a subi une expansion exponentielle dans ses premiers instants, alors les régions qui semblent être hors de portée lumineuse aujourd'hui étaient en fait beaucoup plus proches les unes des autres avant l'inflation. Cela signifie que ces régions auraient eu le temps de s'équilibrer et de partager des informations, comme la température, avant de s'éloigner les unes des autres à cause de l'inflation.

Le Problème de la Platitude

Un autre problème résolu par la théorie de l'inflation est le problème de la platitude. Les mesures indiquent que l'Univers est remarquablement plat. Cependant, pour que l'Univers ait cette platitude observée, les conditions initiales au moment du Big Bang devaient être incroyablement précises. L'inflation résout ce problème en aplatissant effectivement toute la courbure de l'espace. Tout comme un ballon qui paraît plat lorsqu'on le regarde de très près, l'Univers, étant gonflé à des dimensions incroyablement grandes par l'inflation, paraît plat.

Bien que la théorie de l'inflation soit difficile à tester directement en raison de sa nature extrême et des échelles de temps et d'énergie impliquées, elle a été soutenue par plusieurs observations indirectes. Les mesures de la répartition à grande échelle des galaxies et les études détaillées du rayonnement cosmique de fond sont en accord avec les prédictions de la théorie de l'inflation. Les fluctuations minimes dans le rayonnement cosmique de fond, en particulier, sont cohérentes avec l'idée que de petites variations quantiques dans l'Univers primitif ont été étirées à des échelles cosmiques par l'inflation.

Ainsi, la théorie de l'inflation a eu des implications profondes pour la cosmologie. Elle a non seulement résolu certains problèmes clés du modèle du Big Bang, mais a également ouvert la voie à de nouvelles théories et découvertes sur l'Univers primitif et permis aux cosmologues de mieux comprendre la genèse et l'évolution de l'Univers.

Le Champ Quantique Primordial

Le concept de champ quantique primordial est une pierre angulaire dans notre compréhension de l'Univers à ses débuts les plus fondamentaux. Il est intimement lié aux observations du fond cosmologique micro-onde, qui est, comme nous l'avons vu, un vestige critique de l'Univers primitif.

Définition du Champ Quantique Primordial

Le champ quantique primordial se réfère à l'état de l'Univers juste après le Big Bang, où l'espace n'était pas vide mais rempli d'un bouillonnement d'énergie et de particules. À cette époque, l'Univers était extrêmement dense et chaud, et les conditions étaient dominées par les lois de la physique quantique.

Voici quelques éléments clés pour comprendre ce concept :

1. **Nature des champs quantiques** : En physique quantique, un champ n'est pas simplement un espace vide, mais plutôt une entité qui remplit l'espace et peut porter de l'énergie et de l'impulsion. Les particules, comme les électrons et les photons, sont des

excitations de ces champs. À l'échelle quantique, ces champs sont constamment en fluctuation, même dans ce qui semble être le vide.

2. **L'Univers primordial :** Juste après le Big Bang, l'Univers était dans un état de haute énergie où ces champs quantiques jouaient un rôle crucial. Il existait de minuscules fluctuations dans ces champs, appelées fluctuations quantiques.

3. **Inflation cosmique :** Une fraction de seconde après le Big Bang, l'Univers a connu une expansion exponentielle extrêmement rapide. Pendant cette période, les minuscules fluctuations du champ quantique primordial ont été étirées à des échelles cosmiques, semant les graines des structures à grande échelle observées dans l'Univers.

4. **Recherche actuelle :** Les scientifiques étudient le rayonnement cosmique du fond cosmologique micro-onde (FCM) pour obtenir des indices sur cet état primordial de l'Univers car il est une sorte de photo de l'Univers quand il était encore jeune, environ 380 000 ans après le Big Bang. Les légères variations de température et de densité observées dans le FCM sont censées être le résultat direct des fluctuations quantiques primordiales.

Pour expliquer cela de manière plus simple, imaginez que l'Univers est comme un immense océan rempli de vagues appelées champs quantiques. Ces vagues sont invisibles et elles se déplacent partout dans l'espace et le temps. Elles peuvent ensuite s'assembler de différentes manières pour construire tout ce qui existe, des étoiles dans le ciel aux plantes et aux animaux sur Terre.

Étudier le champ quantique primordial revient à regarder ces vagues juste après qu'elles aient commencé à bouger pour la toute première fois, juste après la grande explosion du Big Bang. C'était le moment où toutes ces vagues ont commencé à construire l'Univers tel que nous le connaissons.

Ainsi, pour résumer, le champ quantique primordial fait référence à l'état très énergétique et fluctuant de l'Univers juste après le Big Bang, où les champs quantiques étaient la norme. Les fluctuations dans ces champs sont censées être à l'origine des structures cosmiques que nous observons aujourd'hui, faisant de l'étude de cette époque une quête fondamentale pour comprendre notre Univers.

Les Fluctuations Quantiques et Leur Origine

Pour mieux comprendre ces concepts, il est essentiel de se plonger plus en détail dans le monde des fluctuations quantiques. Ces fluctuations sont au cœur de la physique quantique, qui étudie les comportements les plus fondamentaux et mystérieux de la nature à une échelle extrêmement petite.

Comprendre Les Fluctuations Quantiques

Imaginez à nouveau l'Univers comme une mer calme. Comme nous l'avons vu, les fluctuations quantiques sont comme de petites vagues qui apparaissent spontanément, même dans les eaux les plus calmes. Au niveau le plus fondamental, dans le vide lui-même, ces « vagues » représentent des changements temporaires dans la quantité d'énergie en un point donné dans l'espace.

Les fluctuations quantiques sont des manifestations du principe d'incertitude de Heisenberg, un pilier fondamental de la mécanique quantique. Rappelez-vous, ce principe énonce qu'il est intrinsèquement impossible de déterminer simultanément et avec une précision absolue la position et la quantité de mouvement d'une particule. Cette indétermination intrinsèque génère un phénomène remarquable dans le vide, où l'énergie ne reste jamais complètement stable, mais fluctue constamment, menant à l'apparition éphémère de paires de particules et d'antiparticules virtuelles.

Ces fluctuations quantiques révèlent que le vide n'est pas une vacuité absolue, mais plutôt un espace rempli d'une activité subtile et incessante. Les particules virtuelles ne sont pas des entités permanentes, mais des perturbations éphémères qui respectent les lois de la conservation de l'énergie, rendues possibles par le principe d'incertitude.

Ainsi, même si l'espace semble vide et immobile à nos échelles macroscopiques, à l'échelle quantique, il est un théâtre d'activités énergétiques transitoires incessantes, reflétant un dynamisme fondamental de la nature.

Ces « particules virtuelles » sont un concept subtil et fascinant de la mécanique quantique. Contrairement aux particules « réelles » que nous pouvons observer et mesurer directement, les particules virtuelles sont des sortes d'entités temporaires qui apparaissent et disparaissent rapidement dans le vide. Elles ne sont pas directement observables mais ont des effets réels et mesurables.

Cela signifie que pour de très courtes périodes, l'énergie peut fluctuer. Ces fluctuations d'énergie peuvent « emprunter » assez d'énergie pour créer des paires de particules et d'antiparticules, à condition qu'elles se réannihilent et « remboursent » l'énergie empruntée assez rapidement pour ne pas violer le principe d'incertitude.

Ces particules virtuelles ne sont pas des particules au sens habituel. Elles ne peuvent pas être capturées et étudiées ; elles n'existent que pour un temps extrêmement court. Cependant, elles ont des effets très réels. Par exemple, elles contribuent à des phénomènes comme le décalage de Lamb dans les niveaux d'énergie des électrons dans l'hydrogène, et l'effet Casimir, où deux plaques métalliques placées très près l'une de l'autre dans le vide seront poussées ensemble par les fluctuations des particules virtuelles. Ainsi, bien que nous ne puissions pas les voir ou les mesurer directement, les particules virtuelles ont des conséquences réelles et mesurables, faisant d'elles un concept central et fascinant de la mécanique quantique.

En résumé, le vide n'est pas du tout statique et vide au sens classique, même s'il semble calme à première vue. Plutôt que d'être un néant absolu, il est un champ bouillonnant d'activité due aux fluctuations quantiques.

Origine des Fluctuations Quantiques

Selon la théorie du Big Bang, et les équations de la relativité générale d'Einstein, l'expansion de l'Univers a commencé à partir d'un point singulier de densité et de température infinies. Dans l'Univers primitif, juste après le Big Bang, la matière telle que nous la connaissons n'existait pas sous sa forme actuelle. Au lieu de cela, l'Univers était rempli de ce qu'on appelle le plasma de quarks-gluons, où les quarks et les gluons (les particules élémentaires qui composent les protons et les neutrons) étaient en un état libre et non lié.

Avec l'inflation cosmique, l'Univers a commencé à se dilater à une vitesse vertigineuse, et il est entré dans une phase de refroidissement. Les particules et les champs quantiques qui le composent ont réagi à ces changements de température et à mesure que la température diminuait, certaines particules ont gagné de l'énergie tandis que d'autres en ont perdu, ce qui a contribué à des fluctuations dans les densités d'énergie et de matière. Les quarks et les gluons se sont liés pour former des protons et des neutrons, qui se sont ensuite combinés pour former des noyaux atomiques.

À l'origine, ces fluctuations étaient incroyablement petites et presque insignifiantes. Imaginez que vous ayez une pâte à modeler fraîchement pétrie, parfaitement lisse et homogène. Cependant, en y regardant de plus près, vous découvrez de minuscules grumeaux répartis de manière aléatoire dans la pâte. Ces grumeaux sont similaires aux fluctuations quantiques présentes dans l'Univers primordial.

Au fil du temps, la gravité est entrée en jeu et les régions légèrement plus denses en matière ont exercé une force gravitationnelle légèrement plus forte que les régions moins denses. Cela signifie que la matière a commencé à être attirée vers les régions légèrement plus denses. À mesure que plus de matière a été attirée, certaines régions sont devenues de plus en plus denses, tandis que les régions environnantes sont devenues moins denses.

Ce processus a continué à grande échelle à travers l'Univers. Les fluctuations quantiques initialement minuscules ont donc été amplifiées par la gravité sur des millions d'années, et ont servi de semences pour la formation des grandes structures que nous observons aujourd'hui, telles que les étoiles, les galaxies et les vastes filaments cosmiques.

En résumé, les fluctuations quantiques se sont produites lorsque l'Univers avait à peine quelques fractions de seconde. Elles ont été initiées par la mécanique quantique et ont été amplifiées par l'expansion de l'Univers et l'influence de la gravité. Elles ont joué un rôle essentiel dans la formation de la structure de l'Univers telle que nous la connaissons aujourd'hui.

Le Fond Cosmologique Micro-onde

L'une des raisons pour lesquelles le FCM est d'une importance majeure dans ce contexte, réside dans le fait qu'il fournit une preuve directe des fluctuations quantiques de l'Univers primitif.

En effet, les scientifiques ont découvert que le FCM est très homogène, ce qui suggère que l'Univers, à ses débuts, était remarquablement uniforme et cohérent sur de grandes échelles. Cependant, il présente aussi de très légères variations de température à travers le ciel, appelées anisotropies, dispersées de manière presque uniforme à travers l'espace. Ces variations sont incroyablement subtiles, mais les instruments modernes sont suffisamment sensibles pour les détecter.

Voici un résumé expliquant l'importance des empreintes détectées dans le FCM :

- Origine des empreintes : Les empreintes dans le FCM proviennent des fluctuations quantiques de l'Univers primitif, qui ont été amplifiées par l'inflation cosmique. Lorsque l'Univers s'est refroidi et que les protons et les électrons se sont combinés pour former des atomes neutres, la lumière a pu se déplacer librement pour la première fois. Cette lumière, qui forme le FCM, porte les marques des fluctuations de densité du jeune Univers.

- Cartographie du ciel : Les satellites comme le COBE, WMAP et Planck ont cartographié le FCM avec une précision croissante. Ces cartes montrent de petites variations de température, généralement de l'ordre de quelques microkelvins. Ces variations sont représentées sous forme de taches plus chaudes et plus froides sur la carte du ciel.

- Analyse des motifs : Les scientifiques analysent ces motifs en utilisant des outils mathématiques tels que l'analyse de la puissance spectrale pour comprendre les caractéristiques statistiques des fluctuations. Ces analyses peuvent révéler des informations sur la taille typique des régions plus denses ou moins denses, la quantité de matière dans l'Univers, la nature de la matière noire et de l'énergie sombre, et d'autres propriétés cosmologiques fondamentales.

- Relation avec la structure de l'Univers : Les régions légèrement plus denses dans l'Univers primitif, indiquées par les taches plus chaudes dans le FCM, sont les endroits où la gravité a attiré plus de matière. Avec le temps, ces régions sont devenues les galaxies et les amas de galaxies que nous observons aujourd'hui. Les scientifiques peuvent utiliser les modèles de ces taches pour retracer l'histoire de la formation des structures dans l'Univers au fil des milliards d'années.

- Défis et découvertes : Analyser les empreintes dans le FCM est complexe. Les chercheurs doivent tenir compte de divers facteurs, comme le bruit de fond instrumental et les sources de rayonnement qui pourraient masquer ou fausser les signaux subtils. Malgré ces défis, le FCM a conduit à de nombreuses découvertes, notamment la confirmation précise de l'âge de l'Univers, la validation de l'inflation cosmique, et des informations sur la courbure de l'espace.

En résumé, les empreintes dans le FCM sont comme une empreinte digitale cosmique de l'Univers dans sa jeunesse. Elles ne sont pas seulement des curiosités ; elles sont des indices essentiels qui nous permettent de comprendre l'origine, l'évolution, et la composition de l'Univers à un niveau fondamental.

Concept d'Information Quantique

L'information contenue dans les fluctuations quantiques du champ quantique primordial est le récit crypté des premiers instants de l'Univers, déterminant sa structure et son évolution. Comprendre cette information quantique est donc crucial pour déchiffrer non seulement l'histoire cosmique, mais aussi les lois fondamentales qui orchestrent l'Univers.

Les Principes de Base en Mécanique Quantique

La mécanique quantique joue donc un rôle essentiel dans notre quête de compréhension de l'origine de l'Univers. Elle est aussi l'une des théories les plus étonnantes et les plus mystérieuses de la science moderne. Elle décrit le comportement des particules subatomiques, comme les électrons, les protons et les photons, à l'échelle la plus petite et la plus fondamentale de l'Univers. Cette théorie a révolutionné notre compréhension de la nature et de la réalité, remettant en question nos intuitions les plus profondes sur la façon dont le monde fonctionne.

Dans cette brève introduction, nous explorerons les concepts de base de cette théorie fascinante. Tout commence avec les particules élémentaires, les constituants fondamentaux de la matière. Les électrons, les protons et les neutrons sont des exemples de particules subatomiques. Mais la physique quantique ne se contente pas d'étudier ces particules, elle examine aussi comment ces particules se comportent à l'échelle la plus petite, là où les lois de la physique classique ne s'appliquent plus.

La dualité onde-particule

La dualité onde-particule est un concept fascinant du comportement des particules, comme les électrons ou les photons, à l'échelle subatomique. Ces particules ont parfois des caractéristiques à la fois de particules solides et de vagues en même temps. Essayons de comprendre cela plus en détail.

Imaginez que vous jetiez une petite balle dans l'eau. Vous verrez des vagues se propager à partir du point d'impact de la balle.

Dans ce cas, la balle est une particule solide, et les vagues sont une onde. C'est ce que nous appelons une particule classique, car elle se comporte comme une petite chose matérielle que vous pouvez voir et toucher.

Maintenant, passons à l'échelle subatomique où les choses deviennent plus étranges. Les particules, comme les électrons, peuvent parfois se comporter comme des ondes. Cela signifie qu'elles peuvent se répandre et se propager, un peu comme les vagues dans l'eau. C'est comme si elles étaient étirées, se chevauchaient et interagissaient de manière ondulatoire.

Mais ici réside le mystère : ces mêmes particules peuvent également se comporter comme des particules solides. Elles peuvent être localisées en un endroit précis, avoir une masse et une charge, et interagir comme des petites « balles » classiques.

Ce phénomène est ce que nous appelons la « dualité onde-particule ». En fonction des conditions expérimentales et de la manière dont nous les observons, les particules subatomiques peuvent osciller entre ces deux comportements, onde et particule. C'est un peu comme si elles jouaient à cache-cache avec nous, en se transformant en ondes quand nous ne les regardons pas et en particules solides quand nous les observons.

Le Principe d'Incertitude d'Heisenberg

Le principe d'incertitude d'Heisenberg explique qu'il y a une limite fondamentale à quel point nous pouvons connaître certaines propriétés d'une particule subatomique. Il a été formulé par Werner Heisenberg dans les années 1920 et est un pilier de la mécanique quantique.

Pour comprendre ce principe, imaginez que vous essayez de mesurer la position (l'endroit où elle se trouve) et la vitesse (la façon dont elle se déplace) d'une petite particule, comme un électron, en utilisant un instrument de mesure très précis. Le principe d'incertitude nous dit que plus vous essayez de mesurer précisément la position de la particule, plus votre connaissance de sa vitesse deviendra incertaine, et vice versa. Cela signifie que vous ne pouvez pas connaître à la fois la position et la vitesse d'une particule avec une précision infinie.

Cela est dû à la nature intrinsèquement floue et probabiliste de la mécanique quantique. C'est l'une des raisons pour lesquelles la mécanique quantique est si différente de notre intuition classique. Cependant, ce principe a été vérifiée de manière expérimentale et il est fondamental pour notre compréhension de l'infiniment petit.

L'Intrication Quantique

L'intrication quantique est un phénomène étrange de la mécanique quantique où deux particules subatomiques sont étroitement liées d'une manière spéciale. Ce qui rend l'intrication quantique si fascinante, c'est que les propriétés d'une particule semblent être liées instantanément à celles de l'autre, même si elles sont séparées par de grandes distances.

Pour comprendre cela de manière simple, imaginez que vous ayez une paire de gants, un gant de main droite et un gant de main gauche. L'intrication quantique serait comme si, au moment où vous regardez un gant et découvrez qu'il s'agit d'un gant de main droite, vous savez instantanément que l'autre gant est un gant de main gauche, même s'il se trouve à l'autre bout de la planète.

En réalité, l'intrication quantique est beaucoup plus étrange que cela. Les particules intriquées semblent partager des informations d'une manière que la physique classique ne peut pas expliquer. Lorsque vous mesurez une propriété d'une particule intriquée, comme sa polarisation pour un photon, la mesure instantanée de l'autre particule intriquée révélera instantanément sa polarisation, même si elles sont séparées par des distances astronomiques.

L'intrication quantique est un phénomène bien établi et a été confirmé par de nombreuses expériences. Cependant, il reste l'un des aspects les plus mystérieux et fascinants de la mécanique quantique, remettant en question notre compréhension de la nature de la réalité à l'échelle subatomique. Bien que nous ne sachions pas encore totalement pourquoi cela se produit, l'intrication quantique joue un rôle crucial dans les technologies émergentes telles que la communication quantique et les ordinateurs quantiques.

L'Effet Tunnel

L'effet tunnel se produit lorsque des particules peuvent passer à travers une barrière matérielle ou énergétique même si elles n'ont pas suffisamment d'énergie pour surmonter cette barrière dans le monde classique.

Imaginez-vous debout devant un mur très haut et très large. Dans le monde classique, sans l'effet tunnel, il vous faudrait beaucoup d'énergie pour escalader ce mur et le traverser.

Cependant, dans le monde quantique, il y a une petite probabilité que, même si vous n'avez pas assez d'énergie pour escalader le mur, vous puissiez « traverser un tunnel » à travers lui.

Cela fonctionne parce que, selon la mécanique quantique, les particules, comme nous l'avons vu, sont également des ondes. Et les ondes ont une propriété étrange appelée « fonction d'onde » qui décrit leur probabilité d'être à un endroit donné. L'effet tunnel se produit lorsque la fonction d'onde de la particule « déborde » de part et d'autre de la barrière, ce qui signifie qu'il y a une petite chance que la particule puisse se trouver de l'autre côté, même si elle n'a pas assez d'énergie pour y aller directement.

Un exemple courant de l'effet tunnel est l'opération des transistors dans les puces électroniques. Les électrons peuvent « tunneliser » à travers une fine couche isolante pour activer ou désactiver un transistor, ce qui permet de contrôler le flux de courant électrique et de réaliser des opérations logiques dans les ordinateurs.

Le Paradoxe de Schrödinger

Le paradoxe de Schrödinger est une idée célèbre et énigmatique en physique quantique proposée par le physicien Erwin Schrödinger en 1935. Il a été formulé pour illustrer le concept de superposition quantique.

La superposition quantique indique qu'une particule peut être dans plusieurs états à la fois. Cela serait un peu comme si une ampoule pouvait être allumée et éteinte en même temps jusqu'à ce que nous la regardions. C'est uniquement lorsqu'on effectue une mesure qu'elle « choisit » l'un de ces états, et les probabilités déterminent la chance qu'elle soit dans l'un ou l'autre.

L'idée de base du paradoxe de Schrödinger est la suivante : imaginez un chat enfermé dans une boîte hermétique avec un dispositif qui pourrait libérer un poison mortel. Le dispositif est contrôlé par une particule subatomique, comme un atome radioactif, qui a une chance de se désintégrer (de manière aléatoire) dans un certain laps de temps. Si l'atome se désintègre, le poison est libéré et le chat meurt ; sinon, le chat reste en vie.

La paradoxalité réside dans le fait qu'en physique quantique, tant que la boîte est fermée et que l'on ne l'observe pas, la particule est dans un état de superposition, ce qui signifie qu'elle peut être à la fois désintégrée et non désintégrée en même temps. Par conséquent, selon les règles de la mécanique quantique, le chat est dans un état superposé d'être à la fois vivant et mort tant que nous n'ouvrons pas la boîte pour observer son état.

Cela semble absurde du point de vue de notre réalité quotidienne, car dans notre expérience macroscopique, un chat ne peut pas être à la fois vivant et mort en même temps. Le Paradoxe de Schrödinger met en évidence le contraste entre la mécanique quantique et notre compréhension intuitive du monde.

Quantification de l'Information Quantique

Lorsque l'on mesure les fluctuations quantiques, on cherche généralement à quantifier les variations aléatoires et temporaires dans certaines propriétés quantiques du vide ou d'un système quantique. Voici ce que l'on mesure précisément :

- Énergie du vide : Les fluctuations quantiques du vide se manifestent comme des variations temporaires de l'énergie dans un point donné de l'espace. On mesure donc les changements énergétiques qui surviennent même dans ce qui est considéré comme le vide, ou l'état fondamental d'un champ quantique.

- Champs quantiques : Les fluctuations peuvent aussi être mesurées comme des variations dans les champs quantiques eux-mêmes. Par exemple, dans le vide, le champ électromagnétique et d'autres champs de force ont des fluctuations qui peuvent être quantifiées.

- Effets induits : Souvent, les fluctuations quantiques sont trop subtiles pour être mesurées directement. À la place, on mesure leurs effets sur des systèmes physiques. Par exemple, l'effet Casimir, où l'on mesure la force exercée entre deux plaques due aux fluctuations quantiques du vide, est une manière indirecte de mesurer ces fluctuations.

- Corrélation et cohérence : On peut également mesurer les corrélations entre les états quantiques à différents points ou moments, qui sont affectés par les fluctuations quantiques. Cela inclut la mesure de la cohérence et de l'entrelacement quantique, qui peuvent être perturbés par ces fluctuations.

Les outils et méthodes de mesure varient grandement en fonction du système étudié et de la nature des fluctuations. Dans de nombreux cas, des détecteurs extrêmement sensibles et des expériences précises sont nécessaires pour isoler et mesurer les effets subtils des fluctuations quantiques.

Quantification de l'Energie Quantique

Le terme « quanta » provient du mot latin « quantus », qui signifie « combien ». En mécanique quantique, il est souvent fait référence à la quantification de l'énergie, ce qui signifie que l'énergie ne peut être émise ou absorbée que par des « paquets » d'énergie spécifiques plutôt que de manière continue.

L'un des premiers exemples de quantas en physique a été observé dans l'effet photoélectrique. Lorsque de la lumière (sous forme de photons) frappe une surface métallique, des électrons sont éjectés de cette surface. Cependant, ces électrons ne sont éjectés que si l'énergie des photons est supérieure à une valeur seuil. Les électrons n'absorbent donc que des quantités discrètes d'énergie, appelées quantas.

Les systèmes quantiques, tels que les atomes et les molécules, ont des niveaux d'énergie quantiques discrets. Cela signifie que les électrons dans un atome ne peuvent pas occuper n'importe quelle orbite, mais seulement des niveaux d'énergie spécifiques. L'énergie est donc quantifiée et les transitions entre ces niveaux d'énergie se font par l'absorption ou l'émission de quantas d'énergie.

En résumé, les quantas sont des unités discrètes d'énergie. Ils sont fondamentaux pour comprendre le comportement des particules subatomiques et des systèmes quantiques, ainsi que pour expliquer des phénomènes tels que la quantification de l'énergie, les niveaux d'énergie discrets et la dualité onde-particule.

Les Particules Quantiques

Les particules quantiques sont des particules élémentaires ou subatomiques qui obéissent aux lois de la mécanique quantique. Ces particules sont souvent très différentes des objets macroscopiques que nous observons dans notre vie quotidienne et exhibent des propriétés étranges et parfois contre-intuitives en raison des principes de la mécanique quantique.

Voici quelques exemples de particules quantiques importantes :

- Électrons : Les électrons sont des particules chargées négativement qui orbitent autour du noyau d'un atome. Ils jouent un rôle crucial dans la chimie et dans la structure des matériaux.

- Protons : Les protons sont des particules chargées positivement présentes dans le noyau des atomes. Ils sont responsables de la stabilité des noyaux atomiques et de l'interaction électromagnétique.

- Neutrons : Les neutrons sont des particules neutres présentes dans le noyau des atomes. Ils contribuent à la masse nucléaire et à la stabilité des noyaux.

- Quarks : Les quarks sont des constituants fondamentaux des protons et des neutrons. Ils sont chargés électriquement et interagissent fortement les uns avec les autres par l'intermédiaire de l'interaction nucléaire forte.

- Photons : Les photons sont des particules de lumière, dépourvues de masse et chargées électriquement. Ils sont responsables de la propagation de la lumière et sont les médiateurs de l'interaction électromagnétique.

- Bosons W et Z : Ces particules sont responsables de l'interaction nucléaire faible, l'une des quatre forces fondamentales de la nature.

- Gluons : Les gluons sont les particules responsables de l'interaction forte qui maintient les quarks ensemble dans les protons, les neutrons et d'autres hadrons.

- Neutrinos : Les neutrinos sont des particules neutres et très légères qui interagissent très faiblement avec la matière. Ils sont produits dans des réactions nucléaires et dans certaines réactions de désintégration.

Pour explorer davantage la relation entre la gravité quantique et l'information quantique, nous devons plonger dans le monde fascinant des gravitons.

Les gravitons sont des particules hypothétiques qui jouent un rôle central dans la théorie de la gravité quantique. Si nous pensons à la gravité classique comme une force qui résulte de la courbure de l'espace-temps due à la présence de masse, la gravité quantique tente de décrire cette force en utilisant les principes de la mécanique quantique, qui gouvernent le comportement des particules subatomiques.

Les gravitons sont supposés être les porteurs de la force gravitationnelle à l'échelle quantique. Dans d'autres termes, ils sont les médiateurs de l'interaction gravitationnelle entre les objets massifs à l'échelle subatomique. Cependant, il est important de noter que les gravitons restent hypothétiques et n'ont pas encore été observés directement, malgré de nombreuses tentatives pour les détecter.

Le défi majeur réside dans le fait que la gravité est une force extrêmement faible par rapport aux autres forces fondamentales, telles que l'électromagnétisme ou la force nucléaire. Les expériences menées pour détecter les gravitons nécessitent des dispositifs incroyablement sensibles, ce qui rend leur détection extrêmement difficile. Les physiciens travaillent sur des expériences de plus en plus sophistiquées pour tenter de résoudre ce mystère et de confirmer l'existence des gravitons.

L'Information Enregistrée dans les Fluctuations

Les fluctuations quantiques enregistrent l'information de manière indirecte et probabiliste, et il est important de comprendre que ce processus diffère considérablement de la manière dont l'information est enregistrée dans des systèmes classiques. Voici comment cela fonctionne :

- Nature probabiliste des fluctuations quantiques : En mécanique quantique, les fluctuations quantiques se réfèrent aux variations aléatoires des propriétés d'un système quantique. Ces fluctuations sont fondamentales et découlent du principe d'incertitude d'Heisenberg, qui stipule que certaines paires de propriétés, telles que la position et la quantité de mouvement, ne peuvent pas être mesurées avec une précision absolue en même temps.

- Superposition : Les particules quantiques peuvent exister dans des états de superposition, ce qui signifie qu'elles peuvent être simultanément dans plusieurs états différents. Les fluctuations quantiques résultent de cette capacité des particules quantiques à être dans des états multiples en même temps.

- Mesures probabilistes : Lorsque nous effectuons des mesures sur un système quantique, nous n'obtenons pas des valeurs déterministes, mais plutôt des résultats probabilistes. Cela signifie que la mesure d'une propriété quantique, telle que la position d'une particule, est associée à une certaine probabilité d'obtenir une valeur spécifique.

- Enregistrement de l'information : L'information contenue dans les fluctuations quantiques est enregistrée dans les probabilités associées aux différentes valeurs possibles des observables. Lorsque nous mesurons une propriété d'un système quantique, nous obtenons une valeur spécifique avec une probabilité donnée. Ces probabilités sont l'empreinte des fluctuations quantiques et sont fondamentales pour la prédiction et la description du comportement des systèmes quantiques.

- Utilisation de la fonction d'onde : La fonction d'onde d'un système quantique (généralement notée Ψ) contient l'information sur la probabilité de trouver une particule dans une certaine position ou avec une certaine quantité de mouvement. La modélisation mathématique de la fonction d'onde est un outil essentiel pour comprendre comment l'information quantique est encodée dans les fluctuations.

- Compréhension de l'évolution : En utilisant des opérateurs quantiques et l'équation de Schrödinger, les physiciens peuvent prédire comment la fonction d'onde d'un système évolue dans le temps. Cela permet de comprendre comment l'information quantique change au fil du temps et comment les fluctuations influencent l'évolution du système.

En résumé, les fluctuations quantiques enregistrent l'information sous forme de probabilités associées aux différentes valeurs possibles des observables quantiques. L'information est contenue dans la fonction d'onde du système, qui évolue dans le temps selon les lois de la mécanique quantique. Cette approche probabiliste est fondamentale pour comprendre et prédire le comportement des systèmes quantiques.

Outils Mathématiques pour Mesurer les Fluctuations Quantiques

Les fluctuations quantiques sont quantifiées en utilisant des outils mathématiques de la mécanique quantique. Il est important de noter que la mesure des fluctuations quantiques peut être complexe et exigeante en termes d'instruments et de techniques expérimentales. Voici comment elles sont généralement quantifiées :

- Fonctions d'onde : Les fonctions d'onde sont des équations mathématiques qui décrivent l'état quantique d'un système.

Elles contiennent des informations sur la probabilité de trouver une particule dans différentes positions ou états quantiques.

- Probabilités : Les fonctions d'onde sont utilisées pour calculer les probabilités associées à différentes mesures. Par exemple, si vous avez une fonction d'onde $\psi(x)$ qui décrit la position d'une particule, $|\psi(x)|^2$ représente la probabilité de trouver la particule à la position x lors d'une mesure.

- Fluctuations : Les fluctuations quantiques se manifestent lorsque vous effectuez plusieurs mesures identiques sur un système en état quantique donné. Même si la fonction d'onde vous donne une probabilité moyenne, chaque mesure individuelle peut donner un résultat légèrement différent en raison de la nature probabiliste des particules.

- Calculs mathématiques : Pour extraire ces fluctuations quantiques, vous pouvez effectuer des calculs mathématiques sur la fonction d'onde. Par exemple, vous pouvez calculer la variance des résultats de mesure pour estimer l'amplitude des fluctuations.

Expérimentation

En pratique, pour mesurer les fluctuations quantiques, nous utilisons des instruments spécialisés dans des expériences en laboratoire. Par exemple, pour quantifier les fluctuations de la position d'une particule, on peut réaliser une série de mesures de position et calculer la variance statistique de ces mesures pour obtenir l'incertitude, ce qui implique généralement les étapes suivantes :

- Préparation de l'état quantique : Tout d'abord, vous devez préparer l'état quantique que vous souhaitez étudier. Cela peut impliquer la création d'un système quantique spécifique, comme une particule piégée dans un potentiel, ou la préparation d'un état quantique particulier, comme un état cohérent pour une particule.

- Mesures répétées : Ensuite, vous effectuez une série de mesures sur le système quantique. Par exemple, si vous souhaitez mesurer les fluctuations de la position d'une particule, vous effectuerez plusieurs mesures de sa position à des moments différents.

- Calcul de la variance : Après avoir obtenu un ensemble de données de mesures, vous calculez la variance statistique de ces mesures. La variance est une mesure de la dispersion des données et vous donnera une idée de l'incertitude associée à la position de la particule. Plus la variance est grande, plus les différences entre chaque mesure sont importantes, et donc plus l'incertitude est grande.

Utilisation des Fonctions d'Onde

Les fonctions d'onde sont des équations mathématiques qui décrivent l'état quantique d'un système, généralement notées avec le symbole ψ. Elles nous aident à calculer les probabilités d'obtenir certaines valeurs lors de mesures. Les fluctuations quantiques peuvent être extraites des fonctions d'onde en utilisant des calculs mathématiques appropriés.

Pour savoir à quel point certaines valeurs sont probables lors de mesures, nous utilisons une formule mathématique qui implique la fonction d'onde et s'appelle $|\psi|^2$.

L'équation de Schrödinger détermine comment la fonction d'onde d'un système quantique change avec le temps. Celle-ci est généralement exprimée de deux manières principales : l'équation de Schrödinger dépendante du temps (TDS) et l'équation de Schrödinger indépendante du temps (TIS).

L'équation de Schrödinger dépendante du temps (TDS) décrit comment la fonction d'onde d'un système quantique évolue dans le temps. Elle est généralement notée comme suit : $i\hbar\, \partial\psi/\partial t = H\psi$. Dans cette équation, $\hbar$ (h-barre) représente la constante de Planck réduite, t est le temps, ψ est la fonction d'onde du système, et H est l'opérateur Hamiltonien, qui représente l'énergie totale du système.

L'équation de Schrödinger indépendante du temps (TIS) est utilisée pour déterminer les états stationnaires d'un système quantique, c'est-à-dire les états où la fonction d'onde ne change pas avec le temps. Elle est formulée comme suit : $H\psi = E\psi$. Dans cette équation, ψ est la fonction d'onde, H est l'opérateur Hamiltonien, et E représente l'énergie propre associée à l'état stationnaire ψ.

En résolvant l'équation de Schrödinger, on peut obtenir les fonctions d'onde et les niveaux d'énergie d'un système quantique donné, ce qui permet de prédire son comportement quantique.

Les fonctions d'onde peuvent être exprimées de différentes manières en fonction du contexte, comme si vous les regardiez sous des angles différents. Par exemple, vous pouvez les décrire en fonction de leur position, de leur vitesse ou d'autres caractéristiques.

Opérateurs et Observables Quantiques

Les opérateurs quantiques sont des outils mathématiques qui sont associés à chaque quantité physique que l'on souhaite mesurer ou observer. Chaque observable physique, comme la position, la quantité de mouvement, l'énergie, le moment angulaire, etc., est représentée par un opérateur correspondant.

Prenons l'exemple de l'opérateur position (X) et de l'opérateur quantité de mouvement (P) :

- L'opérateur position (X) est associé à la position d'une particule. Il agit sur une fonction d'onde $\psi(x)$, qui décrit la probabilité de trouver la particule à une certaine position x. Lorsque l'opérateur position X agit sur la fonction d'onde $\psi(x)$, il renvoie simplement la position x multipliée par la fonction d'onde : $X\psi(x) = x\psi(x)$. Cela signifie que l'opérateur position nous donne la valeur de position d'une particule lors d'une mesure.

- L'opérateur quantité de mouvement (P) est associé à la quantité de mouvement d'une particule, qui est le produit de sa masse et de sa vitesse. Lorsque l'opérateur quantité de mouvement P agit sur la fonction d'onde $\psi(x)$, il effectue une opération mathématique appelée dérivation par rapport à la position : $P\psi(x) = -i\hbar \partial\psi(x)/\partial x$, où $\hbar$ est la constante de Planck réduite. Cela signifie que l'opérateur quantité de mouvement nous donne des informations sur la quantité de mouvement de la particule.

En général, les opérateurs quantiques permettent de calculer les valeurs attendues (espérance mathématique) des observables correspondantes lors de mesures. Par exemple, si l'on souhaite calculer la valeur attendue de la position d'une particule, on utilise l'opérateur position X pour agir sur la fonction d'onde et obtenir la valeur moyenne attendue de la position.

Les opérateurs quantiques sont essentiels en mécanique quantique car ils relient les concepts théoriques aux résultats expérimentaux. Ils nous permettent de prédire les résultats des mesures quantiques et de comprendre le comportement des particules à l'échelle microscopique.

Mesure des Fluctuations

La mesure des fluctuations dans la mécanique quantique est un moyen de quantifier à quel point les propriétés physiques d'une particule ou d'un système peuvent varier lors de mesures répétées. Pour comprendre ces fluctuations, nous utilisons deux concepts clés : la valeur moyenne et l'écart-type.

- Valeur Moyenne ($\langle X \rangle$) : La valeur moyenne, également appelée espérance mathématique, représente la moyenne des résultats que l'on obtiendrait si l'on effectuait de nombreuses mesures identiques sur le système. Par exemple, pour quantifier les fluctuations de la position d'une particule, nous calculons la valeur moyenne de l'opérateur position ($\langle X \rangle$), ce qui nous donne la position moyenne attendue de la particule.

- Écart-type (ΔX) : L'écart-type est une mesure de la variation ou de la dispersion des résultats autour de la valeur moyenne. Plus l'écart-type est grand, plus les fluctuations sont importantes.

Pour quantifier les fluctuations de la position, nous calculons l'écart-type associé (ΔX) de l'opérateur position. Cela nous donne une idée de l'étendue des fluctuations possibles par rapport à la valeur moyenne.

En résumé, pour quantifier les fluctuations d'une propriété quantique, comme la position d'une particule, nous calculons la valeur moyenne ($\langle X \rangle$) pour avoir une idée du « point central » attendu, et l'écart-type (ΔX) pour mesurer la dispersion des résultats autour de cette valeur moyenne. Cela nous permet de mieux comprendre à quel point les mesures sont susceptibles de varier dans le monde quantique, où l'incertitude est une caractéristique fondamentale.

Principe d'incertitude d'Heisenberg

Rappelez-vous, ce principe dit que certaines paires de propriétés, comme la position et la quantité de mouvement, ne peuvent pas être parfaitement connues en même temps. Il y a toujours une sorte d'incertitude. Cela se traduit mathématiquement par l'inégalité d'Heisenberg : $\Delta X * \Delta P \geq \hbar/2$, où ΔX est l'incertitude sur la position, ΔP est l'incertitude sur la quantité de mouvement, et $\hbar$ est la constante de Planck réduite (une constante fondamentale de la mécanique quantique).

Les Technologies de Mesure Utilisées

La mesure directe des fluctuations quantiques est un défi technique considérable, car elles sont souvent très petites et sont intrinsèquement liées à l'incertitude quantique. Cependant, il existe des techniques et des instruments spécifiques. Voici quelques exemples :

Spectroscopie

Les spectromètres, tels que les spectromètres de masse et les spectromètres de résonance magnétique nucléaire (RMN), sont utilisés pour étudier les spectres d'absorption et d'émission de molécules et d'atomes. Les variations dans les spectres peuvent révéler des informations sur les fluctuations quantiques des niveaux d'énergie électronique et nucléaire.

La spectroscopie de résonance magnétique électronique (RME) est utilisée pour étudier les propriétés des spins électroniques dans des systèmes tels que les matériaux magnétiques ou les molécules organiques. Elle permet de mesurer les fluctuations quantiques des spins électroniques.

La spectroscopie Mössbauer est une technique utilisée pour étudier les fluctuations quantiques dans les niveaux d'énergie nucléaire. Elle est particulièrement utile pour l'étude des matériaux contenant des isotopes stables.

Microscopie

La microscopie à balayage tunnel (STM) et la microscopie à force atomique (AFM) permettent de mesurer les propriétés de surface des matériaux à l'échelle atomique.

Ces techniques peuvent révéler des variations quantiques dans la conductivité électrique, la topographie de surface, et d'autres propriétés.

Interférométrie

Les interféromètres, tels que l'interféromètre de Michelson, sont utilisés pour mesurer de manière extrêmement précise les différences de phase entre les ondes lumineuses.

Ils sont utilisés pour des expériences de haute précision visant à détecter des fluctuations quantiques dans le comportement de la lumière.

Expériences sur les Atomes Froids

Les expériences impliquant des gaz d'atomes ultra-froids, refroidis à des températures proches du zéro absolu, permettent d'observer directement des fluctuations quantiques.

Des techniques telles que la spectroscopie laser et la détection d'atomes uniques sont utilisées pour étudier les propriétés quantiques des atomes.

Expériences de Mesure Quantique

Dans les laboratoires de recherche quantique, des expériences spécifiques sont conçues pour étudier les fluctuations quantiques, par exemple, à l'aide de paires de particules intriquées (photoniques ou autres).

Détecteurs de Photons

Les détecteurs de photons, tels que les photomultiplicateurs et les détecteurs à avalanche de photons, sont utilisés pour mesurer des fluctuations dans le nombre de photons émis ou détectés, ce qui peut être important dans des expériences de photonique quantique.

Radiotélescopes

Les radiotélescopes, utilisés en radioastronomie, permettent de mesurer les fluctuations dans le rayonnement électromagnétique émis par des objets astronomiques, ce qui peut fournir des informations sur des processus astrophysiques quantiques.

Détecteurs de Particules Subatomiques

Des détecteurs sophistiqués, tels que les chambres à bulles, les calorimètres, les spectromètres de particules, et les détecteurs de traces, sont utilisés pour mesurer les fluctuations dans le comportement des particules subatomiques dans des expériences de physique des particules.

Détecteurs de Phonons

Pour étudier les vibrations quantiques dans les cristaux et les matériaux, des détecteurs de phonons peuvent être utilisés, mesurant ainsi les fluctuations dans l'énergie vibratoire des atomes.

Déchiffrer l'Information Quantique Primordiale

L'étude de l'information quantique provenant des fluctuations de l'Univers primitif se situe à l'intersection de la cosmologie, de la mécanique quantique et de la théorie de l'information.

Rappelez-vous, au cours des premiers instants de l'Univers, les fluctuations quantiques étaient présentes à toutes les échelles, de l'infiniment petit à l'infiniment grand. Ces fluctuations ont été cruciales dans la formation de la structure cosmique. Au fur et à mesure que l'Univers s'est étendu et refroidi, ces fluctuations ont été figées dans le fond diffus cosmologique, qui remplit l'Univers et constitue une sorte de « photo » des premiers instants de l'Univers.

L'intérêt réside dans la manière dont ces fluctuations ont été enregistrées dans le FCM. Des missions d'observation cosmologique, telles que le satellite Planck de l'Agence Spatiale européenne, ont cartographié le FCM avec une précision extraordinaire et les données de ces missions sont analysées avec des techniques d'analyse statistique avancées pour extraire des informations et répondre à des questions fondamentales sur l'origine de l'Univers, son évolution ultérieure et la nature de la matière et de l'énergie qui le composent.

Les Outils pour Mesurer les Fluctuations

La mesure des fluctuations quantiques primordiales est une entreprise scientifique extrêmement sophistiquée qui repose sur l'utilisation de technologies avancées et de données massives. Elle fait appel à une combinaison d'instruments terrestres et spatiaux, ainsi qu'à des techniques de pointe en cosmologie et en astronomie, notamment :

Télescopes du FCM

Les télescopes d'étude du FCM, tels que le satellite Planck de l'Agence Spatiale Européenne et les instruments du sol comme le South Pole Telescope (SPT) ou l'Atacama Cosmology Telescope (ACT), sont utilisés pour étudier le rayonnement fossile du Big Bang. Les fluctuations quantiques primordiales sont visibles dans les variations de température très subtiles de ce rayonnement à travers le ciel. Les télescopes d'étude du FCM mesurent ces variations avec une grande précision.

Télescopes et Sondes de Galaxies

Les instruments comme le Sloan Digital Sky Survey (SDSS) et le Dark Energy Survey (DES) cartographient d'énormes sections du ciel pour mesurer la distribution spatiale des galaxies à grande échelle. Ces cartes de galaxies permettent de mesurer les fluctuations dans la distribution de la matière à grande échelle, qui sont influencées par les fluctuations quantiques primordiales.

Polarimètres

Les polarimètres sont utilisés pour mesurer la polarisation de la lumière du fond cosmique micro-ondes. La polarisation de la lumière FCM contient des informations sur les fluctuations quantiques primordiales et peut être utilisée pour étudier les premiers instants de l'Univers.

Instruments de Spectroscopie

Les instruments de spectroscopie, tels que les spectromètres optiques et infrarouges, sont utilisés pour étudier la lumière émise par des objets célestes, y compris les galaxies lointaines. Ces spectres peuvent être analysés pour déterminer la composition chimique des objets et pour en apprendre davantage sur les conditions primordiales de l'Univers.

Ordinateurs et Simulations Numériques

Les chercheurs utilisent des supercalculateurs pour effectuer des simulations numériques complexes de l'évolution de l'Univers, en incluant les fluctuations quantiques primordiales. Ces simulations permettent de comparer les résultats observés avec les prédictions théoriques.

Comment Déchiffrer les Fluctuations

Les scientifiques analysent plusieurs caractéristiques spécifiques clés des fluctuations quantiques primordiales :

Échelle, Amplitude et Spectre de Puissance

Les chercheurs mesurent la taille des fluctuations à différentes échelles, c'est-à dire la distance sur laquelle s'étendent les fluctuations. Elle peut varier de très petites à très grandes distances. Imaginez une musique où chaque note représente une fluctuation. L'échelle serait la longueur de chaque note.

Certaines sont courtes comme des battements rapides, d'autres longues comme des notes tenues. De la même façon, certaines fluctuations couvrent de grandes étendues de l'espace, tandis que d'autres sont beaucoup plus confinées. Les fluctuations plus grandes peuvent conduire à la formation de grandes structures comme des amas de galaxies, tandis que les plus petites peuvent influencer la formation d'étoiles individuelles.

L'amplitude fait référence à l'intensité ou à la force des fluctuations. C'est une mesure de combien la densité de l'Univers varie en raison de ces fluctuations à un point donné ou sur une échelle donnée. Une amplitude plus élevée signifie que les différences entre les zones de haute et de basse densité sont plus grandes, ce qui peut conduire à une formation plus rapide de structures dans l'Univers. Reprenons l'exemple musical. Si l'échelle est la longueur de la note, l'amplitude serait le volume. Certaines notes (fluctuations) sont jouées fort (grandes variations de densité), tandis que d'autres sont plus douces (petites variations).

Le spectre de puissance est une représentation mathématique cruciale qui décrit comment les fluctuations de densité varient en fonction de l'échelle dans l'Univers. Imaginez que l'Univers soit comme une symphonie complexe, et chaque instrument (échelle spatiale) joue une note (fluctuation) à un certain volume (amplitude). Le spectre de puissance est comme la partition de cette symphonie, montrant non seulement quelle note est jouée et à quelle fréquence (la longueur d'onde des fluctuations), mais aussi combien chaque note est forte (l'amplitude des fluctuations). Les scientifiques analysent le spectre de puissance pour comprendre quelles échelles de fluctuations étaient les plus prédominantes dans l'Univers primitif, donnant des indices sur les forces et les processus qui ont façonné l'Univers dès ses premiers instants.

La Polarisation du FCM

La polarisation est un phénomène subtil mais révélateur qui offre un aperçu unique de l'Univers aux premiers stades de son existence. Imaginez le FCM comme la lumière du soleil qui passe à travers un store vénitien, où la lumière représente le rayonnement micro-onde primordial et les lames du store servent à « polariser » cette lumière. De manière similaire, la polarisation du FCM est le résultat de l'interaction de la lumière des premiers moments de l'Univers avec diverses particules et champs, agissant comme ces lames de store pour orienter les vibrations de cette lumière d'une certaine manière. Cette polarisation se présente sous deux modes principaux, appelés E et B, chacun portant des informations distinctes sur l'Univers primitif. Les modes E peuvent nous renseigner sur la vitesse et la direction des mouvements de la matière, tandis que les modes B, plus subtils, sont liés à des phénomènes plus exotiques comme les ondes gravitationnelles.

Pour mieux comprendre la différence entre les modes B et E de polarisation, imaginez que vous regardez la surface d'un étang. Les vagues sur l'étang peuvent faire des motifs. Certains de ces motifs sont droits et ordonnés, comme des lignes ou des rayures - pensez à cela comme les modes E, qui pourraient être causés par la vitesse à laquelle la matière se déplace dans l'Univers jeune. D'autres motifs sont plus tourbillonnants, comme des petits tourbillons ou des spirales - ces derniers sont les modes B.

Les scientifiques s'intéressent beaucoup aux modes B parce qu'ils pourraient être liés aux premiers instants de l'Univers et à des phénomènes puissants comme les ondes gravitationnelles primordiales, ces vagues géantes dans l'espace-temps créées juste après le Big Bang.

Distribution Statistique et Corrélations

La distribution statistique des fluctuations quantiques dans le FCM est comme le profil d'une foule immense dans un grand stade, où chaque personne représente une fluctuation de température ou de densité. Habituellement, on suppose que cette foule suit une distribution gaussienne, c'est-à-dire que la plupart des fluctuations sont proches de la moyenne avec quelques rares extrêmes, un peu comme la plupart des gens dans le stade sont d'une taille moyenne avec quelques individus remarquablement grands ou petits. Cette distribution est le reflet des conditions aléatoires et chaotiques des premiers instants après le Big Bang. Cependant, les chercheurs scrutent attentivement pour des signes de non-gaussianité – des déviations de cette distribution normale. Ces anomalies seraient comme des groupes de personnes se tenant par la main ou formant des motifs dans la foule, indiquant des interactions ou des règles sous-jacentes influençant leur distribution. La détection de non-gaussianités pourrait révéler des informations précieuses sur des phénomènes physiques complexes survenus dans l'Univers primordial, offrant des indices sur la nature de l'inflation, sur des particules exotiques, ou sur d'autres forces et champs qui ont façonné la trame de l'Univers.

Les corrélations entre les fluctuations dans le FCM peuvent être envisagées comme les modèles complexes que l'on observe en jetant un tas de cailloux dans un étang tranquille. Chaque caillou représente une fluctuation, et les ondulations qu'il crée sur l'eau sont comme les impacts de cette fluctuation sur l'Univers primitif. Lorsque ces ondulations se rencontrent et interagissent, elles créent un réseau de motifs superposés - des corrélations. De même, dans le FCM, les corrélations entre les fluctuations décrivent comment les variations de température ou de densité à un point de l'espace sont liées à celles en d'autres points. Ces motifs ne sont pas aléatoires ; ils reflètent les forces physiques et les conditions initiales qui ont régi l'Univers peu après le Big Bang. En étudiant ces corrélations, les scientifiques peuvent comprendre non seulement la manière dont les structures cosmiques ont commencé à se former, mais aussi les propriétés de l'Univers aux échelles les plus grandes, comme sa géométrie et sa composition. Comme les motifs sur l'eau révèlent la taille et la vitesse des cailloux jetés, les corrélations dans le FCM nous renseignent sur les processus physiques et les composants fondamentaux de notre Univers.

Autres Caractéristiques des Fluctuations

D'autres caractéristiques sont également pertinentes pour étudier les fluctuations quantiques primordiales :

- Le spectre d'indice scalaire (n_s) : Il décrit comment le spectre de puissance des fluctuations change avec l'échelle. Plus précisément, il nous indique si les petites fluctuations sont plus ou moins communes que les grandes fluctuations. Si le spectre d'indice scalaire est légèrement inférieur à 1, cela suggère que les petites fluctuations s sont plus communes. Si le nombre est légèrement supérieur à 1, cela indique que les grandes fluctuations sont plus communes.

- Le rapport tenseur-scalaire (r) : Cela concerne le rapport entre l'amplitude des ondes gravitationnelles primordiales (tenseur) et l'amplitude des fluctuations de densité (scalaire). Un r élevé indique une prédominance des ondes gravitationnelles, révélant des détails sur l'inflation cosmique, tandis qu'un r faible suggère que ces ondes étaient rares par rapport aux fluctuations de densité, offrant une perspective différente sur les conditions primitives de l'Univers.

- Les bispectres et trispectres : Ces outils sont utilisés pour comprendre l'interaction complexe entre différentes fluctuations. Les bispectres nous aident à comprendre comment deux fluctuations peuvent se combiner pour en influencer une troisième. Les trispectres nous montrent comment trois fluctuations peuvent interagir pour influencer une quatrième fluctuation. Cette information est cruciale parce que les interactions peuvent révéler bien plus que les actions individuelles.

- Les anisotropies de température : Elles concernent les variations de température dans le FCM, un peu comme une carte météo de l'espace lointain, montrant où il faisait plus chaud ou plus froid dans l'Univers jeune. Ces variations de température nous donnent des indices précieux sur la façon dont la matière était répartie et comment elle a commencé à s'agglutiner pour former les galaxies et les étoiles. Elles sont similaires mais différentes de la polarisation, une autre façon de mesurer la lumière ancienne, offrant une autre perspective sur ces premiers instants cruciaux de l'Univers.

- Les effets de lentille gravitationnelle : Dans l'espace, quand la lumière des objets très lointains, comme le FCM, passe à proximité d'objets très massifs comme les grandes galaxies ou les amas de galaxies, la gravité de ces objets massifs agit comme une loupe et déforme la lumière. Cette déformation peut étirer, courber ou même multiplier les images que nous voyons. En étudiant comment cette lumière est déformée, les scientifiques peuvent comprendre où et comment la matière (y compris la matière sombre invisible) est distribuée dans l'Univers, et comment elle affecte l'espace autour d'elle à différentes échelles.

Il est intéressant de noter que différents modèles d'inflation prédisent différentes caractéristiques des fluctuations quantiques. Les détails de ces modèles peuvent donc influencer la forme exacte du spectre de puissance et d'autres caractéristiques.

De plus, dans les premiers instants de l'Univers, il est possible qu'il y ait eu des changements majeurs appelés « transitions de phase cosmiques ». Ces transitions sont comme des étapes cruciales où l'Univers a changé d'état, un peu comme l'eau qui passe de liquide à glace. Si ces transitions se sont vraiment produites, elles auraient agité l'Univers de manière spécifique, laissant des empreintes uniques dans les fluctuations quantiques.

Dans tous les cas, en combinant toutes ces données, les chercheurs peuvent élaborer des modèles détaillés qui permettent de reconstruire l'histoire des fluctuations quantiques primordiales, d'en apprendre davantage sur les conditions initiales de l'Univers et de contraindre les paramètres cosmologiques essentiels, tels que la densité de matière, la densité de matière noire, de l'énergie sombre, et la géométrie de l'Univers.

Information Quantique Primordiale et Forces Fondamentales

La Gravité

La gravité joue un rôle fondamental dans les fluctuations quantiques primordiales.

Imaginez que l'Univers soit comme la surface d'une immense étendue d'eau calme. Lorsque quelque chose de très lourd, comme une grosse pierre, tombe dans cette eau, cela crée des vagues ou des ondulations qui se propagent à travers toute l'étendue. De la même manière, dans l'espace, lorsque quelque chose de très massif bouge rapidement ou de manière violente, comme deux énormes trous noirs qui entrent en collision, cela crée des ondulations dans le tissu même de l'espace-temps. Ces ondulations sont appelées ondes gravitationnelles.

Maintenant, quand on parle d'ondes gravitationnelles « primordiales », on remonte beaucoup plus loin dans le temps, jusqu'aux premiers instants de l'Univers, juste après le Big Bang. À cette époque, l'Univers était extrêmement chaud, dense et dynamique. De petits changements rapides, des sortes de « tremblements » dans le jeune Univers, auraient créé des ondulations dans l'espace-temps, un peu comme des vagues initiales dans notre étendue d'eau. Elles peuvent être issues de divers phénomènes, mais l'on pense qu'une source majeure est l'inflation cosmique, qui est rappelez-vous une période d'expansion extrêmement rapide qui a étiré l'espace.

Bien que les scientifiques aient détecté des ondes gravitationnelles provenant de sources telles que la fusion de trous noirs ou d'étoiles à neutrons, les ondes gravitationnelles primordiales issues de l'inflation cosmique n'ont pas encore été directement observées.

Leur détection représenterait une percée majeure en cosmologie pour plusieurs raisons :

1. Confirmation de l'Inflation : Détecter ces ondes gravitationnelles primordiales fournirait une preuve solide de l'inflation. Cette période d'inflation est cruciale pour expliquer plusieurs observations cosmologiques, mais une confirmation directe reste insaisissable.

2. Compréhension des Conditions Primordiales : Ces ondes porteraient des informations sur l'état de l'Univers dans ces premiers moments, y compris des détails sur l'énergie, la température, et d'autres conditions physiques extrêmes qui ne sont pas accessibles par d'autres moyens.

3. Tests de Physique Fondamentale : La détection permettrait de tester des théories de la physique à des énergies et dans des conditions qui ne sont pas réalisables dans les expériences terrestres, offrant un aperçu des théories de la gravité quantique et d'autres aspects fondamentaux de la physique.

Les efforts pour détecter ces ondes gravitationnelles primordiales se poursuivent et impliquent des expériences et des observations sophistiquées, comme l'étude de la polarisation du FCM et des projets d'observatoires d'ondes gravitationnelles dans l'espace.

Voici où et comment les fluctuations quantiques interviennent dans ce contexte :

- Dans le spectre de puissance : Le spectre de puissance des fluctuations, en particulier le rapport tenseur-scalaire (r), fait directement référence aux ondes gravitationnelles primordiales. Ces ondes sont des fluctuations dans la courbure de l'espace-temps lui-même, générées durant l'inflation. Un « r » non nul indiquerait la présence de ces ondes gravitationnelles.

- Effets de lentille gravitationnelle sur le FCM : Les effets de lentille gravitationnelle sur FCM sont directement dus à la gravité. La lumière du FCM est légèrement déformée par la gravité des grandes structures de matière qu'elle traverse sur son chemin vers nous. Cela modifie légèrement les patrons de fluctuations que nous observons.

- Les modes B de polarisation : Ces modes sont particulièrement intéressants parce qu'ils peuvent être causés par des ondes gravitationnelles primordiales. Cela signifie que la détection des modes B pourrait offrir une preuve directe des effets de la gravité (sous forme d'ondulations dans l'espace-temps) dans l'Univers primitif.

- Corrélations entre les fluctuations : La gravité est le mécanisme par lequel les fluctuations initiales de densité (elles-mêmes des résultats de fluctuations quantiques primordiales) grandissent et forment la structure à grande échelle de l'Univers. La façon dont ces fluctuations sont corrélées à différentes échelles dépend en grande partie de la gravité.

Ensemble, les ondes gravitationnelles primordiales et les fluctuations quantiques offrent une image plus complète de l'Univers primitif. Les fluctuations quantiques nous renseignent sur la formation de la structure à grande échelle, tandis que les ondes gravitationnelles primordiales nous informent sur la dynamique de l'espace-temps lui-même à ces époques reculées.

Les ondes gravitationnelles primordiales sont donc une sorte d'empreinte fossile de ces premiers moments de l'Univers. Cependant, leur étude est extrêmement difficile, car elles sont incroyablement faibles par rapport aux ondes gravitationnelles que nous pouvons détecter provenant de sources comme la fusion de trous noirs ou d'étoiles à neutrons.

L'Électromagnétisme

L'électromagnétisme joue un rôle dans les fluctuations quantiques primordiales, bien que de manière moins directe et évidente que la gravité. Voici comment l'électromagnétisme intervient dans ce contexte :

- Les fluctuations dans la température et la polarisation du FCM reflètent les fluctuations de densité de l'Univers primitif. Ces fluctuations de densité ont affecté la façon dont la lumière (rayonnement électromagnétique) a voyagé à travers l'espace, créant les motifs que nous observons aujourd'hui dans le FCM.

- La polarisation du FCM est liée à la façon dont les photons ont interagi avec les électrons (par le biais de la diffusion Thomson, un processus électromagnétique) peu de temps avant la recombinaison. Cette interaction a créé deux types de motifs de polarisation, connus sous le nom de modes E et B. Ces motifs portent des informations précieuses sur les conditions dans l'Univers primitif, y compris les ondes gravitationnelles primordiales et les fluctuations de densité.

- Les photons du FCM sont déviés lorsqu'ils passent près de structures massives en raison de la gravité (effet de lentille gravitationnelle). Bien que ce soit un effet gravitationnel, ce qu'il dévie est le rayonnement électromagnétique (la lumière du FCM). Les mesures des effets de lentille sur le FCM peuvent donc nous informer sur la répartition de la matière (qui est elle-même influencée par les forces électromagnétiques à l'échelle atomique et moléculaire) dans l'Univers.

- Les fluctuations de densité dans l'Univers primitif ont conduit à la formation des premières structures, comme les étoiles et les galaxies. L'électromagnétisme est la force qui contrôle la formation des atomes et des molécules, et qui détermine comment la matière normale (baryonique) interagit avec la lumière. Ainsi, bien que les fluctuations initiales puissent être principalement dictées par la gravité, leur évolution ultérieure et la manière dont elles deviennent les structures que nous observons aujourd'hui sont fortement influencées par l'électromagnétisme.

En somme, l'électromagnétisme n'est pas la force primaire derrière les fluctuations quantiques primordiales elles-mêmes (c'est plutôt le domaine de la gravité et de la mécanique quantique), mais il joue un rôle crucial dans la façon dont ces fluctuations interagissent avec la matière et le rayonnement, et donc dans la façon dont elles nous parviennent sous forme de signaux observables comme le FCM. C'est à travers l'interaction de la lumière avec la matière dans l'Univers primitif que nous pouvons voir et interpréter les empreintes de ces fluctuations primordiales.

L'Interaction Nucléaire Faible

L'interaction nucléaire faible joue un rôle indirect mais significatif dans l'évolution de l'Univers primitif et peut influencer les fluctuations quantiques primordiales de diverses manières :

- Nucléosynthèse primordiale : Peu après le Big Bang, l'Univers a traversé une phase appelée nucléosynthèse primordiale, où les premiers noyaux atomiques se sont formés. Pendant cette période, l'Univers était assez chaud et dense pour que les réactions nucléaires se produisent, formant des éléments plus légers comme l'hydrogène, l'hélium, et une petite quantité de lithium. L'interaction nucléaire faible est cruciale pour déterminer la quantité de chaque élément formé. Par exemple, elle régit le taux auquel les neutrons se transforment en protons par désintégration bêta, affectant ainsi le rapport neutron/proton au moment de la nucléosynthèse et déterminant la quantité d'hélium et d'autres éléments légers produits.

- Évolution des Fluctuations de Densité : Les fluctuations de densité dans l'Univers primitif sont le germe des futures structures comme les galaxies et les amas de galaxies. La manière dont la matière (et l'énergie) était distribuée et interagissait dans l'Univers primitif a influencé la manière dont ces structures se sont formées. Bien que de manière indirecte, l'interaction nucléaire faible a influencé la quantité de matière baryonique (matière ordinaire) présente sous forme de différents éléments après la nucléosynthèse. Cela, à son tour, a des implications pour la façon dont la matière s'est agglomérée sous l'influence de la gravité.

- Découplage des Neutrinos : Peu de temps après le Big Bang, l'Univers était si chaud et dense que les neutrinos, des particules qui interagissent principalement par l'interaction faible, étaient en équilibre thermique avec le reste de la matière et du rayonnement. À mesure que l'Univers se refroidissait, les neutrinos se sont « découplés » et ont cessé d'interagir de manière significative avec la matière ordinaire. L'interaction faible régit le découplage des neutrinos. Les neutrinos découplés constituent un fond de neutrinos cosmiques, et leur distribution spatiale et leur énergie pourraient influencer légèrement les fluctuations quantiques primordiales et la formation ultérieure de la structure à grande échelle.

- Énergie Sombre et Potentielle du Vide : Certaines théories spéculent que l'interaction nucléaire faible pourrait être liée à l'énergie du vide ou à l'énergie sombre en raison de son rôle dans les processus de symétrie brisée dans l'Univers primitif. Si ces idées se confirment, alors l'interaction nucléaire faible pourrait avoir un rôle indirect mais fondamental dans la manière dont l'Univers a évolué après les fluctuations quantiques primordiales.

Voici une explication plus développée de ces idées :

- Interaction Nucléaire Faible et Symétrie Brisée : L'interaction nucléaire faible est connue pour jouer un rôle dans les processus de brisure de symétrie dans l'Univers primitif. La brisure de symétrie se réfère à la situation où un état plus symétrique de l'Univers devient moins symétrique à mesure qu'il refroidit et se dilate. Par exemple, dans les premiers moments de l'Univers, toutes les forces fondamentales auraient pu être unifiées, mais à mesure que l'Univers s'est refroidi, ces forces se sont « séparées » ou différenciées. Un exemple célèbre de brisure de symétrie impliquant l'interaction nucléaire faible est la brisure de symétrie électrofaible. Aux énergies extrêmement élevées du jeune Univers, l'électromagnétisme et l'interaction nucléaire faible auraient été unifiés en une seule force. À mesure que l'Univers se refroidissait, cette symétrie s'est brisée, menant aux forces distinctes que nous observons aujourd'hui.

- Énergie du Vide : L'énergie du vide, également appelée énergie du point zéro, est une conséquence de la mécanique quantique. Même dans ce que nous considérons comme un « vide », il y a des fluctuations quantiques qui contribuent à l'énergie totale de l'espace. Cette énergie du vide est impliquée dans plusieurs phénomènes physiques. Dans les théories où l'interaction nucléaire faible est liée à l'énergie du vide, les scientifiques spéculent que les processus de symétrie brisée associés à l'interaction faible pourraient affecter ou être affectés par l'énergie du vide. Par exemple, la manière dont la symétrie électrofaible se brise pourrait influencer les caractéristiques de l'énergie du vide, ou vice versa.

- Énergie Sombre : L'énergie sombre est une forme hypothétique d'énergie qui serait responsable de l'accélération de l'expansion de l'Univers. Sa nature reste l'un des plus grands mystères de la physique. Si l'énergie du vide et l'énergie sombre sont liées (l'énergie du vide étant une candidate potentielle pour l'énergie sombre), et si l'interaction nucléaire faible affecte l'énergie du vide à travers les processus de symétrie brisée, alors il pourrait y avoir un lien indirect mais profond entre l'interaction faible et l'énergie sombre. Les détails exacts de ce lien sont l'objet de recherches théoriques et sont loin d'être compris ou confirmés.

En résumé, l'interaction nucléaire faible ne joue pas un rôle direct dans les fluctuations quantiques primordiales de la même manière que la gravité. Cependant, elle a influencé la nature et la distribution de la matière dans l'Univers primitif, ce qui a indirectement affecté la manière dont ces fluctuations se sont manifestées et évoluées au fil du temps. Comprendre l'interaction nucléaire faible et son impact sur les premiers moments de l'Univers est crucial pour déchiffrer l'histoire complète de l'Univers et de ses structures à grande échelle.

L'Interaction Nucléaire Forte

L'Interaction Nucléaire Forte joue un rôle crucial dans les premiers instants de l'Univers, influençant indirectement les fluctuations quantiques primordiales :

- Nucléosynthèse primordiale : Quelques minutes après le Big Bang, les premiers noyaux atomiques se sont formés, lorsque l'Univers avait suffisamment refroidi pour que les protons et les neutrons puissent s'unir pour former des noyaux plus lourds. L'interaction nucléaire forte est la force qui lie ces protons et ces neutrons ensemble dans les noyaux. Sans elle, les noyaux atomiques ne pourraient pas se former. La quantité d'hélium et d'autres éléments légers produits pendant cette période dépend fortement des détails de l'interaction nucléaire forte.

- Évolution des Fluctuations de Densité : Bien que l'interaction nucléaire forte n'influence pas directement les fluctuations quantiques primordiales à grande échelle, elle a déterminé la quantité de matière baryonique (protons, neutrons) disponible en fixant les proportions des éléments lors de la nucléosynthèse primordiale. La distribution de cette matière a ensuite joué un rôle dans la manière dont la matière s'est agglomérée sous l'influence de la gravité.

- État Quark-Gluon : Dans les premiers instants de l'Univers, avant la nucléosynthèse, l'Univers était si chaud et dense que les protons et les neutrons ne pouvaient pas exister sous leur forme stable. Au lieu de cela, la matière était dans un état de plasma de quarks et de gluons, où les quarks (les constituants des protons et neutrons) et les gluons (les particules qui médiatisent l'interaction forte) étaient libres et non confinés. La nature de l'Univers primitif pendant cette phase quark-gluon était fortement influencée par les propriétés de l'interaction forte. Alors que l'Univers se refroidissait et que les quarks se confinaient pour former des protons et des neutrons, l'interaction nucléaire forte a joué un rôle déterminant dans la transition de cet état de plasma quark-gluon à l'état de matière composée de noyaux atomiques.

En somme, bien que l'interaction nucléaire forte ne soit pas directement liée aux fluctuations quantiques primordiales de la même manière que la gravité, elle a joué un rôle crucial dans la détermination de l'état de la matière dans l'Univers primitif et, par conséquent, dans la façon dont cette matière a réagi aux et influencé les fluctuations initiales. La compréhension de l'interaction nucléaire forte est donc essentielle pour déchiffrer l'histoire de l'Univers aux premiers instants après le Big Bang.

Le Paradoxe de l'Information Noire

Le paradoxe de l'information noire est l'une des énigmes les plus intrigantes de la cosmologie. Ce paradoxe, qui mêle des concepts de physique quantique, de relativité générale et de gravité quantique, nous emmène dans un voyage au cœur des trous noirs, ces astres cosmiques aux propriétés extraordinaires, où la matière et l'information semblent défier toutes les lois connues de la physique.

Pour comprendre le paradoxe de l'information noire, commençons par revoir ce qu'est un trou noir et comment il se forme.

Un trou noir est une région de l'espace où la gravité est si intense que rien, ni même la lumière, ne peut s'échapper de son emprise. Cette caractéristique extraordinaire est due à l'effondrement gravitationnel d'une étoile massive en fin de vie. Lorsque la masse d'une étoile est suffisamment grande, la pression gravitationnelle à l'intérieur devient incommensurable, provoquant l'effondrement de l'étoile sur elle-même. Cette implosion génère un trou noir.

Le concept de trou noir a été formulé pour la première fois par le physicien théoricien John Michell en 1783, mais il faudra attendre le 20ᵉ siècle pour que la relativité générale d'Albert Einstein fournisse un cadre mathématique précis pour décrire ces objets mystérieux.

L'un des aspects les plus intrigants des trous noirs est ce que l'on appelle l'horizon des événements. Il s'agit d'une limite invisible qui entoure un trou noir et marque le point de non-retour pour tout objet ou information qui s'approche trop près. Une fois franchi l'horizon des événements, plus rien ne peut échapper à la force gravitationnelle implacable du trou noir.

L'horizon des événements agit comme une frontière entre notre Univers observable et l'inconnu, et c'est précisément là que le mystère de l'information noire entre en scène.

Imaginez que vous jetez un livre dans un trou noir. Selon les lois de la physique classique, l'information contenue dans ce livre devrait être détruite par les forces colossales à l'intérieur du trou noir. Après tout, la matière qui entre dans un trou noir finit par être comprimée en une singularité, un point où la densité est infinie, et toute trace de ce qui est tombé à l'intérieur semble avoir disparu.

Cependant, il y a un problème fondamental. La physique quantique, qui régit le monde des particules subatomiques, pose une règle fondamentale : l'information ne peut pas être détruite. Dans l'Univers quantique, l'information est sacrée. Elle doit être conservée et ne peut pas être effacée. Cette règle est connue sous le nom de "principe de conservation de l'information".

Le paradoxe de l'information noire découle du conflit apparent entre la gravité, telle que décrite par la relativité générale, et la mécanique quantique. D'un côté, la relativité générale nous dit que l'information est irrémédiablement engloutie par le trou noir, de l'autre, la mécanique quantique exige qu'elle soit préservée.

Pour résoudre ce paradoxe, nous devons plonger dans les profondeurs du trou noir lui-même, où un phénomène intrigant entre en jeu : la radiation Hawking.

Le physicien britannique Stephen Hawking a proposé en 1974 que les trous noirs n'étaient pas complètement noirs, mais émettaient une faible radiation thermique en raison des fluctuations quantiques près de leur horizon des événements. Cette radiation, aujourd'hui appelée radiation Hawking, est une conséquence de la mécanique quantique à proximité des trous noirs.

La radiation Hawking a des implications profondes pour le paradoxe de l'information noire. Elle suggère que les trous noirs peuvent en fait perdre de la masse et de l'énergie au fil du temps en émettant cette radiation. Cela signifie que les trous noirs ne sont pas des puits de gravité éternels, mais qu'ils peuvent s'évaporer lentement.

L'idée clé ici est que l'information sur la matière qui tombe dans un trou noir est-elle aussi emportée par la radiation Hawking lors de l'évaporation du trou noir. En d'autres termes, l'information qui semblait perdue est en réalité codée dans les particules de la radiation Hawking. Si c'est le cas, alors le principe de conservation de l'information de la mécanique quantique est préservé.

Cependant, même si cette idée résout en partie le paradoxe de l'information noire, elle soulève de nouvelles questions fascinantes. Comment cette information est-elle codée dans la radiation Hawking ? Comment peut-on récupérer cette information ? Peut-on un jour accéder à cette connaissance encodée dans l'Univers des trous noirs ?

La recherche sur les trous noirs et le paradoxe de l'information noire est en plein essor. Les astronomes utilisent des télescopes avancés pour étudier les signaux provenant de trous noirs dans l'espoir de résoudre l'énigme. Les théoriciens travaillent à développer des modèles mathématiques plus précis pour décrire ce qui se passe à l'intérieur de ces objets cosmiques. De plus, les expériences menées dans des accélérateurs de particules comme le Grand Collisionneur de Hadrons (LHC) au CERN permettent aux chercheurs de tester les théories de la gravité quantique et d'explorer les conditions extrêmes qui existent à proximité des trous noirs.

En conclusion, dans ce quatrième chapitre, nous avons examiné la théorie du Big Bang et contemplé son lien mystérieux avec les particules quantiques. Ainsi, nous avons découvert qu'une explosion primordiale a non seulement donné naissance à l'Univers mais a également implanté les graines de toute l'information présente dans notre cosmos, encodée dans les fluctuations quantiques du champ quantique primordial. Nous avons aussi contemplé le paradoxe de l'information noire, qui remet en question notre compréhension même de la physique moderne.

Dans le prochain chapitre, nous allons approfondir notre exploration et chercher à comprendre si un code sous-jacent pourrait régir l'ensemble de l'Univers. Nous explorerons la Théorie Unifiée des Champs, qui tente de relier toutes les forces fondamentales de la nature, et nous plongerons dans des Modèles Basés sur l'Information Quantique qui offrent des perspectives révolutionnaires sur la structure de la réalité. Nous considérerons également d'Autres Hypothèses sur le Code Cosmique, repoussant les limites de notre imagination et de notre compréhension. Ce voyage à travers la physique et la métaphysique nous amènera à questionner et à repenser ce que nous savons de l'Univers.

5

La Quête d'un Code Cosmique

Dans ce cinquième chapitre, nous plongerons au cœur de l'une des plus grandes énigmes de la science moderne : l'existence d'un code Universel sous-jacent, régissant toutes les lois et les phénomènes de notre Univers. Ce chapitre est divisé en trois parties, chacune apportant un éclairage unique sur la recherche en cours dans ce domaine.

Dans la première partie, nous plongerons dans les efforts incessants des physiciens pour relier toutes les forces fondamentales de la nature. Cette quête d'unification, initiée par des esprits tels qu'Einstein, continue de façonner la recherche contemporaine, nous rapprochant peut-être de la découverte d'une Théorie du Tout qui pourrait expliquer les mystères les plus profonds de l'Univers.

Puis, nous examinerons comment la théorie de l'information, entrelacée avec la mécanique quantique, offre des perspectives révolutionnaires. Ici, l'information n'est pas seulement un moyen de communiquer ou de stocker des connaissances, mais elle devient une composante fondamentale de la trame même de la réalité.

Enfin, la troisième partie nous amènera à considérer l'élégante simplicité des mathématiques qui sous-tend l'Univers. Nous explorerons l'idée que des structures mathématiques complexes pourraient ne pas être de simples outils de compréhension, mais plutôt des éléments intrinsèques de la structure de l'Univers lui-même.

Ce chapitre nous mènera à travers les théories les plus avancées et les plus audacieuses de la physique, la métaphysique et la philosophie, nous invitant à repenser non seulement l'Univers dans lequel nous vivons, mais aussi la manière dont nous le comprenons, nous rappelant que l'Univers est un puzzle complexe en constante évolution, et que la quête d'un code cosmique pour le décrypter est une aventure intellectuelle passionnante.

La Théorie Unifiée des Champs

La théorie unifiée des champs est l'un des piliers fondamentaux de la physique théorique, visant à décrire l'ensemble de l'Univers en utilisant un cadre mathématique cohérent. Cette théorie ambitieuse cherche à unifier les quatre interactions fondamentales qui gouvernent la nature, soit la gravité, l'électromagnétisme, et les forces nucléaires faible et forte, sous un même formalisme. Dans cette exploration de la théorie unifiée des champs, nous plongerons dans son développement, ses tentatives pour décrypter les mystères de l'Univers, et son potentiel pour éclairer certains des phénomènes les plus énigmatiques de notre cosmos.

Introduction à la Théorie du Tout

Le Modèle Standard

Le Modèle Standard de la physique des particules est une théorie qui a révolutionné notre compréhension de l'Univers à son niveau le plus fondamental. Il décrit comment les particules élémentaires constituent la matière et interagissent à travers des forces fondamentales, à l'exception notable de la gravité.

Au cœur du Modèle Standard se trouvent les particules de matière, divisées en deux familles principales : les quarks et les leptons. Les quarks se combinent pour former des particules comme les protons et les neutrons. Il y a six types de quarks, chacun avec des caractéristiques uniques. De l'autre côté, nous avons les leptons, qui incluent les électrons, les muons, les taus, et les neutrinos. Les électrons sont particulièrement bien connus pour leur rôle dans la formation des atomes et des molécules.

Les interactions entre ces particules sont médiées par des particules appelées bosons de jauge. Le photon, par exemple, est le médiateur de la force électromagnétique, responsable de tout, de la lumière à la chimie. Les bosons W et Z sont responsables de la force faible, une force qui est à l'origine de certains types de désintégration radioactive. Ensuite, il y a les gluons, qui, comme leur nom l'indique, agissent comme une colle puissante tenant les quarks ensemble grâce à la force forte.

Une des découvertes les plus marquantes a été celle du boson de Higgs, une particule qui confère leur masse aux autres particules par le biais de son interaction avec un champ omniprésent, le champ de Higgs. La détection du boson de Higgs en 2012 au Grand Collisionneur de Hadrons a marqué une avancée majeure, confirmant une prédiction cruciale du Modèle Standard.

Cependant, aussi impressionnant soit-il, le Modèle Standard n'est pas complet. Il ne tient pas compte de la gravité, décrite par la relativité générale d'Einstein. Il n'a pas non plus prédit initialement la masse des neutrinos, ces particules fantomatiques qui traversent la matière comme si elle n'existait presque pas. De plus, il ne peut pas expliquer la matière noire ou l'énergie sombre, qui semblent dominer la structure de l'Univers.

L'Objectif de la Théorie Unifiée

La théorie unifiée des champs représente le Saint Graal de la physique. Son objectif principal est d'élaborer une seule théorie capable d'unifier les quatre forces fondamentales de la nature : la gravité, l'électromagnétisme, et les forces nucléaires forte et faible. Depuis les travaux pionniers de James Clerk Maxwell qui ont unifié l'électricité et le magnétisme en une seule théorie cohérente, connue sous le nom d'électromagnétisme, les physiciens ont rêvé d'une théorie similaire qui englobrait toutes les forces.

Einstein a passé les dernières années de sa vie à la recherche de cette théorie unifiée, mais sans succès. Le défi est colossal : comment intégrer la relativité générale, qui décrit la gravité et s'applique à des échelles cosmiques, avec la mécanique quantique, qui régit le monde subatomique ? Ce mariage de la grande et de la petite échelle reste l'un des problèmes les plus complexes et les plus passionnants de la physique contemporaine.

L'Importance de la Gravité Quantique

Le concept de « gravité quantique » est une pièce maîtresse dans le puzzle de cette théorie unifiée. Elle vise à expliquer la gravité, mais dans le cadre de la physique quantique. En effet, actuellement, la théorie de la relativité d'Einstein domine notre compréhension de la gravité, mais elle ne s'applique pas au monde de l'infiniment petit et de la mécanique quantique. La gravité quantique vise à créer ce lien physique qui fonctionnerait pour tout, de l'infiniment grand à l'infiniment petit.

De nombreuses approches existent, comme la théorie des cordes ou la gravité quantique à boucles, mais aucune n'a encore réussi à fournir une explication complète et cohérente. Une compréhension réussie de la gravité quantique pourrait non seulement unifier les forces fondamentales mais aussi répondre à des questions sur la naissance et le destin ultime de l'Univers.

Le Rôle des Trous Noirs dans la Recherche

Les trous noirs, ces objets mystérieux et fascinants, jouent un rôle clé dans la recherche d'une théorie unifiée. En effet, ils sont des laboratoires naturels pour tester les idées de la gravité quantique car ils défient notre compréhension avec des singularités où les lois de la physique telles que nous les connaissons cessent de s'appliquer, et avec l'horizon des événements, au-delà duquel aucune information ne peut s'échapper.

Les récentes observations de trous noirs, comme la première image par le projet « Event Horizon Telescope », offrent des indices précieux. Ils pourraient être la clé pour débloquer les mystères de la gravité quantique et, par extension, pour la réalisation de la théorie unifiée des champs.

Les Fondements de la Théorie Unifiée des Champs

La théorie unifiée des champs représente une pierre angulaire de la physique moderne, offrant un cadre pour comprendre comment les forces fondamentales de l'Univers opèrent. Cette théorie, qui peut sembler abstraite, a des implications profondes et pratiques dans notre compréhension du monde.

Qu'est-ce qu'une Théorie des Champs ?

Une théorie des champs est une théorie physique qui décrit comment les champs, qui sont des entités non matérielles, souvent des forces ou de l'énergie, s'étendent dans l'espace et le temps et interagissent avec les particules. Un champ peut être visualisé comme une carte qui attribue une valeur à chaque point de l'espace et de temps. Ces théories sont cruciales pour décrire les interactions fondamentales, telles que la gravité, l'électromagnétisme, et les forces nucléaires.

Imaginez que vous avez un tapis invisible étendu sur toute la pièce. Ce tapis représente un champ dans la théorie des champs. Maintenant, imaginez que ce tapis n'est pas juste plat et inactif ; il a des vagues et des mouvements partout, influencés par des choses que vous posez dessus, comme des balles ou des livres.

Chaque objet que vous mettez sur le tapis va créer une petite dépression ou un changement, représentant comment les particules interagissent avec le champ.

Ce tapis invisible n'est pas fait de matière, mais il a une présence : il peut être un champ de gravité, électromagnétique, ou autre. Chaque point sur le tapis a une valeur spécifique, comme une hauteur ou une intensité, qui change avec le temps et l'espace. Par exemple, si vous jetez une balle sur le tapis, la forme et la hauteur du tapis vont changer là où la balle atterrit et se déplace.

Les théories des champs essaient de comprendre et d'expliquer ces tapis invisibles, comment ils se comportent, et comment ils affectent et sont affectés par d'autres objets (comme les particules). Ces théories sont très importantes car en comprenant ces champs et leurs interactions, les scientifiques peuvent expliquer et prédire une énorme variété de phénomènes naturels.

Ainsi, les théories des champs trouvent leurs applications dans une variété de domaines. En physique des particules, elles sont utilisées pour décrire comment les particules élémentaires comme les quarks et les leptons interagissent. En cosmologie, elles aident à expliquer la structure à grande échelle de l'Univers et les phénomènes comme l'inflation cosmique. Même en technologie, les principes de la théorie des champs sont exploités, par exemple, dans la conception des accélérateurs de particules et des appareils d'imagerie médicale.

Les Composants Essentiels d'une Théorie des Champs

Champs et Particules

Au cœur de la théorie des champs se trouvent les concepts de champs et de particules. Les champs peuvent être vus comme l'infrastructure fondamentale de l'Univers, agissant comme des médiateurs entre les particules.

Par exemple, le champ électromagnétique permet aux particules chargées de s'influencer mutuellement même à distance. Cette interaction se fait via l'échange de particules - dans le cas de l'électromagnétisme, ce sont les photons.

Imaginez que vous et un ami tenez chacun un aimant. Même sans se toucher, vous pouvez sentir une force lorsque vous les rapprochez ou les éloignez l'un de l'autre. C'est un peu comme ça que les champs électromagnétiques fonctionnent. Ils permettent aux particules chargées, comme des électrons, d'influencer d'autres particules chargées même lorsqu'elles sont éloignées.

Maintenant, imaginez que l'espace entre vous et votre ami est rempli d'une multitude de petites balles invisibles qui se déplacent constamment d'un aimant à l'autre. Ces balles sont comme les photons dans un champ électromagnétique. Quand vous bougez un aimant, vous envoyez une vague de ces balles invisibles vers l'autre, transmettant la force à travers l'espace. C'est ainsi que les particules chargées « communiquent » et s'influencent mutuellement à distance dans un champ électromagnétique. Les photons sont les messagers, transportant l'information et la force de l'une à l'autre, permettant des interactions comme la lumière du soleil qui atteint la Terre ou le signal radio qui est capté par votre téléphone.

Le Lagrangien et Équations de Champs

Le Lagrangien, une fonction fondamentale en physique et en analyse mécanique, porte le nom du mathématicien et astronome italien Joseph-Louis Lagrange. Lagrange a été une figure clé dans le développement de la mécanique analytique, un domaine de la physique qui se concentre sur le mouvement des objets en utilisant des techniques mathématiques avancées.

Le Lagrangien, souvent noté L, est une formulation qui est au cœur de la mécanique lagrangienne, une reformulation de la mécanique classique introduite par Lagrange en 1788 dans son œuvre « Mécanique Analytique ». Cette approche était révolutionnaire car elle offrait une nouvelle façon de décrire le mouvement des systèmes physiques, en se concentrant sur les énergies cinétique et potentielle du système plutôt que sur les forces qui agissent sur lui, comme c'est le cas dans la formulation newtonienne de la mécanique.

La contribution de Lagrange a été si importante dans ce domaine que la communauté scientifique a choisi de nommer cette fonction en son honneur. Le Lagrangien est aujourd'hui un outil essentiel non seulement en mécanique classique, mais aussi en électrodynamique, en mécanique quantique et en théorie des champs, jouant un rôle crucial dans la formulation et la compréhension des lois fondamentales de la physique.

Dans la formulation de la théorie des champs en particulier, Le Lagrangien joue un rôle central car il décrit la dynamique d'un système, permettant de dériver les équations de champs qui gouvernent le comportement des champs et des particules. Ces équations, telles que les célèbres équations de Maxwell pour l'électromagnétisme, sont fondamentales pour prédire comment les champs et les particules vont se comporter et interagir.

Pour bien comprendre ce concept, imaginez que vous avez une recette pour préparer un gâteau, où chaque ingrédient représente une partie différente d'un système physique, comme les particules ou les champs. Le Lagrangien est comme cette recette. Il contient toutes les instructions (ou formules mathématiques) nécessaires pour comprendre comment les ingrédients (particules et champs) se comportent individuellement et ensemble.

Quand vous suivez la recette, vous attendez un certain résultat, comme un gâteau bien cuit. De même, en suivant le Lagrangien, vous pouvez prédire comment les particules et les champs vont évoluer et interagir au fil du temps. Ces prédictions sont formulées à travers ce qu'on appelle des équations de champs. Ainsi, ces équations sont comme des instructions détaillées pour chaque étape de la préparation du gâteau, vous indiquant comment les ingrédients réagissent à la chaleur, se mélangent, ou se transforment.

En résumé, le Lagrangien est une recette complète qui aide les physiciens à comprendre et à prédire le comportement des systèmes physiques, et les équations de champs sont comme des instructions détaillées qui découlent de cette recette pour décrire comment chaque partie du système évolue et interagit avec les autres.

Symétries et Lois de Conservation

Les symétries sont un aspect essentiel de la théorie des champs. Elles impliquent que certaines propriétés d'un système physique restent inchangées sous certains types de transformations.

Imaginez que vous dansez dans une pièce avec des miroirs sur les murs. Quand vous levez la main gauche, votre reflet dans le miroir lève sa « main droite ». Cela montre une sorte de symétrie : même si vous changez quelque chose (votre position par rapport au miroir), l'image globale reste la même (vous levez toujours une main).

En physique, les symétries fonctionnent de manière similaire. Si vous effectuez une certaine transformation, comme déplacer tout un système d'un endroit à un autre (symétrie spatiale) ou attendre un certain temps avant de faire vos mesures (symétrie temporelle), et que vous trouvez que les lois physiques restent inchangées, alors vous avez découvert une symétrie.

Ces symétries sont intimement liées à des règles très importantes appelées lois de conservation. Par exemple, la symétrie dans le temps (le fait que les lois de la physique sont les mêmes aujourd'hui qu'hier) est liée à une loi très célèbre : la conservation de l'énergie. Cela signifie que l'énergie totale dans un système isolé ne change pas avec le temps. De même, la symétrie spatiale (le fait que les lois de la physique sont les mêmes ici et là-bas) est liée à la conservation de la quantité de mouvement.

Ces lois de conservation ne sont pas seulement des concepts abstraits. Elles ont des implications réelles et mesurables. Par exemple, la conservation de l'énergie explique pourquoi vous ne pouvez pas construire une machine qui fonctionne éternellement sans apport d'énergie externe, et la conservation de la quantité de mouvement explique pourquoi les patineurs sur glace tournent plus vite lorsqu'ils ramènent leurs bras vers leur corps. Ces principes aident les scientifiques et ingénieurs à comprendre et à prévoir comment se comporteront les choses dans le monde réel, des particules subatomiques aux galaxies entières.

L'Unification des Forces Fondamentales

Gravité et Relativité Générale

La théorie de la relativité générale d'Einstein décrit la gravité non pas comme une force, mais comme une courbure de l'espace-temps causée par des objets massifs. C'est une perspective révolutionnaire qui a transformé notre compréhension de l'Univers.

Électrodynamique Quantique

L'électromagnétisme et l'électrodynamique quantique (EDQ) sont deux domaines de la physique qui étudient comment les particules chargées interagissent avec les champs électriques et magnétiques, mais à des niveaux différents.

- Électromagnétisme : Imaginez que vous avez deux aimants. Lorsque vous les rapprochez, ils s'attirent ou se repoussent en fonction de leur orientation. Cette force invisible qui agit entre eux est due aux champs magnétiques. Maintenant, imaginez que vous frottez un ballon contre vos cheveux et le collez sur un mur. Le ballon reste collé en raison des forces électrostatiques. L'électromagnétisme est l'étude de ces forces électriques et magnétiques. Il décrit comment les particules chargées produisent et sont affectées par ces champs électriques et magnétiques. Les lois de l'électromagnétisme nous disent comment les charges électriques et les courants créent des champs électriques et magnétiques, et comment ces champs influencent à leur tour d'autres charges et courants.

- Électrodynamique Quantique (EDQ) : Maintenant, imaginez que vous regardez les aimants et le ballon avec une loupe extrêmement puissante. À un niveau microscopique, le monde fonctionne différemment. L'EEQ est la version quantique de l'électromagnétisme. Elle combine les idées de l'électromagnétisme avec les principes de la mécanique quantique, à très petite échelle. L'EEQ explique comment les particules chargées, comme les électrons, interagissent non seulement avec les champs électriques et magnétiques, mais aussi entre elles, en échangeant des particules de lumière appelées photons. C'est comme si, au lieu de simplement sentir une force de l'aimant, les particules se lançaient des photons pour se repousser ou s'attirer. L'EEQ est incroyablement précise et a été confirmée par de nombreuses expériences. Elle est essentielle pour comprendre les phénomènes comme la structure atomique, l'émission et l'absorption de lumière, et les interactions entre lumière et matière.

En résumé, l'électromagnétisme est comme la vue d'ensemble des forces électriques et magnétiques et comment elles fonctionnent à une échelle que nous pouvons voir et ressentir, tandis que l'EEQ est une exploration profonde de ces forces à une échelle microscopique, révélant un monde étrange où les particules échangent des photons comme des messagers, créant les forces que nous observons dans le monde plus grand.

Modèle Électrofaible

Le modèle électrofaible unifie l'interaction nucléaire faible et l'électromagnétisme. Cette théorie montre que ces deux forces, bien que très différentes à basse énergie, étaient identiques dans les conditions de haute énergie présentes juste après le Big Bang.

Voici une explication simplifiée :

- Interaction Nucléaire Faible : Imaginez que vous avez un puzzle qui peut spontanément changer de forme. C'est un peu comme ça que fonctionne l'interaction nucléaire faible. C'est une force fondamentale de la nature qui est responsable de processus où les particules se transforment en d'autres particules. Par exemple, c'est l'interaction nucléaire faible qui est responsable de la désintégration radioactive de certains atomes. Dans le cas du soleil, c'est également cette force qui permet aux protons de se transformer en neutrons et vice versa, un processus essentiel pour la fusion nucléaire qui alimente le soleil. Bien que cette force soit très puissante à très petite échelle, elle a une portée très courte, c'est pourquoi on l'appelle « faible ».

- Modèle Électrofaible : Maintenant, imaginez que vous découvrez que deux puzzles distincts que vous aviez, qui semblaient totalement différents au premier abord, sont en fait deux parties d'un même grand puzzle. C'est ce que le modèle électrofaible a révélé sur les forces fondamentales. Dans les années 1960, des scientifiques ont découvert que l'interaction nucléaire faible et l'électromagnétisme, qui semblent très différents à basse énergie (dans les conditions habituelles de notre Univers), sont en fait deux aspects d'une force unique plus grande. Cette découverte a été révolutionnaire et a formé la base de ce qu'on appelle le modèle électrofaible.

Dans les conditions de très haute énergie, comme celles qui prévalaient juste après le Big Bang, ces deux forces se comportaient de la même manière. Mais à mesure que l'Univers s'est refroidi, cette force unique s'est « brisée » en deux forces distinctes avec des propriétés différentes - un peu comme l'eau qui se transforme en glace et en vapeur avec des températures différentes.

Le modèle électrofaible est une partie essentielle de ce qu'on appelle le Modèle Standard de la physique des particules, qui est notre meilleure compréhension actuelle de comment fonctionnent toutes les forces et particules fondamentales. Cette théorie a eu d'énormes succès, prédisant l'existence de particules et de forces avant même qu'elles ne soient observées en expérimentation. C'est un exemple étonnant de la manière dont notre compréhension de l'Univers peut évoluer et s'unifier avec le temps.

En 1979, Sheldon Glashow, Abdus Salam, et Steven Weinberg ont reçu le Prix Nobel de Physique pour leur contribution à la théorie électrofaible. Dans les années 1980, les physiciens ont découvert les bosons W et Z dans des expériences avec des accélérateurs de particules. Ces particules sont les médiateurs de la force faible et leur découverte a été une preuve majeure de l'exactitude du modèle électrofaible.

Chromodynamique Quantique

La chromodynamique quantique est la théorie des champs qui décrit l'interaction nucléaire forte. Elle explique comment les quarks sont liés par des gluons pour former des protons, des neutrons et d'autres particules.

Essayons de l'expliquer de manière simple :

- Quarks et Gluons : Imaginez que l'intérieur des protons et des neutrons (les particules qui composent le noyau d'un atome) est comme une ruche bourdonnante d'abeilles. Dans cette analogie, les quarks seraient comme les abeilles et les gluons comme les forces qui les maintiennent ensemble à l'intérieur de la ruche. Les quarks sont les constituants fondamentaux des protons et des neutrons, et les gluons sont les particules qui médiatisent la force nucléaire forte, la force qui lie les quarks entre eux.

- Force Nucléaire Forte : La force nucléaire forte est incroyablement puissante. Elle doit l'être pour maintenir les quarks ensemble malgré leur tendance à se repousser à cause de leur charge électrique. C'est la force la plus forte que nous connaissons dans l'Univers à l'échelle subatomique.

- Liberté Asymptotique : Voici où les choses deviennent vraiment intéressantes. Contrairement à la plupart des autres forces, plus vous tentez de séparer les quarks, plus la force qui les lie devient forte. Mais si vous regardez les quarks de très près, quand ils sont vraiment proches les uns des autres, ils se comportent presque comme s'ils étaient libres. Cela signifie que dans des conditions normales, les quarks sont liés ensemble incroyablement fort, mais à des échelles d'énergie très élevées (comme celles trouvées dans des accélérateurs de particules), ils se comportent comme s'ils n'étaient pas affectés par la force forte. Ce phénomène est appelé « liberté asymptotique ».

- Couleur : Dans la chromodynamique quantique, les quarks et les gluons portent une sorte de « charge » appelée couleur. Ce n'est pas une couleur réelle, mais plutôt un moyen pratique de parler des types de charge de force forte. Il y a trois « couleurs » et trois « anti-couleurs », et les gluons agissent comme des échangeurs de ces couleurs entre les quarks, les gardant ainsi liés ensemble.

- Confinement : En raison de la manière dont la force forte augmente avec la distance, les quarks ne sont jamais observés seuls dans la nature. Ils sont toujours confinés dans des particules plus grandes comme les protons et les neutrons. C'est un peu comme si, peu importe à quel point vous tirez sur les abeilles pour les sortir de la ruche, elles restent toujours liées à celle-ci par une sorte de force élastique qui devient plus forte à mesure que vous tirez.

La chromodynamique quantique est essentielle pour comprendre non seulement la structure des protons et des neutrons, mais aussi les réactions nucléaires, la structure des étoiles à neutrons, et les premiers instants de l'Univers juste après le Big Bang. Elle est l'une des pierres angulaires du Modèle Standard de la physique des particules.

Théories de Grande Unification

Les Théories de Grande Unification (GUT) cherchent à fusionner les forces électromagnétique, faible et forte en une seule force unifiée.

Encouragés par le succès de la découverte de la force électrofaible, les physiciens ont commencé à envisager une unification encore plus grande en incluant la force nucléaire forte. Selon ces théories, à des énergies extrêmement élevées, comme celles existant dans l'Univers primordial, les trois forces – électromagnétique, faible et forte – seraient indiscernables.

Ainsi, un des aspects les plus fascinants des GUT est leur implication pour la compréhension de l'Univers aux premiers instants de son existence. Les GUT suggèrent qu'au moment du Big Bang, une seule force unifiée régnait, qui s'est ensuite « brisée » en les forces distinctes que nous observons aujourd'hui au fur et à mesure que l'Univers se refroidissait et s'étendait. Cette « brisure de symétrie » est un concept clé dans les GUT et aide à expliquer pourquoi l'Univers a les propriétés qu'il a aujourd'hui.

Une autre prédiction excitante des GUT est l'existence de particules hypothétiques appelées « les bosons X et Y ». Ces particules seraient responsables des processus qui convertissent un type de particule en un autre, permettant l'interchangeabilité des quarks et des leptons (les composants fondamentaux de la matière). Cela aurait d'énormes implications, non seulement pour notre compréhension de l'Univers primitif, mais aussi pour des phénomènes comme la matière noire et l'énergie sombre, qui restent largement mystérieux.

Cependant, les GUT font face à d'importants défis. L'un des plus grands est l'énorme énergie requise pour tester ces théories. En effet, les énergies auxquelles les trois forces se fondent en une seule sont tellement élevées qu'elles sont actuellement hors de portée des accélérateurs de particules les plus puissants sur

Terre. Cela rend difficile la vérification expérimentale des prédictions des GUT.

Un exemple de GUT est la théorie SU(5), développée par Howard Georgi et Sheldon Glashow en 1974. Une caractéristique notable de la théorie SU(5) est sa prédiction de l'instabilité du proton. Selon la théorie, les protons, qui sont des composants des noyaux atomiques, devraient finalement se désintégrer en d'autres particules. Cependant, cette prédiction n'a pas encore été confirmée par des expériences.

Les Défis de l'Unification

La Gravité comme Obstacle

L'intégration de la gravité reste le plus grand défi de l'unification. La théorie de la relativité générale d'Einstein, qui décrit la gravité, est fondamentalement différente dans son approche et ses prédictions par rapport aux théories quantiques qui régissent les autres forces. Cette incompatibilité a conduit à des recherches intenses pour une théorie de la « gravité quantique ».

L'intégration de la gravité dans une théorie du tout, même si la gravité n'est pas une « force » au sens traditionnel, est cruciale pour plusieurs raisons. Voici pourquoi les scientifiques s'y intéressent tant :

- Complétude : Les physiciens cherchent à comprendre l'Univers d'une manière complète et unifiée. Même si la gravité est conceptuellement différente des autres forces, elle reste une interaction fondamentale qui influence la matière et l'énergie.

Ignorer la gravité dans une théorie du tout laisserait de côté une partie essentielle de notre compréhension de l'Univers.

- Incohérences entre théories : Bien que la relativité générale (la théorie de la gravité) fonctionne extrêmement bien à grande échelle et que la mécanique quantique soit incroyablement précise à petite échelle, elles sont incompatibles dans certaines situations extrêmes, comme à l'intérieur des trous noirs ou pendant les premiers instants du Big Bang. Pour comprendre ces phénomènes, une théorie qui inclut la gravité de manière cohérente avec les principes quantiques est nécessaire.

- Nature quantique de l'espace-temps : La gravité est la courbure de l'espace-temps causée par la masse et l'énergie. Mais à une échelle très petite, la mécanique quantique suggère que l'espace-temps lui-même pourrait être quantique. Comprendre comment la gravité fonctionne à cette échelle est fondamental pour une théorie complète de l'Univers.

- Unification des forces : Historiquement, la physique a progressé en unifiant des concepts qui semblaient distincts. L'électricité et le magnétisme ont été unifiés en électromagnétisme, et plus tard, l'électromagnétisme et la force faible ont été unifiés en une seule force électrofaible. L'unification des forces est un puissant principe organisateur en physique, et beaucoup pensent que la gravité devrait aussi être incluse dans cette unification.

- Compréhension fondamentale : Au-delà des applications pratiques, il y a un désir profond chez les scientifiques de comprendre le monde à un niveau fondamental. Intégrer la gravité dans une théorie du tout est une étape cruciale pour répondre aux questions les plus profondes de la physique.

Ainsi, même si la gravité n'est pas une force dans le même sens que l'électromagnétisme ou les forces nucléaires, elle est une interaction fondamentale qui façonne l'Univers à grande échelle. L'intégrer dans une théorie du tout est essentiel pour une compréhension complète et unifiée de la nature.

L'Énigme de la Masse des Neutrinos

Les neutrinos sont parmi les particules les plus énigmatiques de l'Univers. Voici pourquoi leur masse pose un problème intéressant et important en physique :

- Nature des Neutrinos : Les neutrinos sont des particules élémentaires, ce qui signifie qu'ils ne peuvent pas être divisés en composants plus petits. Ils sont incroyablement abondants - des milliards passent à travers chaque centimètre carré de la Terre chaque seconde - mais ils interagissent très peu avec la matière, ce qui les rend extrêmement difficiles à détecter et à étudier.

- Masse des Neutrinos : Pendant longtemps, on pensait que les neutrinos étaient sans masse, principalement parce qu'ils sont si difficiles à détecter et que leur masse est incroyablement faible. Cependant, des expériences sur les neutrinos oscillants - où les neutrinos changent d'un « type » (ou saveur) à un autre en se déplaçant - ont montré qu'ils doivent avoir une certaine masse, bien que très petite.

- Problème avec le Modèle Standard : Le Modèle Standard de la physique des particules est la théorie qui décrit le mieux les particules élémentaires et leurs interactions. Cependant, dans sa forme originale, le Modèle Standard supposait que les neutrinos étaient sans masse. La découverte que les neutrinos ont effectivement une masse nécessite donc une extension ou une modification du Modèle Standard.

- Énigme de la Masse : La question de savoir comment les neutrinos acquièrent leur masse est au cœur de l'énigme. Contrairement aux autres particules, qui obtiennent leur masse par interaction avec le champ de Higgs (selon le Modèle Standard), le mécanisme exact par lequel les neutrinos deviennent massifs n'est pas encore clair. Il pourrait s'agir d'un mécanisme différent, peut-être lié à des phénomènes au-delà du Modèle Standard.

- Implications pour la Physique : La masse des neutrinos a des implications importantes pour la physique et l'astrophysique. Par exemple, elle affecte la manière dont les neutrinos ont influencé la formation de structure dans l'Univers peu de temps après le Big Bang, et donc comment l'Univers a évolué depuis lors. Elle peut également offrir des indices sur des théories plus vastes et plus complètes qui vont au-delà du Modèle Standard, offrant des perspectives sur des questions non résolues comme la matière sombre et l'unification des forces.

Ainsi, l'énigme de la masse des neutrinos est importante non seulement parce qu'elle remet en question notre compréhension actuelle des particules élémentaires, mais aussi parce qu'elle pourrait fournir des indices sur des aspects plus profonds et plus fondamentaux de l'Univers. C'est un domaine actif et passionnant de la recherche en physique.

Les Différences d'Échelle entre les Forces

Un autre défi majeur réside dans les énormes différences d'échelle entre les forces.

Prenons la gravité, la plus familière des forces. Elle agit sur tout ce qui a une masse, des pommes tombant des arbres aux planètes orbitant autour des étoiles. Cependant, en comparaison avec les autres forces, la gravité est incroyablement faible. Oui, elle maintient les planètes en orbite, mais c'est parce qu'elle agit sur de grandes masses et à grande échelle. À une échelle plus petite, comme celle des atomes et des particules subatomiques, son effet est si minime qu'il est pratiquement négligeable.

À l'autre extrémité du spectre, nous avons la force nucléaire forte, qui est environ 10^{38} fois plus forte que la gravité. Elle agit à une échelle incroyablement petite - celle du noyau atomique - et elle diminue rapidement à mesure que vous vous éloignez, de sorte qu'elle n'a pratiquement aucun effet en dehors du noyau.

L'électromagnétisme et la force faible se situent entre ces deux extrêmes. L'électromagnétisme est responsable de pratiquement toute la chimie et la biologie que nous observons. La force faible, quant à elle, est responsable de certains types de désintégration radioactive. Ces deux forces sont plus fortes que la gravité mais beaucoup plus faibles que la force forte.

Cette énorme disparité pose un défi de taille pour la création d'une théorie unifiée, car une telle théorie devrait fonctionner sur les échelles cosmiques, où la gravité domine et structure l'Univers, tout en restant valide au niveau subatomique, où la force forte et l'électromagnétisme sont prédominants. Les lois qui régissent les interactions à ces différentes échelles semblent être complètement différentes, ce qui rend difficile de les réconcilier dans un seul cadre théorique.

Ainsi, à l'échelle quantique, les choses ne fonctionnent pas comme dans le monde macroscopique - les particules existent dans des états de superposition, elles peuvent être intriquées, et leur comportement est fondamentalement probabiliste. Tandis que, à grande échelle, l'Univers semble suivre des lois déterministes, où la cause et l'effet sont clairement liés. Cette transition du « quantique » au « classique » est encore un sujet de recherche intense.

Les Hypothèses Actuelles vers une Théorie du Tout

Théorie des Cordes

La théorie des cordes est une des tentatives les plus fascinantes et ambitieuses de la physique moderne pour unifier toutes les forces fondamentales de l'Univers en une seule théorie cohérente. C'est une idée qui a captivé les scientifiques et le grand public pendant des décennies, promettant une compréhension plus profonde de l'Univers à ses échelles les plus fondamentales.

Contrairement aux modèles de la physique qui décrivent les particules élémentaires comme des points sans dimension, la théorie des cordes les imagine comme de minuscules cordes vibrantes. Ces cordes peuvent vibrer à différentes fréquences, un peu comme les cordes d'une guitare, et chaque mode de vibration correspond à une particule différente. Cela signifie que tout dans l'Univers, des photons de lumière aux quarks qui composent les protons et les neutrons, peut être décrit en termes de ces cordes vibrantes.

Un des aspects les plus intrigants de la théorie des cordes est qu'elle nécessite l'existence de dimensions supplémentaires. Alors que nous expérimentons trois dimensions spatiales et une temporelle, la théorie des cordes suggère qu'il pourrait y en avoir 10. Ces dimensions supplémentaires ne seraient pas observables dans notre vie quotidienne car elles seraient enroulées si étroitement qu'elles seraient imperceptibles à notre échelle.

L'un des plus grands atouts de la théorie des cordes est sa capacité à intégrer naturellement la gravité dans le cadre de la physique quantique. En traitant les particules comme des cordes, la théorie évite certains des problèmes mathématiques qui apparaissent lorsqu'on tente de formuler une théorie quantique de la gravité.

Elle a été formulée par plusieurs scientifiques au fil du temps. Voici quelques-uns des principaux contributeurs à cette théorie :

- Leonard Susskind : Il a formulé la théorie des cordes à l'Université de Stanford et a été un pionnier majeur dans son développement.

- Gabriele Veneziano : Il a développé la première formulation mathématique de la théorie des cordes, l'amplitude de Veneziano, alors qu'il était chercheur au Centre européen de recherche nucléaire (CERN) dans les années 1960.

- Michael Green et John Schwarz : Ils ont découvert que la théorie des cordes avait le potentiel de résoudre des problèmes de symétrie dans la physique des particules à l'Université de Londres et à l'Institut de technologie de Californie (Caltech) dans les années 1980.

Cependant, la théorie des cordes n'est pas sans ses critiques. L'une des principales critiques est le manque de preuves expérimentales directes. En effet, la plupart des prédictions de la théorie des cordes opèrent à des échelles d'énergie que les technologies actuelles ne peuvent pas tester. Cela a conduit certains dans la communauté scientifique à questionner si la théorie des cordes est vraiment une science testable, ou plutôt un ensemble complexe de mathématiques. En outre, la théorie des cordes est incroyablement complexe mathématiquement. Elle a donné naissance à de nombreux développements en mathématiques pures, mais certains scientifiques se demandent si cette complexité est vraiment nécessaire ou simplement un artefact d'une théorie incorrecte.

Malgré ces défis, la théorie des cordes continue de captiver l'imagination des physiciens et des amateurs de science du monde entier.

Gravité Quantique à Boucles

La Gravité Quantique à Boucles (GQB) représente une autre approche fascinante pour unifier les lois fondamentales de l'Univers, en particulier la gravité et la mécanique quantique. Alors que la théorie des cordes capture l'imagination avec ses dimensions supplémentaires et ses cordes vibrantes, la GQB propose une vision différente, mais tout aussi intrigante, de la structure fondamentale de l'espace-temps.

La GQB tente de repenser l'espace-temps lui-même. Au lieu de voir l'espace-temps comme un continuum lisse, comme c'est le cas dans la relativité générale, la GQB le modélise comme étant constitué de boucles ou de réseaux discrets, qui ne sont pas des « objets » dans l'espace-temps, mais plutôt des éléments constitutifs de l'espace-temps lui-même. Ces boucles et réseaux sont appelés « réseaux de spin », et ils sont si petits qu'ils sont bien au-delà de ce que nous pouvons observer directement.

Imaginez un tissu tricoté où chaque maille est une boucle. À grande échelle, le tissu semble lisse et continu, mais en se rapprochant, vous pouvez voir qu'il est composé de mailles distinctes. De la même manière, la GQB suggère que si nous pouvions regarder l'espace-temps à une échelle extrêmement petite, beaucoup plus petite que les atomes, nous verrions qu'il est granulaire, fait de boucles entrelacées.

Un des aspects les plus révolutionnaires de la GQB est qu'elle élimine les singularités – des points où les lois de la physique semblent s'effondrer, comme au centre des trous noirs ou au moment du Big Bang. Dans la GQB, l'espace-temps a une structure finie, ce qui signifie qu'il n'y a pas de « points » où la densité de matière devient infinie. Cela pourrait offrir des explications alternatives à l'origine de l'Univers et à la nature des trous noirs, deux des plus grands mystères de la physique moderne.

Un autre point clé de la GQB est son approche de la quantification de l'espace-temps. Contrairement à d'autres théories, qui tentent d'appliquer les principes de la mécanique quantique à la gravité, la GQB commence par la gravité et la rend quantique. Cela signifie que l'espace-temps lui-même, dans la GQB, a des propriétés quantiques. Il pourrait exister dans des superpositions, avoir des états quantiques et peut-être même être intriqué. Cela change fondamentalement notre compréhension de ce qu'est l'espace-temps.

Un des avantages de commencer par la gravité et de la rendre quantique est que cela reste très proche de la relativité générale, la théorie extrêmement bien testée et confirmée d'Einstein sur la gravité. Cela signifie que la GQB s'accorde bien avec ce que nous savons déjà de la gravité à grande échelle.

Cela peut sembler abstrait, mais cela a des implications profondes. Cela signifie, par exemple, que l'espace et le temps pourraient être discontinus à la plus petite échelle – une idée qui défie notre compréhension quotidienne du monde, mais qui pourrait potentiellement résoudre certains des plus grands mystères de la physique.

Cette théorie a été principalement formulée par les chercheurs suivants :

- Carlo Rovelli et Lee Smolin : Ils sont considérés comme les fondateurs de la théorie de la GQB. Carlo Rovelli a travaillé à l'Université d'Aix-Marseille, en France, et Lee Smolin a été affilié à diverses institutions, notamment l'Université de Pennsylvanie et le Perimeter Institute for Theoretical Physics au Canada.

- Abhay Ashtekar : Il a joué un rôle majeur dans le développement de la théorie de la GQB et a travaillé à l'Université de Pennsylvanie, où il a contribué à établir un certain nombre de concepts fondamentaux de la théorie.

- Alejandro Perez : Il a également contribué de manière significative depuis l'Université de Marseille, en France.

- Thomas Thiemann : Il a développé des méthodes mathématiques importantes pour la théorie de la GQB à l'Université de Erlangen-Nuremberg, en Allemagne.

Cependant, comme la théorie des cordes, la GQB a ses défis. Un des plus grands est le manque de preuves expérimentales directes. Les échelles auxquelles la GQB opère sont si petites qu'elles sont actuellement au-delà de la portée de nos expériences. Cela rend difficile la vérification ou la réfutation de la théorie. En outre, la GQB est mathématiquement complexe. Bien que moins exotique que la théorie des cordes, elle implique des calculs complexes et des concepts qui peuvent être difficiles à saisir, même pour les physiciens.

Théorie M

La théorie des cordes, comme nous l'avons vu, remplace l'idée de particules ponctuelles par des « cordes » vibrantes. Cependant, les physiciens se sont retrouvés confrontés à plusieurs versions de cette théorie, chacune avec ses propres particularités et limitations. C'est ici que la Théorie M entre en jeu, agissant comme un pont entre ces différentes versions.

Ainsi, la Théorie M, où le « M » est souvent interprété comme signifiant « mystère », « magie », ou « mère », est une extension de la théorie des cordes qui nécessite non pas 10, mais 11 dimensions – 10 dimensions spatiales et une dimension temporelle.

Un aspect fascinant de la Théorie M est son implication pour des objets connus sous le nom de « branes ». Dans la théorie des cordes, les cordes sont considérées comme des objets unidimensionnels. Cependant, la Théorie M généralise ce concept en introduisant des branes, qui peuvent avoir une à neuf dimensions. Ces branes peuvent être envisagées comme des « feuilles » ou des « membranes » flottant dans un espace à 11 dimensions. Notre Univers pourrait même être une telle brane, avec toutes les forces et particules que nous connaissons confinées à la surface de cette brane.

Pour mieux comprendre cette théorie, imaginons que chaque théorie des cordes est comme une pièce différente d'un grand puzzle. Chacune semble différente, mais en réalité, elles font toutes partie d'un tableau plus grand. La théorie M propose qu'il existe une théorie fondamentale, une sorte de « mère » de toutes les théories des cordes, qui les connecte toutes.

Maintenant, pensez aux cordes comme à de minuscules fils vibrants qui constituent les blocs de construction les plus fondamentaux de l'Univers. Dans les théories des cordes, ces cordes vibrantes remplacent les particules ponctuelles de la physique des particules. Elles peuvent vibrer à différentes fréquences, comme les cordes d'une guitare, et chaque mode de vibration correspond à une particule différente.

La théorie M va plus loin en suggérant que ces cordes pourraient en fait être des tranches unidimensionnelles d'objets plus grands et plus complexes appelés membranes, ou « branes » en abrégé. Ces branes peuvent avoir jusqu'à 11 dimensions. La dimension supplémentaire permet des calculs et des théories qui unifient les cinq versions différentes de la théorie des cordes.

C'est un peu comme si on découvrait que les différentes pièces d'un puzzle étaient en fait des projections d'un objet en 3D. On ne voit qu'une partie de la réalité à la fois, mais en réalité, tout est connecté dans un espace à plus grande dimension.

Plusieurs scientifiques ont joué un rôle clé dans le développement de la théorie M, travaillant dans différentes institutions de recherche. Voici quelques-uns d'entre eux :

- Edward Witten : Edward Witten est l'une des figures les plus éminentes de la théorie M. Il a contribué de manière significative à sa formulation et a travaillé à l'Institute for Advanced Study à Princeton, où il est actuellement professeur.

- Paul Townsend : Paul Townsend a été l'un des pionniers dans le développement de la théorie M. Il a travaillé à l'Université de Cambridge au Royaume-Uni.

- John Schwarz : John Schwarz est un physicien théoricien renommé qui a également contribué à la formulation de la théorie M depuis l'Institut de technologie de Californie (Caltech) à Pasadena, en Californie.

- Michael Duff : Michael Duff est un autre physicien qui a apporté des contributions importantes à la théorie M depuis l'Imperial College London, au Royaume-Uni.

- Chris Hull : Chris Hull est un chercheur qui a travaillé sur la théorie M et a été affilié à l'Imperial College London.

Cependant, comme avec d'autres théories avancées de la physique théorique, la Théorie M fait face à des défis importants, notamment le manque de preuves expérimentales directes. Les énergies et les échelles nécessaires pour tester directement ces idées sont bien au-delà de ce que nos technologies actuelles peuvent atteindre. Cela a conduit certains critiques à se demander si la Théorie M est vraiment une science, ou plutôt une forme élaborée de mathématiques.

De plus, l'un des plus grands mystères de la Théorie M est son manque de formulation complète. Contrairement à d'autres théories en physique, qui ont des équations claires et bien définies, la Théorie M est encore en développement. Cela la rend à la fois intrigante et frustrante pour les physiciens. C'est une théorie qui semble avoir un potentiel énorme, mais sa pleine compréhension échappe encore à notre emprise.

Modèles de Géométrie Non-Commutative

Les modèles de géométrie non-commutative cherchent à repenser la nature même de l'espace et du temps, en se basant sur une idée mathématique puissante : la non-commutativité. Pour comprendre ces modèles et pourquoi ils sont si importants, il convient d'abord de jeter un coup d'œil aux fondements de la physique et de la géométrie.

Depuis des siècles, la géométrie classique, telle qu'élaborée par Euclide, a servi de fondement à notre compréhension de l'espace. Cette géométrie, basée sur des points, des lignes et des plans, est dite « commutative », ce qui signifie que l'ordre dans lequel on effectue des mesures ou des calculs n'affecte pas le résultat final. Par exemple, dans l'espace euclidien, la distance entre deux points est la même, quel que soit le chemin parcouru pour la mesurer.

Cependant, dans le monde de la mécanique quantique, les choses ne sont pas si simples. Les particules subatomiques ne se comportent pas toujours de manière prévisible ou classique. À ces échelles infimes, les concepts de position et de vitesse ne peuvent pas être mesurés simultanément avec précision absolue, une réalité capturée dans le principe d'incertitude de Heisenberg. C'est ici que la géométrie non-commutative entre en jeu.

En géométrie non-commutative, l'ordre des opérations devient crucial. Si on mesure une quantité A puis une quantité B, on pourrait obtenir un résultat différent de celui obtenu en mesurant B avant A. Cette idée peut sembler contre-intuitive, mais elle offre un cadre potentiellement puissant pour décrire les phénomènes observés en mécanique quantique.

Pour mieux comprendre ce concept, imaginez que vous avez deux opérations à faire, comme marcher puis tourner ou tourner puis marcher. Dans notre monde quotidien, l'ordre dans lequel vous faites ces choses importe peu ; le résultat final est le même. C'est un peu comme additionner des nombres : 2 + 3 est toujours égal à 3 + 2.

Cependant, dans certains espaces mathématiques plus exotiques, l'ordre dans lequel vous faites les choses peut changer complètement le résultat. Imaginez que vous êtes dans un monde étrange où, si vous tournez puis marchez, vous vous retrouvez à un endroit complètement différent de si vous marchiez puis tourniez. C'est l'idée de base derrière la non-commutativité.

La géométrie non-commutative est l'étude de ces espaces étranges. Au lieu de points et de lignes, elle utilise des objets mathématiques plus complexes qui ne suivent pas les règles habituelles de la géométrie. Dans ces espaces, des concepts de base comme la distance, l'angle, et même la position peuvent fonctionner de manière très différente.

Ces modèles peuvent mieux décrire certains aspects de l'Univers à très petite échelle, comme les comportements des particules subatomiques ou la nature de l'espace-temps près d'un trou noir.

En bref, les modèles de géométrie non-commutative sont des outils mathématiques qui permettent d'explorer et de décrire des mondes où les règles habituelles de la géométrie ne s'appliquent pas. Ils ouvrent des portes à des théories physiques et mathématiques qui pourraient nous aider à comprendre l'Univers de manière plus profonde et plus complète.

Ainsi, en repensant la nature de l'espace et du temps à un niveau fondamental, les modèles de géométrie non-commutative pourraient fournir un nouveau cadre pour comprendre l'Univers à ses échelles les plus petites et les plus grandes.

Un aspect fascinant des modèles de géométrie non-commutative est leur capacité à intégrer les singularités, comme celles trouvées dans les trous noirs ou au moment du Big Bang. En physique classique, ces singularités sont des points où les lois de la physique semblent s'effondrer, avec des valeurs infinies de densité et de gravité. Cependant, si l'espace et le temps sont non-commutatifs, ces singularités pourraient être évitées, offrant une explication plus cohérente de ces phénomènes extrêmes.

De plus, la géométrie non-commutative pourrait offrir de nouvelles perspectives sur la nature de la matière noire et de l'énergie sombre. En repensant la structure de l'espace-temps, cette approche pourrait fournir de nouvelles pistes pour comprendre comment ces entités mystérieuses interagissent avec la matière et l'énergie que nous pouvons observer.

Cependant, il est important de noter que les modèles de géométrie non-commutative sont encore à un stade précoce de développement. Ils présentent des défis mathématiques et conceptuels considérables. La construction de modèles cohérents qui peuvent être testés expérimentalement est un travail difficile, et la communauté scientifique est encore loin d'un consensus sur la meilleure façon d'intégrer ces idées dans un cadre théorique complet.

Cependant, plusieurs scientifiques ont contribué à la formulation et au développement de la géométrie non-commutative. Voici quelques-uns d'entre eux :

- Alain Connes : Alain Connes est l'un des pionniers de la géométrie non-commutative. Il a développé des outils mathématiques importants pour cette théorie depuis l'Institut des Hautes Études Scientifiques (IHES) en France.

- Daniel Kastler : Daniel Kastler a également joué un rôle clé dans le développement de la géométrie non-commutative à l'Université de Paris-Sud en France.

- Ali Chamseddine : Ali Chamseddine est un physicien théoricien qui a contribué à la formulation des modèles de géométrie non-commutative, en collaboration avec Alain Connes. Il a travaillé à l'Université d'Aix-Marseille en France.

- Harald Grosse et Hermann Nicolai : Ces deux chercheurs ont exploré la géométrie non-commutative dans le contexte de la théorie des cordes. Harald Grosse a travaillé à l'Université de Vienne en Autriche, et Hermann Nicolai à l'Institut Max Planck de physique des particules à Munich, en Allemagne.

- Matilde Marcolli : Matilde Marcolli a travaillé sur la géométrie non-commutative en relation avec la théorie des cordes. Elle a été affiliée à l'Université de Californie à Los Angeles (UCLA) et à l'Institut Max Planck de Mathématiques à Bonn, en Allemagne.

Théories de la Supersymétrie

Parmi les concepts les plus intrigants qui ont vu le jour au cours des dernières décennies, la théorie de la supersymétrie occupe une place de choix. Elle propose une approche novatrice en introduisant une symétrie entre les particules élémentaires de la matière et les particules responsables des forces fondamentales.

Pour comprendre la supersymétrie, il est essentiel de revenir sur les particules élémentaires qui composent notre Univers et les forces fondamentales qui les gouvernent. Les particules élémentaires sont les briques de base de la matière, et elles sont classées en deux catégories principales : les fermions et les bosons.

Les fermions sont des particules de matière, comme les électrons, les quarks et les neutrinos. Ils constituent les constituants de base de la matière que nous pouvons toucher et sentir. Les bosons, quant à eux, sont responsables de la transmission des forces fondamentales. Par exemple, le photon est le boson de l'électromagnétisme, tandis que les gluons sont responsables de la force nucléaire forte.

La supersymétrie, ou SUSY pour faire court, est une symétrie théorique entre les particules de matière (fermions) et les particules responsables des forces (bosons). En d'autres termes, pour chaque particule de matière, il existe une particule associée responsable de la transmission des forces, et vice versa. Cette symétrie implique que les particules de matière et les particules de force ont des masses similaires, mais elles se différencient par leur spin.

Le spin est une propriété quantique fondamentale des particules qui détermine leur comportement magnétique et leur nature fondamentale. Les fermions ont un spin semi-entier (1/2, 3/2, etc.), tandis que les bosons ont un spin entier (0, 1, 2, etc.). Cette différence de spin est la clé de la supersymétrie, car elle permet de relier les particules de matière aux particules de force d'une manière élégante.

Les partenaires de force associés aux particules de matière sont appelés « superpartenaires », et ils portent des noms similaires à leurs homologues de matière, mais avec le préfixe « super ». Par exemple, le partenaire de force du photon est appelé superphoton. De même, le partenaire du gluon, le boson de la force nucléaire forte, est appelé supergluon.

Pour mieux comprendre ce concept, imaginez que vous regardez un film où chaque personnage a un double, une sorte de jumeau secret. Un est fort là où l'autre est faible, un est rapide là où l'autre est lent. Ensemble, ils forment une paire parfaite et équilibrée. Dans le monde des particules subatomiques, la supersymétrie propose une idée similaire : pour chaque type de particule connu, il existe un partenaire supersymétrique non encore découvert.

Prenons l'électron, une particule de matière très familière. Selon la supersymétrie, il devrait avoir un partenaire de force appelé « superelectron » qui serait responsable de la transmission de l'électromagnétisme. Le superelectron aurait une masse similaire à celle de l'électron, mais son spin serait différent.

De manière similaire, chaque quark aurait un partenaire de force, chaque neutrino aurait un partenaire, et ainsi de suite. Cette symétrie s'étend à toutes les particules de matière et de force de l'Univers.

La supersymétrie offre de nombreux avantages théoriques. Elle permet d'expliquer pourquoi les particules de matière ont des masses différentes, en reliant ces masses aux interactions avec leurs partenaires de force. De plus, elle peut potentiellement unifier les forces fondamentales de l'Univers, en montrant que toutes les forces découlent d'une seule force unifiée à des énergies très élevées.

Ces superpartenaires sont des particules hypothétiques et n'ont pas encore été observés expérimentalement. Leur existence potentielle est l'un des défis majeurs de la supersymétrie. Les physiciens espèrent découvrir ces superpartenaires dans des expériences à haute énergie menées dans des accélérateurs de particules.

La supersymétrie apporte plusieurs avantages théoriques qui ont attiré l'attention des physiciens. L'un des avantages les plus séduisants est sa capacité à résoudre le problème de la hiérarchie des masses. En physique des particules, ce problème se pose lorsque l'on compare la masse prévue des particules de force avec la masse observée des particules de matière. La supersymétrie permet d'établir un équilibre entre ces masses, ce qui rend la théorie plus élégante et naturelle.

Malgré ses avantages théoriques, la supersymétrie présente également des défis importants. L'un des principaux défis est le fait que les superpartenaires n'ont pas encore été observés. Si les superpartenaires existent mais ont des masses très élevées, ils pourraient être hors de portée de nos détecteurs actuels. En effet, ils pourraient nécessiter des niveaux d'énergie plus élevés pour être créés et détectés que ce que nous pouvons actuellement produire.

Certains scientifiques suggèrent aussi que la supersymétrie pourrait être une symétrie brisée, ce qui signifie que les superpartenaires pourraient avoir des masses légèrement différentes de celles des particules de matière. D'autres physiciens ont proposé l'idée de supersymétrie cachée, où la supersymétrie n'est observable qu'à des énergies bien plus élevées que celles que nous pouvons atteindre actuellement.

Un autre aspect fascinant de la supersymétrie est qu'elle offre une solution naturelle au problème de la matière noire. En effet, les superpartenaires pourraient être des particules stables et massives, appelées neutralinos, qui pourraient constituer la matière noire.

De plus, la supersymétrie pourrait expliquer l'asymétrie entre la matière et l'antimatière dans l'Univers. Selon les observations, il y a une nette prédominance de matière par rapport à l'antimatière, mais les lois de la physique suggèrent que les deux devraient avoir été produites en quantités égales au moment du

Big Bang. La supersymétrie offre une explication potentielle à cette asymétrie en introduisant des interactions asymétriques entre les particules de matière et leurs superpartenaires.

La supersymétrie reste une théorie non confirmée, et sa découverte est un défi majeur pour la physique des particules. Les expériences menées au CERN ont déjà établi des limites supérieures sur les masses des superpartenaires, mais ces limites sont encore loin des valeurs prévues par la supersymétrie.

Plusieurs scientifiques ont contribué à la formulation et au développement de la supersymétrie, dont :

- Julius Wess et Bruno Zumino : Ils sont souvent crédités d'avoir formulé les premières idées de la supersymétrie en 1974. Julius Wess était affilié à l'Université de Karlsruhe en Allemagne, et Bruno Zumino à l'Université de Californie à Berkeley.

- Sergio Ferrara : Sergio Ferrara est un physicien italien qui a travaillé sur la supersymétrie et a contribué à son développement. Il a travaillé à l'Université de Californie à Los Angeles (UCLA) et à l'Université de Californie à Berkeley.

- Peter van Nieuwenhuizen : Il a collaboré avec Wess et Zumino dans le développement de la supersymétrie et a travaillé à diverses institutions, notamment l'Université de Stony Brook dans l'État de New York.

- Daniel Z. Freedman : Il a également contribué à la formulation de la supersymétrie et a travaillé à l'Université Stanford et à l'Université du Texas à Austin.

- Pierre Fayet et François Gürsey : Ils ont apporté des contributions significatives à la supersymétrie depuis l'École Normale Supérieure en France.

- Howard Georgi et Sheldon Glashow : Ils ont contribué à la formulation de la supersymétrie dans le contexte de la théorie des champs et ont travaillé respectivement à l'Université Harvard et à l'Université de Boston.

Approches Asymptotiquement Sécurisées

L'idée centrale des approches asymptotiquement sécurisées est de repenser la gravité quantique en modifiant sa théorie de fond en comble. Plutôt que de suivre la voie classique de la relativité générale d'Einstein, les physiciens explorent de nouvelles perspectives qui pourraient résoudre le problème de la gravité quantique.

Une des approches les plus prometteuses dans ce domaine est celle de la gravité asymptotiquement sécurisée (GAS). Cette théorie propose que la gravité pourrait être rendue finie et « sûre » à des énergies extrêmement élevées, ce qui signifie qu'elle ne deviendrait pas infiniment forte et chaotique, comme le prédirait la relativité générale. Au lieu de cela, elle resterait contrôlée et prévisible, même à des énergies proches du Big Bang.

Pour comprendre la sécurité asymptotique, il est essentiel de saisir le concept de « point fixe ». En physique théorique, un point fixe est une situation où les équations d'une théorie cessent de changer à mesure que l'énergie augmente. En d'autres termes, les lois de la physique deviennent stables et convergent vers une forme finale à haute énergie.

Dans le cadre de la GAS, les chercheurs cherchent un point fixe dans les équations qui décrivent la gravité quantique. Si un tel point fixe existe, cela signifierait que la gravité deviendrait « sûre » à des énergies élevées, éliminant ainsi les problèmes de divergence et d'infini qui hantent la physique quantique actuelle.

Ainsi, cette théorie remet en question certaines des idées fondamentales d'Einstein sur la gravité. Par exemple, la relativité générale décrit la gravité comme une courbure de l'espace-temps provoquée par la présence de masse et d'énergie. Dans cette perspective, la gravité est une force résultant de la géométrie de l'Univers. Dans le cadre de la GAS, la gravité pourrait être le résultat d'une interaction entre des particules élémentaires encore inconnues, appelées « gravitons ». Ces particules joueraient un rôle central dans la transmission de la force gravitationnelle, à l'instar des photons pour l'électromagnétisme.

Selon certaines versions de ces théories, de nouvelles particules, appelées « particules de matière noire sécurisée », pourraient être introduites. Ces particules interagiraient très faiblement avec la matière ordinaire, expliquant ainsi pourquoi elles n'ont pas encore été détectées.

Cependant, jusqu'à présent, aucune observation directe n'a confirmé la GAS ou d'autres variantes similaires car pour tester ces théories, les physiciens doivent concevoir des expériences à haute énergie capables de sonder les énergies extrêmement élevées où les effets de la sécurité asymptotique seraient manifestes. Cela représente un défi technologique considérable.

Certaines de ces théories suggèrent que l'Univers pourrait avoir subi une phase de « sécurisation asymptotique » dans les premiers instants du Big Bang. Cette phase aurait rendu la gravité quantique finie et prévisible dès les premiers instants de l'Univers.

Cette idée est fascinante car elle pourrait expliquer pourquoi l'Univers a évolué de manière cohérente et stable depuis le Big Bang, malgré les conditions extrêmes qui prévalaient à l'époque. Elle pourrait également fournir des indices sur la nature de l'énergie sombre.

Plusieurs scientifiques ont contribué à l'élaboration de cette idée, travaillant dans diverses institutions académiques. Voici quelques-uns d'entre eux :

- Steven Weinberg : Steven Weinberg, un physicien théoricien renommé, a été l'un des premiers à explorer l'idée d'approches asymptotiquement sécurisées dans le contexte de la gravité quantique. Il a travaillé à l'Université de Harvard et à l'Université du Texas à Austin.

- Martin Reuter : Martin Reuter est un physicien théoricien qui a développé des méthodes de renormalisation non perturbative pour la gravité quantique asymptotiquement sécurisée. Il a travaillé à l'Université de Mayence en Allemagne.

- Astrid Eichhorn : Astrid Eichhorn est une chercheuse qui a contribué à la théorie asymptotiquement sécurisée et à l'exploration de ses implications en physique des particules et en gravité quantique. Elle a travaillé à l'Université de Heidelberg en Allemagne et à l'Université de Swansea au Royaume-Uni.

- Jan Ambjørn et Jerzy Lewandowski : Ces chercheurs ont également contribué à l'étude de l'approche asymptotiquement sécurisée en gravité quantique. Jan Ambjørn a travaillé à l'Université de Copenhague au Danemark, tandis que Jerzy Lewandowski a travaillé à l'Université de Varsovie en Pologne.

Autres Théories et Approches

Les tentatives de trouver une Théorie Unifiée des Champs ont aussi conduit à une multitude d'autres approches diverses, certaines étant bien établies dans la communauté scientifique, tandis que d'autres sont plus spéculatives ou moins connues.

Voici quelques-unes de ces théories et approches alternatives :

- Approches de la Gravité Émergente : Ces théories suggèrent que la gravité n'est pas une force fondamentale en soi, mais plutôt un phénomène émergent issu d'autres interactions plus fondamentales. L'idée est que, de la même manière que la température est une propriété émergente des mouvements des particules, la gravité pourrait être le résultat de quelque chose de plus fondamental. Cela pourrait impliquer des structures et des interactions sous-jacentes à l'espace-temps lui-même.

- Théories du Tout Causales : Ces modèles cherchent à reformuler les lois de la physique en termes de relations causales plutôt qu'en termes d'espace-temps. L'idée est que les relations causales sont plus fondamentales et que l'espace-temps lui-même émerge de ces relations. Cela pourrait offrir un cadre différent pour comprendre la gravité quantique et l'unification des forces.

- Théories de l'Octonion et des Structures Algébriques : Certaines théories utilisent des mathématiques complexes, comme les octonions (un type de nombre hypercomplexe), pour décrire les interactions fondamentales. Ces approches spéculent que les structures algébriques complexes pourraient être la clé pour unifier les forces de la nature.

- Modifications de la Mécanique Quantique : Certaines propositions suggèrent que pour unifier les lois de la physique, il peut être nécessaire de modifier les fondements de la mécanique quantique elle-même, introduisant de nouvelles règles ou principes qui s'appliquent à une échelle encore inexplorée.

- Modèle Standard Étendu : Il s'agit d'extensions du Modèle Standard de la physique des particules pour inclure la gravité, la matière noire, et d'autres phénomènes inexpliqués.

- Théories Modifiées de la Gravité : Ces théories, comme la gravité f(R) ou la gravité de TeVeS, modifient la relativité générale pour expliquer les observations cosmologiques sans invoquer de matière noire ou d'énergie sombre.

- Théories de l'Univers Écumeux : Basées sur la théorie de la mousse quantique de John Wheeler, ces théories proposent que l'espace-temps à l'échelle de Planck est extrêmement turbulent et dynamique.

- Approches de Décohérence Quantique : Ces théories examinent comment les états quantiques superposés de l'Univers primitif pourraient avoir « décohréré » pour produire l'Univers classique que nous observons aujourd'hui.

Ces théories et approches sont généralement aux frontières de la recherche en physique théorique et ne sont pas aussi développées ou testées que des théories comme la mécanique quantique ou la relativité générale. Beaucoup restent spéculatives et manquent de preuves expérimentales directes. Cependant, elles représentent des efforts créatifs et audacieux pour répondre à certaines des questions les plus profondes de la nature, et même si une théorie particulière ne s'avère pas correcte, elle peut conduire à de nouvelles idées et découvertes.

Expériences et Observations

La physique théorique, bien qu'immergée dans des concepts abstraits et des équations complexes, repose sur une pierre angulaire fondamentale : la vérification empirique. Les théories, aussi élégantes soient-elles mathématiquement, doivent être confrontées à la réalité de l'Univers observable. Nous explorons ici les divers tests, expériences, et observations astronomiques qui jouent un rôle crucial dans la validation ou la réfutation des théories unifiées de la physique.

Expériences pour Valider les Théories Unifiées

Les théories de la physique théorique avancée, telles que la Théorie des Cordes et la Gravité Quantique à Boucles, cherchent à unifier la mécanique quantique et la relativité générale, deux piliers de la physique moderne. Cependant, tester expérimentalement ces théories est un défi immense, principalement en raison des échelles extrêmes auxquelles elles s'appliquent. Voici quelques méthodes et outils utilisés pour explorer ces théories :

Accélérateurs de Particules

Les accélérateurs de particules sont des équipements de recherche essentiels en physique des particules. Ils sont conçus pour accélérer des particules subatomiques, telles que des protons ou des électrons, à des vitesses proches de la vitesse de la lumière et à des énergies très élevées. Ces particules accélérées sont ensuite dirigées vers des cibles ou faites entrer en collision entre elles pour étudier la structure fondamentale de la matière et les forces qui la gouvernent.

Voici comment fonctionnent généralement les accélérateurs de particules :

- Injection : Les particules subatomiques, généralement des électrons ou des protons, sont produites dans une source et injectées dans l'accélérateur. Au début, elles ont une énergie relativement faible.

- Accélération : Les particules sont soumises à des champs électriques et magnétiques puissants qui les accélèrent à des énergies de plus en plus élevées à chaque étape de l'accélérateur. Il existe deux principaux types d'accélérateurs : les accélérateurs linéaires (linacs), où les particules sont accélérées en ligne droite, et les accélérateurs circulaires (synchrotrons), où les particules sont accélérées en cercle.

- Focalisation : Des aimants et des dispositifs de focalisation sont utilisés pour maintenir les particules sur une trajectoire précise pendant leur accélération.

- Collision ou étude : Une fois que les particules ont atteint l'énergie souhaitée, elles peuvent être dirigées vers une cible pour une collision, ou elles peuvent être utilisées pour étudier différentes interactions et phénomènes en physique des particules. Les collisions à haute énergie permettent aux chercheurs d'observer des particules subatomiques rares ou d'étudier des conditions similaires à celles qui existaient peu de temps après le Big Bang.

Les accélérateurs de particules sont souvent de vastes installations internationales nécessitant une collaboration internationale étroite.

Expériences de Précision

Des techniques telles que l'interférométrie atomique sont utilisées pour tester les effets de la gravité quantique à des échelles extrêmement petites.

L'interférométrie atomique repose sur le même principe fondamental que l'interférométrie optique, qui utilise la nature ondulatoire de la lumière pour effectuer des mesures précises. Cependant, au lieu de la lumière, elle utilise des atomes neutres, généralement refroidis à des températures proches du zéro absolu pour minimiser leur mouvement thermique.

Voici comment fonctionne généralement l'interférométrie atomique :

- Préparation des atomes : Des atomes neutres, tels que des atomes de rubidium ou de césium, sont refroidis et piégés à l'aide de techniques telles que le refroidissement laser et le piégeage magnétique. Cela permet d'obtenir un échantillon d'atomes très froids et lents, ce qui est essentiel pour améliorer la précision de la mesure.

- Division de l'échantillon : Les atomes sont ensuite soumis à un processus de division, où un faisceau laser ou un réseau de diffraction divise l'échantillon en deux chemins distincts. Ces chemins seront utilisés pour créer une interférence ultérieurement.

- Interférométrie : Les deux chemins atomiques sont ensuite soumis à des manipulations, telles que des impulsions laser ou des champs magnétiques, qui modifient la phase des atomes dans chaque chemin. Ces modifications de phase sont ensuite utilisées pour créer une interférence constructive ou destructive lorsque les chemins atomiques se rejoignent à nouveau.

- Détection : Les atomes qui ont subi une interférence constructive ou destructive sont détectés à l'aide de méthodes telles que la détection d'absorption d'un laser ou de la fluorescence atomique. Cette détection permet de mesurer avec précision la quantité physique que l'interférométrie visait à mesurer.

Expériences de Microgravité

Les expériences de microgravité sont des études scientifiques menées dans un environnement où l'effet de la gravité est extrêmement réduit. Cet environnement de microgravité est essentiel pour étudier des phénomènes qui seraient autrement masqués ou altérés par la force gravitationnelle terrestre. Il y a deux contextes principaux où ces expériences peuvent avoir lieu : dans l'espace et en chute libre sur Terre.

1. Dans l'Espace : Lorsqu'elles sont menées à bord de stations spatiales comme l'ISS (Station Spatiale

Internationale), ces expériences tirent parti de l'état de chute libre continuelle de la station en orbite autour de la Terre. Bien que la gravité à l'altitude de l'ISS soit presque aussi forte qu'au sol, la station et tout ce qu'elle contient sont en chute libre autour de la Terre, créant un environnement de microgravité. Cela permet aux scientifiques d'observer des comportements et des interactions qui sont habituellement dominés ou influencés par la gravité, tels que les phénomènes fluidiques, le comportement des flammes, la croissance des cristaux, et divers processus biologiques.

2. En Chute Libre sur Terre : Les expériences de microgravité peuvent également être menées sur Terre dans des avions spéciaux ou des tours de chute libre. Ces avions, souvent appelés « avions vomitifs » en raison de la sensation provoquée, suivent une trajectoire parabolique : ils montent rapidement, puis se laissent tomber en suivant une courbe parabolique. Pendant cette phase de chute, tout à l'intérieur de l'avion expérimente la microgravité pendant une courte période, généralement quelques dizaines de secondes. Les tours de chute libre permettent également de créer des conditions de microgravité pour de courtes durées en laissant tomber un objet ou un module expérimental le long d'une tour.

Dans les deux contextes, la microgravité offre un environnement unique pour étudier des phénomènes tels que :

- Les interactions fondamentales : Observer comment les particules et les champs interagissent sans l'interférence de la gravité terrestre.

- La physique des fluides : Étudier le comportement des liquides et des gaz sans l'effet de la gravité, ce qui est crucial pour comprendre les phénomènes tels que la capillarité et la convection.

- La biologie spatiale : Comprendre comment l'absence de gravité affecte les organismes vivants, des cellules individuelles aux humains.

- La mécanique quantique : Tester des théories et des phénomènes dans un environnement où les effets de la gravité sont minimisés.

Ces expériences contribuent à une meilleure compréhension de la gravité et de la mécanique quantique, ainsi qu'à de nombreuses applications pratiques dans la science des matériaux, la biotechnologie et d'autres domaines.

Simulations Informatiques

Les simulations informatiques jouent un rôle crucial dans l'étude de théories physiques complexes telles que la Théorie des Cordes et la Gravité Quantique à Boucles. Voici comment elles fonctionnent et pourquoi elles sont importantes :

1. Modélisation de Scénarios Complexes : Les théories avancées comme la Théorie des Cordes et la Gravité Quantique à Boucles impliquent des dimensions supplémentaires, des échelles extrêmement petites (échelle de Planck), et des concepts qui ne se manifestent pas dans des conditions physiques ordinaires. Les simulations informatiques permettent

aux scientifiques de créer des modèles de ces scénarios, en incorporant les équations et les principes théoriques de ces théories.

2. Traitement de Grandes Quantités de Données : Ces théories génèrent souvent des prédictions complexes qui nécessitent le traitement de grandes quantités de données. Les ordinateurs modernes, en particulier ceux dotés de capacités de calcul à haute performance, peuvent gérer ces grands ensembles de données, effectuer des calculs complexes et simuler des interactions qui seraient autrement trop compliquées à résoudre manuellement.

3. Visualisation des Concepts Abstraits : Beaucoup d'aspects de la Théorie des Cordes et de la Gravité Quantique à Boucles sont abstraits et difficiles à visualiser. Les simulations informatiques aident à matérialiser ces concepts, permettant aux physiciens de visualiser des phénomènes tels que le comportement des cordes à des échelles subatomiques ou la structure de l'espace-temps quantique.

4. Tester des Prédictions : Les simulations permettent de tester les prédictions des théories en conditions contrôlées. Par exemple, en modifiant les paramètres de la simulation, les scientifiques peuvent explorer comment des changements dans les hypothèses fondamentales affectent les résultats, ce qui peut aider à affiner ou à réfuter des aspects de la théorie.

5. Complément aux Expériences Physiques : Dans de nombreux cas, les simulations sont utilisées en parallèle

avec des expériences physiques. Les résultats des simulations peuvent suggérer de nouvelles expériences à mener, ou aider à interpréter les résultats d'expériences déjà réalisées.

6. Exploration des Conséquences de la Théorie : Les simulations permettent aux physiciens d'explorer les conséquences d'une théorie, y compris celles qui sont contre-intuitives ou inattendues. Cela peut mener à de nouvelles découvertes ou à une meilleure compréhension des limites de la théorie.

Les Observations Astronomiques Pertinentes

Les observations astronomiques peuvent jouer un rôle crucial dans le test des théories avancées de la physique théorique, comme la Théorie des Cordes et la Gravité Quantique à Boucles. Voici quelques exemples d'observations pertinentes dans ce domaine :

1. Rayonnement cosmique de fond en micro-ondes : Le FCM est étudié pour comprendre l'Univers primitif. Les anomalies ou les caractéristiques inattendues dans le FCM pourraient offrir des indices sur la validité de ces théories.

2. Ondes gravitationnelles : La détection des ondes gravitationnelles a ouvert une nouvelle fenêtre sur l'Univers. Ces ondes peuvent être utilisées pour tester la validité de la théorie des cordes et de la gravité quantique à boucles, notamment en observant des

écarts par rapport aux prédictions de la relativité générale.

3. Trou noir et horizon des événements : L'étude des trous noirs, en particulier de leur horizon des événements et de la singularité centrale, peut fournir des indices sur la nature de l'espace-temps à des échelles extrêmement petites.

4. Distribution de la matière noire : La matière noire, bien qu'invisible, exerce une influence gravitationnelle sur les structures cosmiques. Les modèles de distribution de matière noire peuvent être comparés avec les prédictions des théories avancées pour vérifier leur validité.

5. Lentilles gravitationnelles : Les lentilles gravitationnelles, où la lumière d'objets distants est courbée par la gravité d'objets massifs, peuvent être utilisées pour tester les prédictions de la courbure de l'espace-temps par ces théories.

6. Fluctuations de la densité dans l'Univers primitif : L'étude des fluctuations de densité dans l'Univers primitif, qui ont conduit à la formation des galaxies et des structures à grande échelle, peut offrir des indices sur la validité de ces théories à des échelles énergétiques très élevées.

7. Effets de la dilatation du temps et de la contraction de l'espace : La mesure précise de ces effets, notamment à proximité de corps célestes massifs, peut tester la

précision des théories avancées par rapport à la relativité générale.

Ces observations sont à la pointe de la recherche en astrophysique et en physique théorique, et continuent d'évoluer avec les avancées technologiques et théoriques.

Voyons plus en détail quelques observations notables dans ce contexte :

Les Rayons Cosmiques

Les rayons cosmiques sont l'une des énigmes les plus captivantes de l'astronomie et de la physique des particules. Ils sont composés de particules subatomiques, principalement de protons et de noyaux atomiques, mais aussi d'électrons et d'autres particules, qui voyagent à des énergies extrêmement élevées à travers l'espace interstellaire et galactique. Ces particules proviennent de sources astrophysiques situées bien au-delà de notre système solaire, telles que les explosions d'étoiles en fin de vie, les étoiles à neutrons, les trous noirs, les pulsars et d'autres phénomènes cosmiques violents.

L'une des caractéristiques les plus fascinantes des rayons cosmiques est leur énergie. Ils sont dotés d'énergies bien supérieures à celles atteintes dans les accélérateurs de particules terrestres. Certains rayons cosmiques ont des énergies de plusieurs millions de fois supérieures à celles des particules que nous pouvons produire artificiellement sur Terre. Cette énergie extraordinaire est l'une des raisons pour lesquelles l'étude des rayons cosmiques est si précieuse pour la physique des particules.

Lorsque les rayons cosmiques pénètrent dans notre atmosphère terrestre à des vitesses proches de celle de la lumière, ils interagissent avec les particules atmosphériques. Cette interaction crée une cascade de particules secondaires, comprenant des muons, des neutrinos, des photons gamma et d'autres particules. Ces particules secondaires atteignent ensuite la surface de la Terre, où elles peuvent être détectées et analysées par des instruments spécialement conçus.

L'étude des rayons cosmiques est cruciale pour plusieurs raisons :

- Origine cosmique : Les rayons cosmiques proviennent de sources astrophysiques extrêmement éloignées. Étant donné que ces particules ont parcouru de vastes distances à travers l'espace, elles peuvent nous fournir des informations précieuses sur les processus astrophysiques qui se produisent dans l'Univers lointain. Ils agissent comme des sondes cosmiques nous permettant d'explorer des régions de l'espace que nous ne pourrions jamais atteindre directement.

- Tests de physique des particules : Les rayons cosmiques sont des laboratoires naturels pour tester les théories de la physique des particules à des énergies inaccessibles sur Terre. Ils nous permettent de sonder les interactions entre particules à des énergies bien au-delà de celles atteintes dans les accélérateurs de particules. Par conséquent, l'étude des rayons cosmiques peut révéler des phénomènes et des particules nouvelles et inattendus.

- Matériaux exotiques : Certains rayons cosmiques sont si énergétiques qu'ils peuvent interagir avec les noyaux atomiques de la matière terrestre et créer des isotopes exotiques. L'analyse de ces isotopes peut fournir des informations sur la composition des rayons cosmiques et sur la manière dont ils interagissent avec la matière.

- Astrophysique et cosmologie : Les rayons cosmiques sont essentiels pour comprendre de nombreux phénomènes astrophysiques, tels que la formation des étoiles, des galaxies et des objets cosmiques extrêmes. Ils sont également liés à l'étude de la matière noire, une composante mystérieuse de l'Univers.

- Risques spatiaux : Pour les voyages spatiaux et la présence humaine dans l'espace, il est essentiel de comprendre les effets des rayons cosmiques sur la santé humaine et les équipements électroniques. Les astronautes en mission vers la Lune, Mars ou au-delà sont exposés à ces particules de haute énergie, ce qui peut avoir des conséquences sur leur santé.

En résumé, les rayons cosmiques sont des particules à haute énergie qui voyagent à travers l'espace et qui nous fournissent une fenêtre sur les phénomènes astrophysiques lointains, tout en servant de laboratoires naturels pour la physique des particules. Leur étude est essentielle pour élargir notre compréhension de l'Univers et pour relever les défis liés à l'exploration spatiale.

Les Neutrinos Cosmiques

Les neutrinos cosmiques, souvent décrits comme des « fantômes de l'Univers », sont des particules subatomiques extrêmement énigmatiques et insaisissables. Ils font partie des particules les moins interactives avec la matière que nous connaissons. Cette caractéristique particulière les distingue des autres particules subatomiques, telles que les électrons ou les protons, qui interagissent fortement avec la matière et les champs électromagnétiques.

Les neutrinos cosmiques sont créés dans des environnements astrophysiques extrêmes, tels que les supernovæ, les noyaux actifs de galaxies, les étoiles à neutrons, les trous noirs et d'autres phénomènes cosmiques violents. Lors de ces événements cataclysmiques, d'énormes quantités d'énergie sont libérées sous forme de particules subatomiques, dont font partie les neutrinos. Ces particules sont éjectées dans l'espace avec des énergies colossales.

Ce qui rend les neutrinos cosmiques si particuliers, c'est leur faible interaction avec la matière ordinaire. Contrairement aux protons ou aux électrons, les neutrinos peuvent traverser la matière, y compris la Terre elle-même, sans être significativement déviés ou arrêtés. Ils sont si insaisissables que des milliards de neutrinos cosmiques traversent votre corps chaque seconde sans que vous en ressentiez la moindre chose.

Cette propriété unique en fait des sondes exceptionnelles pour l'étude des phénomènes astrophysiques extrêmes. Par exemple, lorsqu'une supernova explose, elle émet d'énormes quantités de neutrinos. En détectant ces neutrinos, les astrophysiciens peuvent obtenir des informations cruciales sur le déroulement interne de la supernova, sur les processus nucléaires en jeu, et même sur la formation de nouvelles particules exotiques, telles que les neutrinos stériles.

Une autre application importante de l'étude des neutrinos cosmiques concerne la recherche des sources de rayons cosmiques, ces particules subatomiques hautement énergétiques provenant de l'espace. Les rayons cosmiques sont composés principalement de protons et de noyaux atomiques, mais leur origine reste en grande partie mystérieuse. Les neutrinos cosmiques, en raison de leur faible interaction avec la matière, peuvent nous donner des indices sur les sources de rayons cosmiques en provenance de l'Univers lointain.

Pour détecter les neutrinos cosmiques, des instruments spéciaux, appelés détecteurs de neutrinos, sont nécessaires. L'un des détecteurs les plus célèbres est IceCube, situé au pôle Sud. IceCube est un réseau de capteurs profondément enfouis dans la glace de l'Antarctique, conçu pour détecter les neutrinos cosmiques qui interagissent avec les noyaux de glace. Lorsqu'un neutrino interagit avec un noyau de glace, il produit une particule chargée appelée muon, qui émet de la lumière Cherenkov (lumière bleue) dans la glace. Les capteurs d'IceCube sont sensibles à cette lumière et peuvent ainsi détecter les neutrinos cosmiques.

En résumé, l'étude des neutrinos cosmiques offre de nombreuses opportunités passionnantes en astrophysique. Elle peut nous aider à mieux comprendre les processus énergétiques au cœur des phénomènes astrophysiques extrêmes, à explorer les sources de rayons cosmiques de haute énergie et à élargir notre compréhension de l'Univers invisible qui nous entoure.

Les Supernovæ et l'Expansion de l'Univers

Les supernovæ, ces explosions stellaires titanesques, jouent un rôle crucial dans notre quête pour comprendre l'expansion de l'Univers et les mystères de la cosmologie moderne. Elles sont devenues des balises cosmiques essentielles qui ont révolutionné notre compréhension de l'Univers lui-même.

Lorsque nous parlons de supernovæ, nous faisons référence à un type particulier d'événement dans le cycle de vie des étoiles. Les supernovæ se produisent lorsqu'une étoile massive atteint la fin de son existence et que les forces gravitationnelles à l'intérieur de l'étoile ne peuvent plus résister à l'effondrement gravitationnel. Ce phénomène cataclysmique déclenche une explosion spectaculaire, libérant une quantité d'énergie incroyablement colossale en l'espace de quelques instants. Pendant cette brève période, une supernova peut briller plus intensément que toute une galaxie.

Les supernovæ ne sont pas des événements rares, mais elles sont essentielles pour notre compréhension de l'Univers. En particulier, les supernovæ de type Ia, qui sont des explosions stellaires provoquées par l'effondrement d'une naine blanche accrétant de la matière, ont un rôle crucial à jouer dans la cosmologie.

La clé réside dans leur luminosité intrinsèque. Les supernovæ de type Ia ont une luminosité extrêmement prévisible et uniforme. Cela signifie que nous pouvons les utiliser comme des chandelles standard dans l'espace, ce qui nous permet de mesurer les distances cosmiques avec une grande précision.

Dans les années 1990, lorsque des astronomes ont commencé à observer des supernovæ de type Ia dans des galaxies lointaines, ils ont constaté que ces explosions semblaient moins lumineuses que prévu en fonction de leur distance. Cela a conduit, comme nous l'avons vu auparavant, à la conclusion stupéfiante que l'expansion de l'Univers ne ralentit pas, comme on le pensait alors, mais s'accélère. Pour expliquer cette accélération de l'expansion, les cosmologues ont introduit le concept d'énergie sombre, une forme d'énergie mystérieuse qui remplit l'Univers et exerce une pression négative, repoussant les galaxies les unes des autres. Cette découverte a eu des implications profondes pour les théories unifiées en physique, qui devaient à partir de ce moment tenir compte de l'énergie sombre et de son rôle dans l'expansion de l'Univers. Cela a ouvert de nouvelles voies de recherche dans la quête d'une théorie du tout.

En fin de compte, les supernovæ peuvent servir de sonde cruciale pour explorer les confins de l'Univers. Elles continuent de jouer un rôle central dans la recherche en cosmologie, offrant des indices précieux sur l'énergie sombre, la gravité à grande échelle et la nature fondamentale de l'Univers lui-même.

Les Modèles Basés sur l'Information Quantique

Introduction aux MBIQ

Les Modèles Basés sur l'Information Quantique, ou MBIQ, sont un ensemble de théories et d'approches en physique théorique qui cherchent à explorer les liens entre les principes fondamentaux de l'information quantique et la structure de l'Univers. Ces modèles envisagent que l'information quantique, telle que décrite par les lois de la mécanique quantique, joue un rôle central dans la compréhension de la réalité physique.

Ainsi, les MBIQ supposent que l'information quantique ne doit pas seulement être considérée comme une abstraction mathématique ou une description de phénomènes subatomiques, mais plutôt comme une composante essentielle de la manière dont l'Univers fonctionne à toutes les échelles. Ces modèles s'inspirent de concepts de l'informatique quantique pour explorer comment l'information est stockée, transmise, et traitée dans le cadre de la réalité physique.

Il est important de noter que dans le cadre des MBIQ, de nouvelles idées et théories émergent régulièrement à mesure que la recherche progresse, et il n'y a pas encore de consensus définitif sur la manière dont ces concepts s'intègrent dans une Théorie du Tout complète.

Le Principe Holographique

Dans notre effort pour dévoiler les secrets de l'Univers, nous rencontrons parfois des énigmes qui semblent dépasser notre compréhension. Un exemple est la nature exacte de l'espace-temps et son lien intime avec l'information. C'est ici que le principe holographique entre en jeu, une idée fascinante qui s'est développée dans le cadre des MBIQ.

L'Univers En Codes Binaires

Imaginez que l'Univers tout entier, avec ses dimensions spatiales et ses manifestations physiques, puisse être réduit à une série complexe de codes binaires, tout comme les données stockées sur un disque dur d'ordinateur. Cette idée audacieuse est au cœur du principe holographique. Elle suggère que toute l'information nécessaire pour décrire notre réalité tridimensionnelle peut être codée sur une surface bidimensionnelle, comme si chaque élément de notre Univers était projeté sur une énorme toile numérique.

Pour mieux comprendre cela, imaginez que vous ayez une boîte transparente contenant une scène tridimensionnelle, comme une ville miniature. Selon le principe holographique, il serait possible de reproduire chaque détail de cette scène sur une surface plane, comme une photographie. Cette photographie serait en quelque sorte une représentation holographique de la réalité tridimensionnelle.

La notion peut sembler étrange, mais elle a des implications profondes pour la compréhension de la physique fondamentale. Elle nous invite à repenser notre perception de l'espace et du temps, tout en ouvrant de nouvelles perspectives sur la gravité quantique, les théories de jauge, et la nature même de l'Univers.

Les Origines du Principe Holographique

L'idée du principe holographique a émergé dans les années 1990, principalement grâce aux travaux pionniers de Gerard 't Hooft et Leonard Susskind. C'est Juan Maldacena, à l'Institute for Advanced Study (IAS) à Princeton, New Jersey, qui a toutefois propulsé ce concept dans le devant de la scène scientifique avec sa proposition révolutionnaire de la correspondance AdS/CFT en 1997.

Cette correspondance établit un lien surprenant entre deux domaines de la physique : d'une part, une théorie de la gravité dans un espace-temps anti-de Sitter (AdS), qui est un espace courbe où la gravité est décrite dans le cadre de la relativité générale ; d'autre part, une théorie des champs conformes (CFT), qui s'applique à une frontière de dimension inférieure de cet espace AdS.

Ce qui rend cette correspondance si révolutionnaire, c'est que les phénomènes incluant la gravité dans un espace AdS pourraient être entièrement décrits par une théorie des champs conformes à sa frontière, qui n'inclut pas la gravité. Cela implique qu'une description complète de l'information tridimensionnelle dans l'espace AdS peut être encodée sur une surface bidimensionnelle, un concept qui étire l'imagination.

Les mathématiques derrière la correspondance AdS/CFT sont robustes, ce qui se manifeste à travers trois aspects principaux. Tout d'abord, la cohérence interne : les équations et modèles impliqués dans cette théorie sont structurés de manière à éviter toute contradiction ou anomalie interne, assurant ainsi une base solide et fiable pour la théorie. Ensuite, la précision des prédictions : cette correspondance n'est pas seulement théorique, mais permet également de faire des prédictions concrètes et vérifiables dans le domaine des théories des champs conformes, prédictions qui peuvent être corroborées par des calculs mathématiques rigoureux. Enfin, son applicabilité large montre que la théorie ne se limite pas à un seul domaine de la physique, mais s'étend à une multitude d'aspects, allant de la physique des particules à la physique de la matière condensée.

Ces trois facteurs ensemble soulignent la solidité et la fiabilité des fondements mathématiques de la correspondance AdS/CFT, affirmant son statut comme un pilier important dans la physique théorique contemporaine. Cependant, il est important de noter qu'elle reste une conjecture, c'est-à-dire que cette théorie semble plausible et elle est soutenue par des raisonnements logiques, mais elle n'a pas encore été prouvée de manière définitive. Elle continue tout de même d'inspirer des recherches approfondies et est considérée comme un cadre précieux pour explorer et comprendre des questions fondamentales concernant la nature de l'espace, du temps et de la gravité.

Pour mieux comprendre ce concept, imaginez que vous ayez un grand volume d'espace, comme une grosse boule. La correspondance AdS/CFT dit que tout ce qui se passe à l'intérieur de cette grosse boule, y compris les forces gravitationnelles qui tiennent tout ensemble, peut être décrit juste en examinant la surface de la boule. Et cette surface ne parle même pas de gravité ! C'est comme si vous pouviez tout connaître de ce qui se passe dans une pièce fermée simplement en regardant ce qui est affiché sur les murs extérieurs. C'est là que le terme « holographique » entre en jeu, car un hologramme est une image 2D qui contient toutes les informations nécessaires pour voir quelque chose en 3D. Même si cette idée est très complexe et qu'elle semble sortir tout droit d'un film de science-fiction, les scientifiques l'ont prise au sérieux parce que les calculs mathématiques la soutiennent et le principe holographique est devenu un pilier de la recherche en physique théorique moderne.

Le Principe Holographique en Action

Maintenant que nous avons posé les bases du principe holographique, plongeons plus profondément dans ce concept pour comprendre comment il fonctionne en pratique.

Imaginez que nous observions une tasse de café sur une table. Selon le principe holographique, toute l'information nécessaire pour décrire la tasse de café et son environnement peut être codée sur une surface bidimensionnelle qui l'entoure. En d'autres termes, chaque détail de la tasse de café, des reflets de la lumière sur sa surface à la température de son contenu, peut être parfaitement reproduit sur la surface bidimensionnelle, comme une sorte de « hologramme » de la réalité tridimensionnelle. Cependant, cette surface n'a que deux dimensions, tandis que la réalité que nous observons est en trois dimensions. C'est là que réside la magie du principe holographique.

Pour comprendre comment cela est possible, envisageons la nature de l'information elle-même. L'information ne se soucie pas de la dimensionnalité de l'espace, car elle est fondamentalement abstraite. Les codes binaires qui représentent cette information peuvent être stockés et interprétés de différentes manières, indépendamment de la dimension de l'espace dans lequel ils sont encodés.

Pour expliquer cette idée, commençons par revenir sur ce qu'est l'information. Dans son sens le plus fondamental, l'information est une collection de données ou de faits qui ont été codés sous une forme quelconque. Par exemple, un texte écrit est une forme d'information, tout comme une image numérique ou même les instructions génétiques contenues dans l'ADN.

La clé ici est que l'information est indépendante de la dimensionnalité physique. Cela signifie que l'information n'a pas besoin d'un espace tridimensionnel pour exister. Vous pouvez l'illustrer par l'existence de codes binaires, qui sont la base du stockage et du traitement de l'information dans les ordinateurs et sur Internet. Un code binaire est simplement une séquence de zéros et de uns (0 et 1) qui peut représenter n'importe quelle information, des lettres et des chiffres à des images, de vidéos et des sons.

Prenons l'exemple d'un livre. L'information qu'il contient est la même, que le livre soit imprimé sur du papier (un objet tridimensionnel) ou stocké sous forme de fichier numérique sur un ordinateur (représenté par des codes binaires dans un espace de stockage qui n'a pas à être visuellement tridimensionnel). L'information reste la même, même si elle est présentée dans différentes dimensions. Ainsi, bien que l'information puisse sembler être une entité tridimensionnelle, elle peut être réduite à une représentation bidimensionnelle sans perte d'information.

Cela devient encore plus intéressant quand on pense à l'espace et à la manière dont l'information est stockée et traitée à des niveaux quantiques ou cosmiques. Dans le contexte de la correspondance AdS/CFT évoquée par Juan Maldacena, on peut imaginer que l'information qui décrit notre Univers observable pourrait « exister en deux dimensions », ce qui a des implications profondes pour notre compréhension de l'Univers et la nature de la réalité.

Les Avancées en Informatique Quantique

L'une des raisons pour lesquelles le principe holographique est si captivant est son lien avec l'informatique quantique, qui explore comment les lois de la mécanique quantique peuvent être utilisées pour traiter de l'information de manière radicalement différente de l'informatique classique.

Cette approche est basée sur des qubits, qui sont les unités fondamentales de l'information quantique. Contrairement aux bits classiques qui peuvent être soit 0, soit 1, les qubits peuvent exister dans un état de superposition, ce qui signifie qu'ils peuvent représenter simultanément plusieurs valeurs. De plus, les qubits peuvent être intriqués, ce qui signifie que l'état d'un qubit peut être instantanément lié à l'état d'un autre, même s'ils sont séparés par de grandes distances. Cela leur permet de représenter une multitude d'états simultanément, offrant une capacité de stockage et de traitement de l'information bien plus grande que celle des bits classiques. Un petit nombre de qubits peut donc coder une quantité d'information disproportionnellement grande par rapport à leur nombre.

Cela montre une rupture avec l'idée classique de la correspondance un-à-un entre l'espace et l'information, et ouvre la porte à des conceptions plus complexes et plus efficaces de la représentation et du traitement de l'information.

Entropie Holographique

L'entropie holographique est un concept qui découle du principe holographique qui concerne la façon dont l'entropie, une mesure du désordre ou de la complexité d'un système, est liée à l'information stockée dans un espace holographique. Plus précisément, l'entropie holographique se réfère à l'entropie associée à un système physique en utilisant le formalisme de la correspondance AdS/CFT ou d'autres variantes de cette correspondance.

Ce qui rend l'entropie holographique intéressante, c'est qu'elle met en évidence le fait que l'entropie d'un système physique peut être calculée en considérant le comportement de la gravité dans un espace tridimensionnel, ce qui est une caractéristique clé de la correspondance AdS/CFT. En d'autres termes, l'entropie d'un système peut être vue comme une manifestation de la géométrie et de la gravité dans un espace holographique.

La principale différence entre le principe holographique et l'entropie holographique réside dans leur objectif. Le principe holographique est une idée générale qui établit une correspondance entre les systèmes physiques tridimensionnels et leurs représentations bidimensionnelles, tandis que l'entropie holographique se réfère spécifiquement à la manière dont l'entropie d'un système peut être calculée en utilisant cette correspondance, mettant en évidence le rôle de la géométrie et de la gravité dans ce calcul.

Essayons d'expliquer de concept de manière plus simple : Imaginez que vous ayez une boîte magique. Cette boîte peut contenir toutes sortes d'objets et d'informations, comme des livres, des jouets, des images, etc. La boîte a une particularité : tout ce qui est à l'intérieur de la boîte peut être représenté sur la surface extérieure de la boîte.

Maintenant, pensez à cette surface extérieure comme une grande feuille de papier où toutes les informations sur ce qui est à l'intérieur sont dessinées. Imaginez que vous puissiez mesurer la complexité de ces dessins sur la feuille. Par exemple, si les dessins sont très compliqués avec beaucoup de détails, alors l'entropie holographique est élevée. Si les dessins sont simples et moins détaillés, alors l'entropie holographique est basse.

Ce concept est similaire à celui de l'entropie en thermodynamique, qui mesure le désordre ou le chaos dans un système. Dans le cas de l'entropie holographique, c'est comme si nous mesurions la complexité des informations sur la surface de la boîte, et cela peut avoir des implications importantes en physique théorique, notamment en ce qui concerne la théorie des trous noirs et la correspondance AdS/CFT.

Les Conséquences pour la Gravité Quantique

Le principe holographique a des implications profondes pour la quête de gravité quantique, l'une des énigmes les plus persistantes de la physique contemporaine. Rappelez-vous, la gravité quantique cherche à unifier la théorie de la relativité générale d'Einstein, qui décrit la gravité dans le cadre de la relativité, avec la mécanique quantique, qui décrit les interactions à l'échelle subatomique.

Dans le contexte du principe holographique, la gravité quantique prend une nouvelle perspective. Au lieu de considérer la gravité comme une force fondamentale agissant dans un espace-temps tridimensionnel, nous pouvons la voir comme une manifestation de la manière dont l'information est encodée sur une surface bidimensionnelle.

Ainsi, le principe holographique propose une façon totalement différente de penser à l'Univers. Plutôt que de voir la gravité et la mécanique quantique comme deux jeux de règles séparés, il suggère qu'ils pourraient être des reflets les uns des autres à différentes échelles. Cela pourrait signifier que pour comprendre l'Univers aux échelles les plus petites, nous pourrions avoir à regarder ses limites, tout comme pour comprendre un hologramme, nous regardons l'image sur la surface, pas le volume entier.

En bref, le principe holographique ne nous dit pas seulement où chercher les réponses, mais nous suggère également que nous devons changer notre façon de poser les questions. Plutôt que de traiter la gravité et la mécanique quantique comme deux ensembles distincts de phénomènes, nous devons envisager la possibilité qu'ils soient deux langues différentes pour décrire le même paysage sous-jacent de l'Univers.

Compréhension des Trous Noirs

Le principe holographique est particulièrement intrigant lorsqu'il est appliqué à la compréhension des trous noirs, ces objets célestes mystérieux dont la gravité est si forte que rien, pas même la lumière, ne peut s'échapper de leur surface, appelée l'horizon des événements.

Traditionnellement, on pensait que si la matière tombe dans un trou noir, toute l'information qu'elle contient est perdue pour l'Univers extérieur, ce qui pose un problème car en mécanique quantique, l'information est censée être préservée, pas détruite. C'est le paradoxe de l'information des trous noirs, l'une des énigmes les plus célèbres en physique théorique.

Le principe holographique offre une perspective fascinante pour résoudre ce paradoxe. Il suggère que l'information n'est pas perdue dans le trou noir, mais plutôt codée à sa surface. Selon cette vue, tout ce qui tombe dans un trou noir laisse une sorte d'empreinte d'information à l'horizon des événements. Ainsi, même si la matière elle-même est absorbée, l'information qu'elle contient est conservée sous une forme bidimensionnelle à la surface du trou noir.

Pour mettre cela en contexte avec un exemple plus quotidien : imaginez que vous avez une feuille de papier représentant toutes les informations sur un objet 3D, comme une pomme. Si vous froissez le papier et le jetez dans une poubelle (le trou noir), l'objet 3D (la pomme) disparaît de la vue. Cependant, selon le principe holographique, l'information n'est pas perdue ; elle est simplement compressée et encodée autour de la poubelle (l'horizon des événements du trou noir).

Cela a d'énormes implications pour notre compréhension des trous noirs. Si l'information sur la matière qui tombe dans un trou noir est conservée à son horizon des événements, alors les trous noirs ne détruisent pas l'information, mais la transforment. Cela pourrait permettre aux physiciens de réconcilier les lois de la mécanique quantique avec celles de la relativité générale.

La théorie du rayonnement de Hawking proposée par le physicien théorique Stephen Hawking en 1974 offre une fenêtre sur la mécanique quantique au bord d'un trou noir et elle est particulièrement pertinente dans le contexte du principe holographique et du paradoxe de l'information des trous noirs.

Selon la théorie de Hawking, les trous noirs ne sont pas complètement noirs ; ils émettent en fait un rayonnement à cause des effets de la mécanique quantique qui se produisent à l'horizon des événements. Voici une explication simplifiée de ce phénomène complexe :

À l'échelle quantique, le vide n'est jamais vraiment vide mais bourdonne avec des paires de particules et d'antiparticules qui apparaissent et s'annihilent en un clin d'œil. Ces particules sont connues sous le nom de particules virtuelles. Près de l'horizon des événements d'un trou noir, ces paires de particules peuvent être séparées par les extrêmes forces de marée de la gravité du trou noir. Une des particules peut tomber dans le trou noir tandis que l'autre s'échappe. Lorsque cela se produit, la particule qui s'échappe devient une particule réelle et emporte avec elle une petite quantité de l'énergie du trou noir. Ce processus diminue lentement la masse du trou noir, ce qui peut éventuellement conduire à son évaporation au fil du temps.

Le rayonnement de Hawking est significatif pour le principe holographique et le paradoxe de l'information pour plusieurs raisons :

- Conservation de l'Information : Si les trous noirs s'évaporent par le rayonnement de Hawking, la question devient alors : où va l'information sur ce qui est tombé dans le trou noir ? Le rayonnement de Hawking semble être thermique et ne contient pas d'information sur la matière tombée dans le trou noir, ce qui pose problème à la conservation de l'information en mécanique quantique.

- Principe Holographique : Le principe holographique suggère que toute l'information sur la matière qui tombe dans le trou noir est encodée à l'horizon des événements. Si cela est vrai, alors le rayonnement de Hawking doit en quelque sorte porter cette information. Cela implique que le rayonnement de Hawking ne serait pas complètement aléatoire mais codé avec des informations sur la matière tombée dans le trou noir.

- Gravité Quantique : Le rayonnement de Hawking est une des rares prédictions où les effets de la gravité (trous noirs) et de la mécanique quantique (création de particules) se rencontrent. Cela en fait un terrain d'essai crucial pour toute théorie de la gravité quantique, comme celle proposée par le principe holographique.

Vers une Théorie du Tout

Le principe holographique est bien plus qu'une curiosité intellectuelle. Il s'agit d'un concept profondément révolutionnaire qui peut nous rapprocher de la réalisation d'une Théorie du Tout, qui unifierait toutes les forces fondamentales de la nature en une seule structure cohérente.

En effet, en envisageant l'Univers comme une immense toile d'informations projetée depuis une surface bidimensionnelle, nous sommes confrontés à la notion intrigante que tout ce que nous observons, des particules subatomiques aux galaxies lointaines, est interconnecté à un niveau fondamental. Cette interconnexion pourrait être la clé de voûte qui relie la gravité quantique, la mécanique quantique et les autres forces de la nature.

L'Intrication Quantique

Dans le cadre des MBIQ, l'intrication quantique occupe une place centrale, révélant des secrets profonds sur la structure de l'Univers et la nature fondamentale de l'information.

Comme nous l'avons vu, l'intrication quantique se produit lorsque deux particules deviennent si intimement liées que leurs états quantiques se fondent en un seul, même si elles sont séparées par des distances astronomiques. Cela signifie que le destin de l'une est instantanément lié à celui de l'autre, peu importe où elles se trouvent. Einstein l'a appelé « l'action fantasmagorique à distance ».

L'Intrication Quantique en Action

L'intrication quantique est un phénomène qui dépasse l'entendement. Prenons un exemple simple pour mieux comprendre sa nature énigmatique.

Imaginez deux particules jumelles d'électrons, créées ensemble et intriquées de manière à ce que leurs spins soient opposés. Si l'une des particules a un spin « vers le haut », l'autre aura automatiquement un spin « vers le bas ». Cependant, tant que vous n'avez pas observé l'une des particules, leur état est incertain, dans un état superposé de « vers le haut » et « vers le bas ». C'est seulement lorsque vous mesurez l'état de l'une des particules que l'état de l'autre est déterminé instantanément, quel que soit l'éloignement entre elles.

Cela semble magique, mais c'est un phénomène bien réel. L'intrication quantique a été confirmée par d'innombrables expériences. Ce qui est encore plus déroutant, c'est que cette corrélation instantanée ne peut pas être utilisée pour transmettre de l'information à une vitesse supérieure à celle de la lumière, comme l'a suggéré Einstein.

L'Intrication Quantique et l'Univers

Alors, que peut bien avoir à voir l'intrication quantique avec l'Univers dans son ensemble ? L'une des hypothèses les plus intrigantes est que l'Univers lui-même pourrait être un gigantesque réseau d'information quantique, tissé par des particules intriquées à l'échelle cosmique. Plutôt que de considérer l'espace-temps comme la trame de fond de la réalité, ces modèles envisagent l'intrication quantique comme le tissu même de la réalité.

Selon cette perspective, chaque coin de l'Univers serait connecté à un autre par des liens quantiques invisibles, et l'information circulerait à travers ce réseau complexe. Cela soulève la question fondamentale de savoir comment l'information est stockée et traitée à l'échelle cosmique, et comment elle influence la structure de l'Univers que nous observons.

L'Entrelacement Cosmique

Pour mieux comprendre comment l'intrication quantique pourrait façonner l'Univers, nous pouvons imaginer un vaste réseau d'intrication, appelé l'Entrelacement Cosmique. Dans cet entrelacement, chaque particule, qu'elle soit un photon lumineux voyageant depuis une étoile lointaine ou un électron tournoyant dans un atome, est intriquée avec d'autres particules à travers l'Univers.

L'Entrelacement Cosmique pourrait expliquer certaines caractéristiques mystérieuses de notre cosmos, telles que la corrélation à grande échelle entre les régions du ciel observées par les astronomes. Les photons émis par des étoiles lointaines pourraient être intriqués avec d'autres photons, formant ainsi des motifs complexes de corrélation dans le ciel nocturne.

De plus, cette vision de l'Entrelacement Cosmique offre une perspective intrigante sur l'espace-temps lui-même. Plutôt que d'être une toile statique, l'espace-temps serait dynamique, se tordant et se pliant sous l'influence des intrications quantiques. Cela pourrait expliquer certaines énigmes cosmologiques, telles que la nature de l'énergie sombre.

Les Réseaux Quantiques

L'hypothèse des réseaux quantiques se demande si cette intrication quantique et d'autres propriétés de l'informatique quantique pourraient être intimement liées à la manière dont l'information est stockée et transmise dans l'Univers. Voici quelques aspects clés de cette hypothèse :

- Transmission d'Information Cosmique : Les réseaux quantiques considèrent la possibilité que l'intrication quantique puisse être un mécanisme sous-jacent à la transmission d'informations à travers l'Univers. Au lieu de recourir à des signaux électromagnétiques, tels que la lumière ou les ondes radio, pour transmettre des informations à travers l'espace, il est envisagé que des particules intriquées pourraient être utilisées pour établir des connexions quantiques instantanées entre des points distants. Cela aurait des implications profondes pour la communication interstellaire et même pour la compréhension des signaux cosmiques mystérieux, tels que les sursauts radio rapides (FRB) et les émissions de rayons gamma.

- Stockage d'Information Cosmique : Les réseaux quantiques supposent également que l'intrication quantique pourrait jouer un rôle dans le stockage de l'information à l'échelle cosmique. L'idée est que des structures quantiques complexes pourraient exister à travers l'Univers, agissant comme des systèmes de stockage d'informations. Ces structures pourraient être analogues à des disques durs quantiques, capables de stocker d'énormes quantités d'informations de manière stable et à long terme.

- Traitement d'Information Cosmique : Enfin, les réseaux quantiques suggèrent que l'informatique quantique, avec sa capacité à effectuer des calculs complexes de manière exponentielle, pourrait être utilisée pour le traitement d'informations à grande échelle dans l'Univers. Cela pourrait inclure des processus cosmiques complexes tels que la formation et l'évolution des galaxies, des trous noirs et d'autres structures cosmiques.

L'une des implications les plus fascinantes des réseaux quantiques est que cela pourrait offrir une nouvelle perspective sur la manière dont l'Univers est structuré et fonctionne. Au lieu de considérer l'Univers comme un simple espace où les lois de la physique opèrent, cette hypothèse suggère que l'Univers lui-même pourrait être un gigantesque réseau quantique, où l'information est la monnaie d'échange fondamentale.

Les Défis de l'Intrication Quantique

Bien que ces idées soient captivantes, elles ne sont pas sans défis. L'étude de l'intrication quantique à l'échelle cosmique nécessite des avancées technologiques considérables et des expériences audacieuses. La détection des intrications quantiques sur de grandes distances reste un défi, car les effets de l'intrication deviennent plus subtils à mesure que les particules sont éloignées les unes des autres.

L'Invariance de Jauge

L'invariance de jauge est un concept fondamental en physique des particules qui joue un rôle clé dans notre compréhension de la nature fondamentale de l'Univers. Les MBIQ explorent l'idée que cette invariance de jauge puisse être intimement liée à la manière dont l'information quantique est stockée et propagée dans le tissu même de l'Univers. Pour comprendre cette notion complexe, commençons par démystifier ce qu'est l'invariance de jauge et pourquoi elle est importante.

L'Invariance de Jauge : Un Pilier de la Physique des Particules

L'invariance de jauge est un principe profondément enraciné dans la physique des particules, qui étudie les constituants fondamentaux de la matière et les forces qui les relient. Pour saisir l'importance de l'invariance de jauge, nous devons d'abord comprendre ce qu'est une jauge.

Une jauge est essentiellement une convention ou une manière de choisir un système de mesure. En d'autres termes, c'est une façon de définir des références ou des échelles pour mesurer les grandeurs physiques. Par exemple, lorsque nous mesurons la température, nous pouvons utiliser soit Celsius, soit Fahrenheit, soit Kelvin, mais cela ne change pas la réalité physique de la température elle-même. C'est une convention de jauge.

En physique des particules, l'invariance de jauge implique que les lois fondamentales de la nature restent les mêmes, quelle que soit la jauge choisie pour les décrire. Cela signifie que les équations qui décrivent le comportement des particules et des forces qui les unissent restent inchangées, peu importe la façon dont nous choisissons de mesurer ou de définir ces grandeurs.

Pourquoi cela importe-t-il tant ? Eh bien, cela garantit la cohérence et la stabilité de notre description de l'Univers à l'échelle fondamentale. Sans invariance de jauge, nous pourrions obtenir des résultats contradictoires en utilisant différentes conventions de mesure, ce qui rendrait la physique fondamentale incohérente.

Les MBIQ et l'Invariance de Jauge

Les MBIQ considèrent que les particules elles-mêmes peuvent être interprétées comme des porteurs et des manipulateurs d'information quantique.

Ainsi, les propriétés quantiques des particules, telles que leur spin, leur charge électrique et leur état quantique, peuvent être des éléments d'information et chaque particule subatomique transporte ce code quantique qui la distingue des autres. Lorsque deux particules interagissent, elles peuvent échanger l'information quantique sous forme de ces codes, un peu comme si deux personnes échangeaient des messages cryptés.

L'invariance de jauge pourrait être vue comme la garantie que ces échanges d'information quantique se déroulent de manière cohérente et indépendante de la manière dont nous choisissons de mesurer ou d'observer les particules. Peu importe la jauge que nous utilisons pour décrire ces échanges, l'information quantique reste intacte et cohérente.

Les MBIQ posent ainsi l'idée fascinante que l'information quantique est au cœur de la réalité, et que l'invariance de jauge est la clé de la cohérence de cette réalité.

Les Dimensions Supplémentaires

Une autre implication intrigante des MBIQ est la possibilité que les dimensions supplémentaires, souvent évoquées dans la théorie des cordes et d'autres approches de la gravité quantique, soient également liées à l'invariance de jauge.

Ainsi, dans le cadre des MBIQ, les dimensions supplémentaires pourraient être des « canaux » ou des « chemins » supplémentaires par lesquels l'information quantique circule ou est stockée. Imaginez ces dimensions supplémentaires comme des voies d'accès cachées, que nous ne percevrions pas dans notre réalité quotidienne, mais qui joueraient un rôle crucial dans la cohérence de l'Univers.

Ces dimensions supplémentaires pourraient expliquer certaines des énigmes de la physique moderne en permettant à l'information quantique de se déplacer et de s'organiser de manière complexe.

Le Rôle de l'Observateur

Un concept intrigant au sein des MBIQ concerne la manière dont l'observateur quantique peut influencer la structure de l'information et de l'Univers. Pour explorer cette notion fascinante, nous plongerons dans le monde de l'observation quantique, de l'effondrement de la fonction d'onde et de la manière dont cela pourrait être lié aux MBIQ.

L'Observateur Quantique et la Fonction d'Onde

Pour comprendre le rôle de l'observateur quantique, commençons par réexaminer l'une des caractéristiques les plus énigmatiques de la mécanique quantique : la superposition. Selon la mécanique quantique, une particule subatomique, comme un électron, peut exister dans un état de superposition, ce qui signifie qu'elle peut occuper plusieurs états différents simultanément. Par exemple, un électron peut être à la fois dans un état de spin « vers le haut » et « vers le bas » en même temps.

Cependant, dès qu'un observateur tente de mesurer l'état de cette particule, la superposition semble « s'effondrer » en un seul état bien défini. C'est ce que l'on appelle l'effondrement de la fonction d'onde. L'acte de l'observation semble avoir un impact direct sur la réalité de la particule, la forçant à adopter un état spécifique.

Ce phénomène est à la base de nombreuses discussions philosophiques et métaphysiques sur la nature de la réalité. Il soulève des questions sur le rôle de l'observateur et sur la manière dont notre observation influe sur le monde quantique qui nous entoure.

L'Observateur et l'Information Quantique

Les MBIQ considèrent que l'information quantique est au cœur de la réalité physique. Dans cette perspective, l'observateur joue un rôle crucial dans la manière dont l'information est stockée, traitée et interprétée dans l'Univers.

Lorsqu'un observateur quantique effectue une mesure, il interagit avec le système quantique qu'il observe. Cette interaction peut être vue comme une lecture de l'information stockée dans le système quantique. Selon les principes de la mécanique quantique, cette lecture peut entraîner l'effondrement de la fonction d'onde, conduisant à une réalité bien définie.

Cela suggère que l'acte d'observation quantique est essentiellement un processus d'acquisition d'informations. L'observateur extrait de l'information du système quantique et, ce faisant, contribue à la création de la réalité observée.

Réconcilier l'Observateur et l'Univers

Le défi des MBIQ est de réconcilier le rôle de l'observateur quantique avec la nature de l'Univers en tant que système d'information quantique. Comment l'observation individuelle peut-elle s'insérer dans cette vision globale de l'Univers en tant que réseau d'informations quantiques interconnectées ?

Une approche possible consiste à considérer que chaque acte d'observation quantique contribue à la « mise à jour » de l'information de l'Univers. Chaque mesure quantique ajoute une nouvelle couche à la toile complexe de l'information quantique qui constitue l'Univers.

Cette vision pourrait également être liée à des concepts de conscience et de réalité subjective. Certains MBIQ spéculent sur le rôle de la conscience en tant qu'observateur quantique, suggérant que la conscience elle-même est une manifestation de l'information quantique interagissant avec l'Univers. Cela ouvre la porte à des discussions philosophiques sur la nature de la conscience et son lien avec la réalité physique.

Les Hypothèses de MBIQ Actuelles

Les différentes théories et hypothèses liées MBIQ s'intéressent toutes à la manière dont l'information quantique peut influencer notre compréhension de la réalité, mais elles se focalisent sur des aspects différents de ce concept. Chacune de ces théories tente de répondre à des questions spécifiques et propose une perspective unique sur la relation entre l'information quantique, l'espace-temps et la structure fondamentale de l'Univers.

Voici un résumé des principales théories actuelles :

- Calcul quantique et code cosmique : Certaines théories suggèrent que le tissu de l'Univers pourrait fonctionner comme un ordinateur quantique géant, traitant l'information à une échelle cosmique.

- It from Qubit : Cette hypothèse suggère que l'Univers entier pourrait être décrit en termes d'information quantique (qubits). Cela implique que tout, des particules élémentaires à la structure de l'espace-temps, pourrait être fondamentalement informationnel.

- Théorie de l'information quantique et thermodynamique : Cette approche examine comment les lois de la thermodynamique, en particulier l'entropie, sont liées à l'information quantique. Elle a des implications pour comprendre la nature de l'information dans les trous noirs et l'évolution de l'Univers.

- Théorie de l'information géométrique : Cette théorie cherche à décrire les champs gravitationnels et quantiques en utilisant des principes d'information, et en représentant les informations sur la structure de l'espace-temps comme des entités géométriques.

- Modèles de décohérence cosmique : Ces approches examinent comment les processus de décohérence (où les états quantiques superposés évoluent vers des états classiques distincts) pourraient avoir façonné l'Univers primitif.

Ces hypothèses et théories sont à la frontière de la physique théorique et de l'informatique quantique, et bien que certaines puissent sembler hautement spéculatives, elles sont prises au sérieux par les scientifiques dans leur quête pour comprendre les lois fondamentales de la nature et la structure ultime de la réalité.

Les Défis de la Recherche en MBIQ

Les MBIQ sont fascinantes mais elles sont encore des théories en développement, et elles nécessitent des tests expérimentaux et des preuves observationnelles pour être validées.

La recherche en MBIQ exige des avancées technologiques considérables pour développer des expériences capables de sonder les propriétés quantiques fondamentales de l'Univers. Les détecteurs quantiques, les accélérateurs de particules avancés et d'autres instruments de pointe sont nécessaires pour explorer ces questions complexes.

De plus, les MBIQ remettent en question certaines des bases de notre compréhension actuelle de la réalité. Cela signifie que des collaborations interdisciplinaires entre physiciens, mathématiciens et experts en sciences de l'information sont essentielles pour développer ces idées de manière rigoureuse.

Le Code Mathématique Fondamental

L'idée selon laquelle l'Univers est régi par un ensemble de lois mathématiques fondamentales est particulièrement intrigante. Cette perspective suggère que l'ensemble des phénomènes, des mouvements célestes aux interactions subatomiques, peut être décrit au moyen d'équations mathématiques et de constantes numériques. En d'autres termes, les mathématiques se révèlent être la langue Universelle de notre cosmos.

Modèles Écologiques Cognitifs

Les modèles écologiques cognitifs sont une classe de modèles théoriques et conceptuels qui cherchent à expliquer comment les phénomènes naturels, en particulier les aspects de l'Univers physique et de la réalité, pourraient émerger à partir de principes fondamentaux liés à l'information, à la cognition et au calcul.

L'idée sous-jacente est que l'information et la cognition pourraient jouer un rôle central dans la compréhension de la nature de la réalité, y compris les lois de la physique. Ils proposent que la réalité pourrait être le produit d'un système d'information complexe et de calculs, et que les phénomènes observés dans l'Univers pourraient découler de ces processus.

Ce postulat s'appuie sur l'observation que de nombreuses lois physiques peuvent être traduites en langage mathématique avec une précision extraordinaire. Par exemple, les lois de la gravité formulées par Isaac Newton ou la relativité générale élaborée par Albert Einstein sont exprimées sous forme d'équations mathématiques. De plus, certaines constantes numériques telles que la vitesse de la lumière (c), la constante de Planck (h), et la constante gravitationnelle (G) semblent jouer un rôle central dans la structuration de notre Univers.

Cette hypothèse engendre d'ardentes questions sur la nature des mathématiques elles-mêmes. Sont-elles une création humaine, ou bien une découverte de principes mathématiques préexistants qui gouvernent l'Univers ? Si l'Univers suit effectivement un code mathématique fondamental, cela sous-entend-il que les mathématiques existent indépendamment de notre esprit et de notre culture, étant inscrites dans la structure même de la réalité ? Ou notre compréhension du monde est-elle le produit de nos capacités cognitives et de notre traitement de l'information ?

Bien que cette recherche ne soit pas à proprement parler une théorie scientifique, elle suscite un grand intérêt parmi les mathématiciens, les physiciens et les philosophes depuis de nombreuses années.

Voici un résumé des éléments clés de la recherche dans ce contexte :

- Le rôle des mathématiques dans la science : Les mathématiques sont depuis longtemps un outil puissant pour décrire et prédire les phénomènes naturels. De nombreuses lois physiques, telles que les lois de la gravité, de l'électromagnétisme et de la mécanique quantique, peuvent être formulées de manière mathématique précise. Cette efficacité des mathématiques dans la description de la réalité naturelle a conduit à la question de savoir si les mathématiques sont intrinsèquement liées à la structure de l'Univers.

- La question de la réalité des mathématiques : L'une des questions clés soulevées par la recherche d'un Code Mathématique Fondamental est de savoir si les mathématiques existent indépendamment de l'esprit humain. Certains philosophes et mathématiciens ont soutenu que les mathématiques sont une découverte plutôt qu'une invention humaine, ce qui signifierait qu'elles existent en tant qu'entités abstraites, quel que soit l'observateur. Cette perspective, appelée le réalisme mathématique, suggère que les mathématiques sont « vraies » en elles-mêmes et que leur adéquation à la description de la réalité physique est un indice de la profondeur de la connexion entre les mathématiques et l'Univers.

- Les théories mathématiques et la physique théorique : De nombreuses avancées en physique théorique ont été rendues possibles grâce à l'utilisation de théories mathématiques sophistiquées. Par exemple, la théorie de la relativité d'Einstein repose sur des concepts mathématiques complexes tels que la géométrie différentielle, tandis que la mécanique quantique utilise des espaces de Hilbert et des opérateurs linéaires. Certains scientifiques se sont demandé si les mathématiques elles-mêmes guident la physique, c'est-à-dire si la structure mathématique préexistante influence les lois physiques que nous découvrons.

- Les conjectures mathématiques non résolues : Un aspect fascinant de la recherche d'un Code Mathématique Fondamental est l'exploration des conjectures mathématiques non résolues qui, une fois prouvées, pourraient avoir des implications profondes pour la compréhension de l'Univers. Des domaines tels que la théorie des nombres, la topologie et la géométrie algébrique regorgent de conjectures mathématiques qui demeurent des défis stimulants pour les mathématiciens.

Le Pouvoir des Symétries

Les symétries mathématiques jouent un rôle essentiel dans notre compréhension des lois de la nature et dans la recherche d'un code mathématique fondamental qui pourrait sous-tendre l'Univers.

Voici comment les symétries mathématiques sont liées à cette question :

- Symétries dans les équations physiques : De nombreuses équations mathématiques qui décrivent les lois de la nature, telles que les équations de Maxwell pour l'électromagnétisme ou les équations de la relativité générale d'Einstein pour la gravité, présentent des symétries mathématiques. Ces symétries indiquent que les équations conservent certaines propriétés lors de transformations spécifiques, telles que des rotations, des translations ou des inversions. La présence de symétries mathématiques dans les équations physiques est un indice que les mathématiques jouent un rôle fondamental dans la description de la réalité naturelle.

- Conservation des quantités physiques : Les lois de conservation, telles que la conservation de l'énergie, de la

343

quantité de mouvement, de l'impulsion angulaire, etc., sont intimement liées aux symétries mathématiques. Par exemple, la conservation de l'énergie découle du fait que les lois physiques sont invariantes par translation dans le temps (une forme de symétrie). La conservation de la quantité de mouvement est liée à l'invariance par translation dans l'espace. Ces lois de conservation sont des pierres angulaires de la physique et sont fortement influencées par les symétries mathématiques.

- Symétries et symétries brisées : L'étude des symétries mathématiques peut également révéler des informations importantes sur la structure de la réalité. Parfois, les symétries mathématiques observées à petite échelle (par exemple, dans le domaine des particules subatomiques) sont brisées à des échelles plus grandes (par exemple, dans le comportement macroscopique de la matière). Comprendre pourquoi certaines symétries sont brisées et d'autres non peut fournir des indices sur la structure fondamentale de l'Univers.

- Symétries et théorie unifiée : Les physiciens théoriciens cherchent une théorie unifiée qui décrirait toutes les forces fondamentales de la nature en utilisant une seule et même structure mathématique. Une telle théorie unifiée serait basée sur des symétries mathématiques plus profondes. Par exemple, la théorie des cordes est basée sur des symétries mathématiques avancées.

Pour mieux comprendre ces concepts, prenons un exemple classique de symétrie : la symétrie de translation. Imaginez que vous observiez une bille roulant sur une table parfaitement lisse. Si vous déplacez votre point de vue (ou le système de coordonnées que vous utilisez) d'un mètre vers la gauche ou vers la droite, les lois qui gouvernent le mouvement de la bille restent inchangées. C'est ce que l'on appelle une symétrie de translation. En physique, cela signifie que les lois de la nature sont les mêmes partout dans l'Univers, ce qui est essentiel pour notre compréhension de la gravité, de l'électromagnétisme et d'autres forces fondamentales.

Une autre symétrie cruciale est la symétrie de rotation. Si vous observez une planète en orbite autour d'une étoile, la rotation de la planète n'affecte pas les lois de la gravité qui la maintiennent en orbite. Cette symétrie de rotation explique pourquoi les planètes, les étoiles et les galaxies se forment et évoluent de manière prévisible. C'est grâce à cette symétrie que nous pouvons élaborer des théories cosmologiques cohérentes.

Pour étudier et comprendre ces symétries, les physiciens utilisent des outils mathématiques sophistiqués, tels que les groupes de Lie. Un groupe de Lie est un ensemble mathématique qui décrit les symétries de manière abstraite. Par exemple, le groupe de Lie SO(3) décrit les rotations tridimensionnelles. Les physiciens utilisent ces groupes pour représenter mathématiquement les transformations qui préservent les lois de la nature.

En résumé, les symétries mathématiques sont des outils puissants pour comprendre les lois de la nature et la relation entre les mathématiques et la réalité physique. Elles sont souvent utilisées pour explorer l'idée qu'il pourrait exister un code mathématique fondamental qui gouverne l'Univers, bien que cette question reste un domaine actif de recherche et de débat scientifique.

Les Espaces de Calabi-Yau

Les symétries et les groupes de Lie sont des outils puissants, mais ils ne sont que le début de notre exploration des mathématiques avancées qui sous-tendent l'Univers. Les espaces de Calabi-Yau sont un exemple fascinant de mathématiques avancées qui ont une grande importance en physique théorique, en particulier dans le cadre de la théorie des cordes.

Rappelez-vous, la théorie des cordes tente de comprendre la structure fondamentale de l'Univers en considérant que les particules élémentaires ne sont pas des points, mais des cordes vibrantes. Pour que cette théorie fonctionne, elle nécessite une géométrie mathématique très spécifique, et c'est là que les espaces de Calabi-Yau entrent en jeu.

Les espaces de Calabi-Yau sont des variétés complexes hautement symétriques. En mathématiques, une variété complexe est un espace géométrique qui ressemble localement à un espace complexe, c'est-à-dire un espace basé sur des nombres complexes. Les espaces de Calabi-Yau sont particulièrement intéressants en raison de leurs propriétés géométriques complexes qui satisfont aux exigences de la théorie des cordes.

La théorie des cordes propose que notre Univers ait plus de dimensions que celles que nous percevons. Ces dimensions supplémentaires sont essentielles pour que la théorie fonctionne mathématiquement. Les espaces de Calabi-Yau fournissent une base mathématique pour ces dimensions supplémentaires, ce qui permet aux cordes de vibrer dans un espace géométrique complexe à 10 ou 11 dimensions.

Pour mieux comprendre cela, imaginez les espaces de Calabi-Yau comme les plis et les replis complexes d'une nappe en tissu très fine. Prenons une nappe en soie très délicate. Lorsque vous la froissez et la pliez de manière très précise, elle forme une série de plis et de renfoncements qui semblent aléatoires à première vue. Cependant, ces plis et renfoncements suivent des règles mathématiques précises et complexes.

Chaque pli et renfoncement de cette nappe correspondrait à une partie des dimensions supplémentaires de l'espace qui ne sont pas immédiatement apparentes dans notre réalité quotidienne à trois dimensions. Ces espaces de Calabi-Yau sont essentiels car ils permettent de compacter ces dimensions supplémentaires en des structures géométriques complexes, tout comme les plis de la nappe compressent l'espace en elle.

Ainsi, les espaces de Calabi-Yau agissent comme un canevas mathématique complexe où les dimensions supplémentaires de l'Univers peuvent être soigneusement pliées et cachées, jouant un rôle clé dans la compréhension des théories physiques avancées.

Géométries Non Commutatives

Les géométries non commutatives sont une autre frontière passionnante des mathématiques avancées en physique théorique. Elles remettent en question notre compréhension traditionnelle de la géométrie et de la façon dont l'Univers fonctionne.

L'un des objectifs de la géométrie non commutative est de relier la mécanique quantique, qui décrit le comportement des particules subatomiques, et la gravité, qui régit la structure de l'espace-temps lui-même. Ces deux domaines de la physique sont décrits par des cadres mathématiques très différents, et les géométries non commutatives tentent de les unifier en introduisant une nouvelle perspective mathématique qui part de l'idée que les coordonnées de l'espace et du temps ne commutent pas de la manière habituelle que nous connaissons en géométrie euclidienne. Cela signifie que la notion de points, de lignes et de surfaces dans l'espace devient floue à des échelles extrêmement petites, telles que celles rencontrées dans la mécanique quantique.

Pensez aux géométries non commutatives comme à un jeu de construction, mais avec des règles un peu différentes. Dans un jeu de construction traditionnel, vous pouvez empiler des blocs les uns sur les autres dans n'importe quel ordre, et le résultat final est le même. Cependant, dans les géométries non commutatives, l'ordre dans lequel vous empilez les blocs est important.

Imaginez que vous ayez deux blocs, A et B, et que vous les empiliez dans cet ordre : A sur B. Cela vous donne un résultat différent de celui obtenu en empilant d'abord B sur A. Dans les géométries non commutatives, l'ordre des opérations compte, tout comme l'ordre dans lequel vous empilez les blocs dans ce jeu de construction.

Cela signifie que les règles habituelles de la géométrie, où vous pouvez déplacer des objets dans l'espace sans vous soucier de l'ordre, ne s'appliquent pas aux géométries non commutatives. Au lieu de cela, elles introduisent une nouvelle façon de penser à l'espace et à ses symétries, où l'ordre des opérations joue un rôle crucial dans la compréhension de la structure géométrique.

Les Défis de la Recherche

En résumé, l'idée selon laquelle l'Univers est régi par un ensemble de lois mathématiques fondamentales est l'une des notions les plus fascinantes et profondes de la science et de la philosophie.

Cette idée repose sur l'observation que les phénomènes naturels, des mouvements des planètes dans le ciel aux interactions entre les particules subatomiques, peuvent souvent être décrits et prédits avec une précision remarquable en utilisant des équations mathématiques, et conduit à plusieurs questions et réflexions importantes. Tout d'abord, pourquoi les lois mathématiques semblent-elles fonctionner si bien pour décrire la réalité naturelle ? Est-ce une coïncidence fortuite ou y a-t-il une raison plus profonde derrière cette correspondance mathématique ? Certains philosophes et scientifiques ont suggéré que la nature même des mathématiques, en tant que système logique et abstrait, rend leur utilisation Universelle pour décrire la réalité.

Ensuite, cette idée soulève la question de savoir si les mathématiques existent indépendamment de l'esprit humain ou s'ils sont une création de l'humanité pour décrire le monde qui l'entoure. Le débat entre le réalisme mathématique, qui affirme que les mathématiques sont une découverte de principes mathématiques préexistants qui gouvernent l'Univers, et l'anti-réalisme mathématique, qui les considère comme des constructions humaines, est au cœur de cette réflexion.

De plus, l'idée que l'Univers obéit à un ensemble de lois mathématiques fondamentales a des implications profondes pour notre compréhension de la réalité et de la nature de l'Univers lui-même.

Ainsi, cette quête intellectuelle est passionnante, mais elle est également confrontée à plusieurs défis et questions complexes. Voici un résumé des principaux défis associés à cette recherche :

- Preuve empirique : L'un des défis majeurs est de fournir une preuve empirique solide que l'Univers suit effectivement un code mathématique fondamental. Bien que de nombreuses lois physiques puissent être décrites avec une grande précision à l'aide de mathématiques, cela ne prouve pas nécessairement que les mathématiques sont intrinsèques à la réalité. Il pourrait s'agir d'une coïncidence ou d'une approche pratique pour modéliser les phénomènes naturels.

- Nature des mathématiques : Comprendre la nature des mathématiques elles-mêmes est un défi. Les mathématiques sont-elles une création de l'humanité, ou bien existent-elles en tant qu'entités abstraites indépendamment de notre observation ? Établir la réalité des mathématiques indépendamment de l'esprit humain est une tâche difficile.

- Relation entre mathématiques et réalité : Même si l'on accepte que les mathématiques soient essentielles pour décrire la réalité, la nature exacte de cette relation reste un défi. Les mathématiques sont-elles une description précise de la réalité ou bien sont-elles une abstraction qui se rapproche de la réalité ?

- Implications pour la compréhension de l'Univers : Si un code mathématique fondamental est découvert, cela aurait des implications profondes pour notre compréhension de l'Univers. Il serait nécessaire de déterminer comment ce code gouverne tous les phénomènes naturels, des particules subatomiques aux galaxies. Les implications cosmologiques, physiques et philosophiques de cette découverte devraient être explorées en profondeur.

- Conjectures mathématiques non résolues : La recherche d'un code mathématique fondamental peut être liée à la résolution de conjectures mathématiques non résolues. Les mathématiciens travaillent depuis des décennies sur des problèmes mathématiques complexes qui pourraient avoir des répercussions sur la compréhension de l'Univers si elles étaient résolues. Ces conjectures sont souvent des défis majeurs.

- Interdisciplinarité : Cette recherche nécessite une collaboration étroite entre les mathématiciens, les physiciens, les philosophes de la science et d'autres disciplines. L'interdisciplinarité est essentielle pour aborder les divers aspects de la question.

En somme, la recherche d'un Code Mathématique Fondamental est une entreprise complexe et stimulante qui soulève des questions profondes sur la nature de la réalité, la signification des mathématiques et la relation entre les deux. Bien que des défis subsistent, cette quête continue d'inspirer et de motiver de nombreux chercheurs à travers le monde.

En conclusion, ce cinquième chapitre nous a permis d'approfondir notre compréhension du mystérieux code Universel, explorant les efforts de l'unification des forces fondamentales, le rôle fondamental de l'information dans la mécanique quantique, et l'omniprésence des structures mathématiques dans la trame de l'Univers. Nous avons vu comment ces éléments s'entremêlent pour former la toile complexe de notre réalité, offrant de nouvelles perspectives sur l'existence d'une Théorie du Tout. Cependant, notre quête de connaissance ne s'arrête pas là. L'Univers, dans sa complexité infinie, recèle encore bien des mystères, notamment sur ses origines.

Le prochain chapitre nous emmènera encore plus loin dans notre voyage intellectuel, en explorant les territoires inconnus et fascinants de l'Avant-Big Bang. Nous y examinerons comment les informations cosmiques pourraient contenir des indices sur cet univers primitif, bien avant le moment phénoménal du Big Bang.

Nous chercherons à comprendre comment les données cosmologiques actuelles pourraient révéler des secrets sur cette période mystérieuse. Nous discuterons des différentes méthodes et des avancées technologiques qui permettent aujourd'hui de sonder ces profondeurs inexplorées de l'histoire cosmique.

Puis, nous plongerons dans les diverses hypothèses et modèles théoriques qui tentent de dépeindre ce qui pourrait avoir précédé le Big Bang. De la physique théorique à la métaphysique, nous explorerons les idées les plus audacieuses et les spéculations les plus captivantes proposées par la communauté scientifique.

6

Aux Origines : Avant le Big Bang

Dans ce sixième chapitre et dernier chapitre, nous nous aventurerons aux frontières ultimes de notre compréhension cosmologique, explorant le mystérieux territoire qui précède le Big Bang. L'origine de l'Univers, marquée par le Big Bang, a longtemps intrigué les scientifiques, mais cette quête nous emmènera encore plus loin, vers un espace-temps antérieur à cet événement primordial.

La première partie nous entraînera dans un voyage conceptuel fascinant. Nous explorerons les liens possibles entre l'information et l'état de l'Univers avant le Big Bang.

La deuxième partie nous conduira vers des idées audacieuses et des théories spéculatives. Les scientifiques et les physiciens théoriciens ont développé diverses hypothèses pour décrire ce qui qui pourrait s'être passé avant le Big Bang. Nous explorerons des idées telles que les cycles cosmiques et les Univers parallèles qui ouvrent des portes vers des réalités cosmologiques alternatives.

Ainsi, nous explorerons ici des idées et des concepts qui échappent encore à notre compréhension complète. Cela nous rappellera que la quête de nos origines cosmiques est une aventure intellectuelle sans fin, nous incitant à repousser les limites de notre imagination.

L'Avant-Big Bang Codé dans l'Information Cosmique

Le Big Bang, cet événement colossal qui a marqué le début de notre Univers tel que nous le connaissons, fascine depuis longtemps les astronomes, les astrophysiciens et les cosmologues. Cependant, la question de ce qu'il y avait avant le Big Bang demeure l'un des mystères les plus profonds de la science. Dans cette section, nous allons explorer comment la théorie de l'information peut jeter une lumière nouvelle sur cette énigme cosmologique, en examinant la conservation de l'information, les informations cryptées et la théorie de l'information cosmologique.

Les Recherches sur L'Avant-Big Bang

L'idée qu'il puisse exister quelque chose avant le Big Bang peut sembler contre-intuitive. Après tout, le Big Bang est souvent considéré comme le moment de la création, le point de départ de l'espace et du temps. Mais les physiciens théoriques, armés de mathématiques complexes et de concepts audacieux, ont commencé à envisager des scénarios où notre Univers pourrait être le produit d'un processus cosmique beaucoup plus ancien.

Pour comprendre cela, il est essentiel de se rappeler que le Big Bang n'est pas une explosion dans l'espace, mais plutôt une expansion de l'espace lui-même. Cette distinction ouvre la porte à des questions sur ce qui aurait pu exister « avant ». Et si l'Univers avait traversé différentes phases ? Et si notre Big Bang n'était qu'une transition entre deux états cosmiques ?

L'un des principaux défis dans ce domaine de recherche est l'absence de preuves directes. Les scientifiques doivent s'appuyer sur des observations indirectes, des simulations informatiques et des modèles mathématiques complexes pour élaborer des théories sur cette période. Par ailleurs, explorer ce qui s'est passé avant le Big Bang implique d'examiner un état de l'Univers où les lois de la physique telle que nous les connaissons pourraient ne pas s'appliquer de la même manière.

Ainsi, la recherche sur l'Avant-Big est à la fois complexe et spéculative, car elle s'étend au-delà des limites de notre compréhension actuelle de la physique. Cependant, elle est fondamentale pour dévoiler des indices sur l'origine et la nature ultime de l'Univers.

La Conservation de L'Information Cosmique

Des théories récentes en physique et en cosmologie ont commencé à explorer une idée fascinante : que l'information cosmique, le fondement même de notre compréhension de l'Univers, pourrait survivre à des transitions extrêmes telles que celle du Big Bang. Cela signifie que des traces de ce qui a précédé le Big Bang pourraient être codées dans la structure de l'Univers actuel. Ainsi, comme un palimpseste cosmique, notre Univers pourrait porter en lui les marques de son passé lointain. Cette notion défie notre compréhension traditionnelle du temps et de l'espace et ouvre de nouvelles perspectives sur une possible continuité de l'Univers à travers différentes phases.

Pour bien saisir cette idée, il est essentiel de revoir ce que signifie l'information dans un contexte cosmique. L'information cosmique ne se réfère pas simplement à des données ou des connaissances, mais à l'organisation et à la configuration même de la matière et de l'énergie dans l'Univers. Cela inclut par exemple la position, la vitesse et l'état des particules élémentaires, ainsi que la manière dont elles sont entrelacées à travers les lois de la physique.

Ainsi, le Big Bang, considéré comme l'instant de la création de l'Univers tel que nous le connaissons, a longtemps été pensé comme un point de rupture complet avec ce qui existait avant. Cependant, les théories récentes suggèrent que plutôt que d'être un début absolu, le Big Bang pourrait être un type de transition, où l'information de l'état précédent de l'Univers a été transmise à l'état actuel.

Cette transmission d'information pourrait prendre plusieurs formes. Par exemple, certains modèles cosmologiques suggèrent que les propriétés fondamentales de l'Univers, telles que les constantes physiques, pourraient être héritées d'une phase antérieure. D'autres théories, telles que la cosmologie cyclique, proposent que chaque cycle de l'Univers conserve une mémoire de ses états antérieurs, influençant ainsi les conditions du cycle suivant.

La mécanique quantique, avec ses lois souvent contre-intuitives, joue un rôle crucial dans cette réflexion. Un principe fondamental de la mécanique quantique est la conservation de l'information, selon lequel l'information totale dans un système fermé reste constante au fil du temps. Cette idée a conduit à des spéculations selon lesquelles, même lors d'un événement aussi radical que le Big Bang, l'information quantique pourrait être préservée d'une manière ou d'une autre. Cela pourrait signifier que l'Univers a une sorte de « mémoire », où les événements et les états précédents influencent les conditions actuelles et futures.

C'est pourquoi des particules telles que les quarks et les leptons pourraient être non seulement les blocs de construction de la matière, mais aussi les dépositaires d'informations sur l'état de l'Univers à ses débuts. Les physiciens explorent l'idée que certaines propriétés de ces particules, comme leur masse et leur charge, pourraient être influencées par des événements survenus bien avant le Big Bang. Si cette hypothèse est correcte, alors en étudiant les particules quantiques, nous pourrions déchiffrer des messages de l'Univers pré-Big Bang.

Bien entendu, ces théories ne sont pas sans controverses. La physique de l'Avant-Big Bang est un domaine de spéculation intense, où les expériences directes sont, pour l'instant, hors de portée. Les scientifiques dépendent principalement de modèles mathématiques et de simulations informatiques pour tester leurs idées.

De plus, il y a un débat constant sur la nature même de l'information en physique. Certaines questions restent ouvertes : Comment l'information cosmique est-elle préservée à travers des événements cosmiques extrêmes ? Peut-elle vraiment nous donner des indices sur l'Avant-Big Bang ?

En résumé, ce concept a des implications significatives pour notre compréhension de l'Univers. Si l'information est préservée, cela signifie que l'Univers conserve une trace de son histoire, y compris de l'état dans lequel il était avant le Big Bang. En d'autres termes, l'Univers détient un enregistrement crypté de son passé, et il est peut-être possible de déchiffrer certaines de ses informations en étudiant les conséquences de cette préservation de l'information.

La Révélation à Travers le Rayonnement Fossile

Comme nous l'avons vu en détail, l'une des façons dont les cosmologues tentent de décrypter l'information cosmique est en étudiant le rayonnement fossile. Ce rayonnement est constitué de photons qui ont voyagé à travers l'Univers depuis les premiers instants après le Big Bang. En l'étudiant, les scientifiques peuvent obtenir des informations précieuses sur les fluctuations quantiques de l'état initial de l'Univers.

L'idée ici est que les fluctuations quantiques dans le rayonnement de fond cosmique pourraient contenir non seulement des informations sur la formation et l'expansion de l'Univers, mais aussi des indices sur les conditions qui prévalaient avant le Big Bang. Bien que ces fluctuations soient de minuscules variations de la température du rayonnement, elles sont détectées avec une précision extraordinaire par des satellites et des observatoires spécialisés.

Cependant, l'analyse de ces fluctuations reste un défi complexe. L'interprétation des données du rayonnement de fond cosmique nécessite des modèles mathématiques sophistiqués et des simulations informatiques avancées pour reconstituer les conditions primordiales.

Cryptographie Cosmique

Une autre avenue fascinante est celle de la « cryptographie cosmique ». Cette idée repose sur l'hypothèse que l'Univers peut contenir des informations cachées dans des structures complexes et apparemment aléatoires. Ces informations pourraient être comparées à des codes cryptés qui attendent d'être déchiffrés.

Pour comprendre cette notion, imaginez un livre codé où chaque lettre est remplacée par un symbole complexe. À première vue, le livre semble être un ensemble chaotique de symboles sans signification. Cependant, si vous possédez la clé de décodage, vous pouvez révéler le message caché.

Dans le contexte cosmologique, les structures complexes de l'Univers pourraient potentiellement contenir des informations sur les événements qui ont précédé le Big Bang. Ces informations pourraient être cachées dans la distribution des galaxies, les modèles de matière noire, ou même les propriétés des particules subatomiques.

Le Rôle des Futurs Instruments Cosmologiques

L'un des espoirs pour avancer dans la compréhension du pré-Big Bang réside dans le développement de futurs instruments cosmologiques. Les progrès technologiques permettent la création de détecteurs et d'observatoires de plus en plus performants, capables de recueillir des données encore plus précises sur l'Univers et ses secrets.

Des projets tels que le James Webb Space Telescope (JWST) de la NASA ou le Square Kilometre Array (SKA), qui sera le plus grand radiotélescope du monde, sont des exemples de ces instruments cosmologiques. Ils devraient être en mesure de collecter des données cruciales pour résoudre certaines des questions les plus énigmatiques de la cosmologie.

En fin de compte, la question de ce qu'il y avait avant le Big Bang demeure l'un des mystères les plus profonds de la science. Les avancées récentes dans la théorie de l'information cosmologique, l'analyse du rayonnement de fond cosmique et la recherche de cryptographie cosmique offrent de nouvelles perspectives pour aborder cette énigme.

Théories et Spéculations sur l'Avant-Big Bang

Nous avons parcouru un long chemin dans notre exploration des origines de l'Univers, des premiers pas de la cosmologie aux théories de la gravité quantique et de l'information cosmologique. Cependant, il existe encore de nombreuses questions non résolues et de mystères profonds qui continuent de captiver l'imagination des chercheurs. Dans cette section, nous allons plonger au cœur des hypothèses actuelles qui tentent de répondre à la question de ce qu'il y avait avant le Big Bang et ainsi tenter de lever le voile sur les mystères de l'origine de l'Univers.

Le Néant

La notion de néant, ou « rien », est l'une des idées les plus intrigantes et mystérieuses qui aient fasciné les philosophes et les scientifiques à travers les âges. Il est essentiel de comprendre ce que nous entendons par « néant ». En philosophie, le néant est souvent considéré comme l'absence totale de tout, y compris d'espace, de temps et de matière. C'est un concept qui défie notre compréhension et qui soulève des questions profondes sur l'existence elle-même.

En physique, le concept de « néant » absolu est loin d'être simple. La mécanique quantique nous apprend que même dans les coins les plus reculés et apparemment vides de l'Univers, il existe des fluctuations quantiques. Ces fluctuations sont de minuscules variations d'énergie qui surgissent de manière aléatoire et disparaissent presque instantanément. Elles sont le produit de l'incertitude inhérente à l'échelle microscopique de la réalité.

Ces fluctuations quantiques remettent en question la notion traditionnelle du « néant » absolu. En effet, même si l'on pouvait éliminer toute matière, tout espace et tout temps, ces fluctuations quantiques subsisteraient. Elles sont le signe que le vide quantique est tout sauf vide, mais plutôt un bouillonnement d'activité subatomique.

Alors, qu'en est-il de l'avant-Big Bang ? Cette question est particulièrement énigmatique, car le Big Bang lui-même représente un changement de paradigme majeur dans notre compréhension de l'Univers. Selon la cosmologie moderne, le Big Bang marque le début de l'Univers observable tel que nous le connaissons. Avant cela, l'Univers était dans un état de densité et de chaleur extrêmes, où les lois de la physique telles que nous les comprenons ne s'appliquent plus.

Dans ce contexte, Stephen Hawking a proposé le modèle « d'Univers sans bord », où l'idée de temps avant le Big Bang n'a pas de sens. Selon ce modèle, demander ce qui s'est passé avant le Big Bang est comme demander ce qui se trouve au nord du pôle Nord. Bien que cela ne décrive pas un néant dans le sens classique du terme, cela suggère que le concept de « avant » est sans objet.

Tentons d'expliquer cette idée qui repose sur les principes de la mécanique quantique et de la relativité générale, et propose une perspective innovante sur la nature du temps et du Big Bang.

Elle s'inscrit dans le cadre de la collaboration entre Stephen Hawking et James Hartle, aboutissant à la formulation de la « théorie de l'état de Hartle-Hawking », et avance l'idée que l'Univers a émergé d'une singularité, un état où les lois classiques de la physique ne s'appliquent plus, mais d'une manière qui élimine la nécessité d'une « frontière » temporelle ou spatiale.

Au cœur de cette théorie se trouve l'utilisation du concept de « temps imaginaire ». En physique, le temps imaginaire est une notion mathématique qui aide à résoudre certaines équations complexes de la physique quantique. Hawking et Hartle ont utilisé ce concept pour proposer un modèle où l'espace et le temps seraient finis mais sans bord, de la même manière que la surface de la Terre est finie mais sans bord. Cela ne suggère pas nécessairement que l'Univers est rond, mais plutôt qu'il n'a pas de frontières ou de limites de la manière dont nous comprenons habituellement ces termes. Ainsi, l'Univers pourrait être sans bordure tout en ayant une variété de formes possibles, pas nécessairement sphériques, ou une topologie complexe qui n'est pas facilement représentée par des formes géométriques ordinaires.

Dans ce cadre, le Big Bang n'est pas un commencement dans le temps traditionnel, mais plutôt une transition d'un état quantique à un Univers en expansion et le temps pourrait être une dimension plus flexible et moins linéaire à des échelles très petites, comme dans la physique quantique.

Cette théorie a d'importantes implications philosophiques et scientifiques. Elle suggère que l'Univers n'a pas eu besoin d'une cause ou d'une condition initiale externe pour exister. Au lieu de cela, l'Univers aurait pu se former spontanément à partir d'un état quantique sans dimensions spatiales ou temporelles définies.

Malgré son ingéniosité, le modèle de l'Univers sans bord de Hawking n'est pas sans critiques. La principale difficulté réside dans la nature spéculative de la théorie, qui repose sur des concepts mathématiques difficiles à tester expérimentalement.

Cependant, il représente une tentative audacieuse et novatrice de conceptualiser l'origine de l'Univers sans faire appel à une cause externe ou à un avant le Big Bang. En suggérant que le temps, tel que nous le comprenons, pourrait avoir des propriétés différentes aux échelles quantiques extrêmes, ce modèle ouvre la voie à une compréhension plus profonde de l'Univers et de sa création.

Le Multivers

L'idée d'un multivers est de plus en plus étudiée dans les domaines de la cosmologie et de la physique théorique. Selon cette hypothèse, notre Univers n'est pas seul, mais fait partie d'un ensemble infini d'Univers, formant ce que l'on appelle le multivers. Chaque Univers individuel dans ce multivers pourrait avoir ses propres lois physiques et conditions initiales, créant ainsi une diversité infinie d'Univers.

Le multivers n'est pas une seule entité, mais peut se référer à plusieurs types différents d'Univers, théorisés dans divers cadres scientifiques. Par exemple, certains modèles de la théorie des cordes suggèrent l'existence de multiples dimensions spatiales, donnant lieu à différents Univers. D'autres théories impliquent des Univers créés par des décisions quantiques différentes.

Le multivers soulève de nombreuses questions profondes et stimulantes, tant sur le plan scientifique que philosophique :

- L'idée du multivers ouvre de nouvelles perspectives sur l'origine de notre propre Univers. Plutôt que d'être un événement unique, le Big Bang pourrait être un phénomène se produisant continuellement dans une "mer" de multivers. Cela conduit à des questions sur la nature de la création et de l'existence même.

- Le multivers met aussi au défi notre compréhension de la physique fondamentale. Si différents Univers peuvent avoir des lois physiques différentes, cela soulève des questions sur la nature des constantes physiques dans notre propre Univers. Cela conduit à réfléchir sur pourquoi les lois de la physique sont comme elles sont dans notre Univers.

- Par ailleurs, le concept du multivers s'accompagne de questions sur la probabilité et la nécessité. Par exemple, si de nombreux Univers existent avec différentes constantes physiques, notre Univers, avec ses conditions propices à la vie, pourrait être simplement un résultat statistique, plutôt qu'un cas unique ou spécial.

- Au-delà de la science, le multivers soulève des questions philosophiques et métaphysiques. Il interpelle sur la nature de la réalité, notre place dans l'Univers (ou les Univers), et même sur des concepts tels que le destin et le libre arbitre dans un cadre où de multiples réalités coexistent.

- Un des plus grands défis du concept de multivers est la difficulté, voire l'impossibilité, de le prouver expérimentalement. Si les autres Univers sont inaccessibles ou ne peuvent pas interagir avec le nôtre, comment pouvons-nous confirmer leur existence ? Cela place le multivers à la frontière entre la science théorique et la spéculation.

Pour mieux comprendre cette idée, imaginez que chaque Univers soit comme une bulle qui se forme dans un bain moussant. Chaque bulle représente un Univers, et à l'intérieur de chaque bulle, tout pourrait être différent.

L'une des principales raisons pour lesquelles le multivers est envisagé est de résoudre le problème des conditions initiales de l'Univers. Lorsque nous examinons notre Univers, nous constatons qu'il possède des caractéristiques très spécifiques qui permettent la formation de galaxies, d'étoiles et de planètes, ainsi que l'émergence de la vie telle que nous la connaissons.

Cependant, ces conditions initiales semblent être incroyablement bien ajustées, au point que de nombreux scientifiques se demandent s'il pourrait y avoir une explication. Le multivers offre une solution élégante à ce problème. Si de nombreux Univers existent avec différentes conditions initiales, il est tout à fait probable que certains d'entre eux présentent les conditions nécessaires pour la vie telle que nous la connaissons.

Une autre implication du multivers est la possibilité que les lois de la physique ne soient pas immuables, mais qu'elles varient d'un Univers à l'autre. Dans notre Univers, nous avons des constantes fondamentales telles que la vitesse de la lumière, la charge de l'électron, et la constante de gravitation. Si ces constantes pouvaient varier d'un Univers à l'autre, cela expliquerait pourquoi notre Univers a les lois physiques que nous connaissons.

Voici quelques exemples de chercheurs travaillant dans ce domaine de recherche :

- Hugh Everett III et la théorie des mondes multiples : Hugh Everett III, qui a travaillé à l'Université de Princeton, est célèbre pour avoir proposé la théorie des mondes multiples en 1957. Selon cette théorie, chaque fois qu'un événement quantique se produit, une multitude d'Univers parallèles se forment, créant ainsi un multivers infini.

- Brian Greene et la théorie des cordes : Brian Greene, professeur à l'Université de Columbia, est un physicien théoricien renommé qui a contribué à la théorie des cordes. Cette théorie suggère que notre Univers est l'un parmi de nombreux, avec des dimensions spatiales supplémentaires, et il explore ces concepts à travers son travail académique et son engagement public.

- Max Tegmark et le multivers mathématique : Max Tegmark, professeur au Massachusetts Institute of Technology (MIT), a développé la théorie du multivers mathématique. Il avance que chaque structure mathématique possible correspond à un Univers physique réel.

- Andrei Linde et la théorie de l'inflation éternelle : Andrei Linde, qui est professeur à l'Université Stanford, est un physicien cosmologiste de premier plan. Il est surtout connu pour sa contribution à la théorie de l'inflation éternelle, qui suggère que notre Univers est en constante expansion, faisant partie d'un multivers en expansion perpétuelle.

- Lee Smolin et la théorie de la sélection naturelle cosmique : Lee Smolin, professeur à l'Université de Waterloo au Canada et chercheur associé au Perimeter Institute for Theoretical Physics, a proposé la théorie de la sélection naturelle cosmique. Selon cette théorie, les Univers se reproduisent et évoluent de manière analogue à la sélection naturelle, un concept fascinant exploré au sein de ces institutions de recherche renommées.

Le concept du multivers a également conquis la culture populaire, inspirant des œuvres de science-fiction, des séries télévisées, des films et des romans. L'idée d'explorer d'autres réalités fascine les écrivains et les cinéastes, créant des récits captivants où les possibilités sont infinies.

Il est important de noter que le multivers reste une théorie spéculative, mais les recherches futures, notamment dans le domaine de la cosmologie observationnelle et de la physique fondamentale, pourraient nous apporter des indices sur la réalité du multivers.

Les Univers Parallèles

L'idée d'Univers Parallèles, également appelés « Jumeaux », est une notion fascinante qui remonte à plusieurs siècles dans l'histoire de la science et de la philosophie.

Selon cette théorie, chaque fois qu'une décision est prise ou qu'une interaction quantique a lieu, l'Univers se divise en plusieurs branches. Chacune de ces branches représente une réalité alternative, un Univers parallèle où l'événement a eu une issue différente. Par exemple, si vous avez déjà fait face à une décision difficile, comme choisir entre deux emplois, selon la théorie des mondes parallèles, il existe un Univers où vous avez choisi un emploi et un autre Univers où vous avez choisi l'autre. Cette idée peut sembler déconcertante, mais elle offre une perspective intrigante sur la façon dont l'Univers pourrait être structuré.

Pour bien comprendre la différence entre le multivers et les Univers parallèles, voici les principales différences entre les deux concepts :

- Les Univers Jumeaux sont souvent envisagés comme étant des répliques ou des variations de notre propre Univers, où les événements se déroulent différemment à partir de certaines décisions ou interactions quantiques. L'idée des Univers Jumeaux est souvent associée à l'interprétation de la mécanique quantique, où chaque résultat possible d'une interaction quantique donne lieu à un Univers séparé.

- Multivers : Le concept de multivers est plus vaste et englobe diverses idées et théories qui suggèrent l'existence de multiples Univers, chacun ayant ses propres lois physiques et caractéristiques fondamentales. Ainsi, le multivers ne se limite pas nécessairement à des répliques ou des variations de notre Univers actuel. Il peut inclure des Univers avec des lois physiques radicalement différentes, des dimensions supplémentaires, des réalités alternatives, etc. Les théories du multivers incluent parfois des Univers Jumeaux, mais elles vont au-delà en envisageant une multitude de types d'Univers différents.

Une autre approche des Univers Jumeaux provient de la théorie des cordes, cette théorie prometteuse pour unifier la physique quantique et la relativité générale. La théorie des cordes postule l'existence de dimensions supplémentaires au-delà des trois dimensions spatiales que nous connaissons. Selon cette théorie, ces dimensions supplémentaires pourraient abriter des Univers parallèles, chacun évoluant dans son propre espace-temps.

Avant d'explorer plus en profondeur les aspects scientifiques des Univers Jumeaux, il est intéressant de noter que cette idée a également captivé l'imagination des écrivains, des cinéastes et des créateurs de science-fiction depuis des décennies. Des œuvres telles que « Fringe », « Doctor Strange », et « Sliders » ont exploré de manière créative les concepts d'Univers parallèles et de réalités alternatives, suscitant l'intérêt du grand public pour ces idées intrigantes. Ces œuvres de fiction ont souvent présenté des scénarios captivants dans lesquels les personnages voyagent entre différents Univers, découvrant des versions alternatives d'eux-mêmes et de leur monde. Bien que ces représentations soient souvent dramatisées et embellies pour le divertissement, elles contribuent à populariser la notion d'Univers Jumeaux et à stimuler la curiosité du public.

Alors que les Univers Jumeaux restent un concept théorique, certains phénomènes cosmiques ont suscité des spéculations sur leur existence. L'un de ces phénomènes est le fond diffus cosmologique. En effet, certains chercheurs ont suggéré que les variations subtiles remarquées dans le fond diffus cosmologique pourraient être le signe de contacts avec d'autres Univers. L'idée est que si des Univers Jumeaux existent, ils pourraient interagir gravitationnellement avec notre propre Univers, laissant ainsi une empreinte subtile dans le rayonnement cosmique de fond. Cependant, il est important de noter que cette hypothèse reste largement spéculative.

L'une des questions fondamentales soulevées par l'idée des Univers Juneaux est de savoir s'il existe une infinité d'Univers parallèles ou seulement un nombre fini. Certains estiment que si l'Univers est infini, alors il existe une infinité d'Univers Parallèles, chacun avec ses propres variations et réalités. Cette perspective suggère que chaque version possible est réalisée dans l'Univers infini, ce qui rendrait les Univers Jumeaux inévitables. D'autres, cependant, pensent que le nombre d'Univers est fini, bien que potentiellement extrêmement grand, ce qui signifie que nous ne sommes qu'une infime partie d'un vaste ensemble d'Univers parallèles.

Le principe anthropique est une idée philosophique et cosmologique liée aux Univers Jumeaux. Il suggère que l'Univers est tel qu'il est parce qu'il doit permettre l'existence de l'observateur, c'est-à-dire nous. Selon cette perspective, notre Univers présente des caractéristiques particulières qui permettent la vie telle que nous la connaissons. Si ces constantes physiques étaient légèrement différentes, la vie telle que nous la connaissons ne serait pas possible.

Ce concept soulève la question de savoir s'il existe d'autres Univers où ces constantes sont différentes, ce qui signifierait qu'ils pourraient ne pas être propices à la vie telle que nous la comprenons. Le principe anthropique invite à réfléchir sur le rôle de l'observateur dans l'Univers et sur la manière dont les lois de la physique semblent être « ajustées » pour permettre notre existence.

Il n'existe pas une seule théorie cohérente des Univers Jumeaux, mais plutôt plusieurs concepts qui tentent de les décrire. Par exemple, les Univers de poche sont des réalités séparées qui existent dans le même espace que notre propre Univers, mais qui sont invisibles et inaccessibles à moins de disposer de la technologie ou de la capacité de les détecter. Les Univers miroirs sont des réflexions inversées de notre propre Univers, où les lois de la physique peuvent être inversées.

L'une des grandes difficultés liées à la recherche sur les Univers Jumeaux est leur détection. Si ces Univers existent réellement, comment pourrions-nous les observer ou interagir avec eux ? Jusqu'à présent, aucune preuve empirique solide n'a été trouvée pour étayer leur existence. Les recherches en cours tentent de résoudre ce défi en examinant des phénomènes tels que les anomalies gravitationnelles, les particules subatomiques et les variations subtiles dans le fond diffus cosmologique pour détecter des signes indirects de la présence d'autres Univers.

Les chercheurs travaillent également sur des expériences de laboratoire qui pourraient révéler des preuves de l'existence des Univers Jumeaux, mais ces efforts en sont encore à leurs débuts.

L'existence des Univers Jumeaux soulève des questions profondes sur la nature de la réalité et de notre place dans l'Univers. La philosophie de la métaphysique s'intéresse depuis longtemps à la question de l'existence d'autres mondes et à leur relation avec notre propre réalité. Les Univers Jumeaux suscitent des débats philosophiques sur la contingence, la nécessité, la possibilité et la réalité.

Certains philosophes se demandent si les Univers Jumeaux remettent en question notre conception de la réalité objective. Si chaque possibilité est réalisée dans un Univers jumeau, cela signifie-t-il que toutes les réalités possibles sont également réelles d'une manière ou d'une autre ?

La recherche sur les Univers Jumeaux est en constante évolution, et de nouvelles théories et découvertes sont régulièrement publiées. Les expériences menées dans des laboratoires de pointe, les observations cosmiques et les simulations informatiques jouent tous un rôle crucial dans cette quête de réponses.

Voici quelques exemples de chercheurs travaillant dans ce domaine de recherche :

- Lee Smolin, chercheur associé au Perimeter Institute for Theoretical Physics, a développé la théorie de la « Cosmologie Féconde ». Selon cette théorie, les nouveaux Univers pourraient naître à partir des trous noirs dans notre propre Univers, créant ainsi des Univers Jumeaux ayant des caractéristiques similaires à notre Univers parent.

- John Barrow, professeur à l'Université de Cambridge, a exploré la possibilité de l'existence d'Univers Jumeaux à travers la variation des constantes fondamentales de la physique. Selon ses travaux, des Univers parallèles pourraient exister avec des valeurs de constantes différentes, mais néanmoins compatibles avec la vie.

Il est important de noter que ces concepts fascinants sont bien plus que de simples spéculations. Ils représentent une frontière passionnante de la science et de la philosophie, nous incitant à repousser les limites de notre compréhension de la réalité. Bien que les Univers Jumeaux restent un mystère en grande partie non résolu, ils continuent d'alimenter notre curiosité et de stimuler notre désir de comprendre l'Univers dans lequel nous vivons.

Le Modèle Cyclique

Le modèle cyclique propose une perspective radicalement différente de l'évolution de l'Univers par rapport au modèle du Big Bang standard. Au lieu d'un seul Big Bang suivi d'une expansion continue, le modèle cyclique suggère que l'Univers connaît des cycles infinis d'expansion et de contraction. Chaque cycle commence par un Big Bang, se développe pendant un certain temps, puis se termine par une contraction qui conduit à un nouvel effondrement et à un nouveau Big Bang. Cela crée une boucle infinie d'évolution cosmique.

Les trous noirs jouent un rôle central dans le modèle cyclique parce qu'ils deviennent les gardiens de l'information. Voici comment cela pourrait se dérouler : à mesure que des étoiles massives s'effondrent pour former des trous noirs, ces derniers accumulent de la matière et de l'énergie. C'est comme si chaque trou noir était une éponge cosmique, absorbant tout ce qui se trouve à proximité. Au fil du temps, ces trous noirs continuent de grandir, accumulant davantage de matière et d'énergie à mesure qu'ils engloutissent des étoiles, des gaz et d'autres objets célestes.

Ce qui rend le modèle cyclique si fascinant, c'est que les trous noirs ne restent pas isolés. Au contraire, ils ont tendance à se rapprocher les uns des autres à mesure qu'ils absorbent de la matière et fusionnent pour former des trous noirs encore plus massifs. Imaginez deux énormes éponges cosmiques se rapprochant et fusionnant pour devenir une seule éponge encore plus énorme.

Toutefois, il y a une limite à cette accumulation infinie. Lorsque le trou noir central devient suffisamment massif et dense, il atteint un seuil d'instabilité critique. À ce moment-là, la gravité immense qui règne à l'intérieur du trou noir central peut déclencher une réaction en chaîne. Cette réaction en chaîne massive provoque une expansion explosive, un peu comme une énorme explosion stellaire.

Cette expansion explosive marque le début d'un nouveau cycle dans le modèle cyclique. Le trou noir central instable devient un nouveau Big Bang, déversant de l'énergie, de la matière et de l'information dans l'espace. Un nouvel Univers commence à se former, avec ses propres lois physiques et ses propres caractéristiques uniques.

Maintenant, vous pourriez vous demander : comment l'information est-elle préservée dans tout ce processus ? Selon le modèle cyclique, l'information est conservée à travers chaque cycle, malgré les contractions et les expansions massives. L'information contenue dans chaque Univers est transmise au suivant, créant ainsi une continuité d'informations à travers les âges cosmiques. Cela signifie que chaque Univers dans le modèle cyclique porte en lui les traces de l'Univers qui l'a précédé, formant ainsi une chaîne infinie d'informations cosmiques.

Voici quelques chercheurs travaillant sur cette théorie :

- Paul Steinhardt, professeur à l'Université de Princeton, et Neil Turok, directeur de l'Institut Perimeter de Physique Théorique, ont développé la théorie du « modèle cyclique conforme ». Selon cette théorie, l'univers subit une séquence infinie de cycles de contraction et de rebondissement, où chaque cycle commence avec une grande singularité de type Big Bang.

- Bien que principalement connu pour ses travaux sur les trous noirs et la singularité gravitationnelle, Roger Penrose a également proposé une théorie cosmologique cyclique selon laquelle l'univers subit une série infinie de cycles sans fin.

Le théorème de Borde–Vilenkin–Guth, bien que principalement associé à l'idée d'un début de l'univers, présente des implications significatives pour les modèles cycliques de l'univers, comme ceux proposés par Paul Steinhardt et Neil Turok. Selon ce théorème, tout univers en expansion moyenne positive doit avoir un commencement dans le temps. Cela signifie qu'un univers ne peut pas être passé par une expansion infinie dans le temps infini. Pour les modèles cycliques, cela pose un problème : si chaque cycle doit commencer par une sorte de Big Bang, le théorème suggère qu'il doit y avoir un "premier" Big Bang dans le passé.

Le théorème défie l'idée d'un Univers éternel sans commencement ni fin. Les modèles cycliques doivent donc intégrer un mécanisme qui permet à l'Univers de rebondir à partir d'une phase contractante sans atteindre une singularité complète, ou ils doivent accepter l'idée d'un « premier » cycle.

En réponse à ce défi, certains théoriciens ont proposé des modèles où chaque cycle est de durée plus longue que le précédent. Dans de tels modèles, en remontant dans le temps, les cycles deviennent de plus en plus courts, ce qui implique un commencement fini dans le temps. Cela pourrait potentiellement contourner le problème soulevé par le théorème tout en maintenant l'idée de cycles répétés.

Ainsi, l'exploration de ces modèles cycliques et leur confrontation avec le théorème de Borde–Vilenkin–Guth contribuent à l'avancement de la compréhension cosmologique. Ils poussent les chercheurs à considérer des idées innovantes sur la structure et l'évolution de l'Univers.

En résumé, le modèle cyclique est une théorie intrigante qui offre une perspective radicalement différente de l'évolution de l'Univers. Les astronomes et les cosmologues travaillent sur des moyens de détecter des signatures potentielles de cycles précédents, mais cela reste une tâche difficile.

Le Modèle De Boucles

Les modèles de boucles suggèrent aussi que l'Univers n'est pas seulement un événement unique résultant du Big Bang, mais qu'il pourrait connaître des cycles répétitifs d'expansion et de contraction. Cette idée repose sur l'hypothèse que le temps est cyclique, ce qui signifie que l'Univers n'a pas nécessairement un début absolu. Au lieu de cela, il serait pris dans une boucle temporelle sans fin, où les phases d'expansion et de contraction se succèdent éternellement.

Pour bien comprendre la différence entre les modèles de boucles et les modèles cycliques, il est important de noter que les modèles de boucles suggèrent que l'Univers peut passer par des périodes de croissance et de rétrécissement qui se répètent comme un cycle. Ils supposent que le temps lui-même peut être cyclique, ce qui signifie que ces cycles se reproduisent encore et encore. En revanche, les modèles cycliques se concentrent sur l'idée que l'Univers connaît des phases d'expansion et de rétrécissement, mais ils ne disent pas nécessairement que le temps est cyclique. Ils envisagent simplement que l'Univers a des moments où il grandit, puis se contracte, sans avoir besoin de supposer que le temps se répète. En bref, la principale différence réside dans la façon dont ces modèles abordent le temps : les modèles de boucles le considèrent comme cyclique, tandis que les modèles cycliques se concentrent sur les cycles de l'Univers sans supposer que le temps lui-même soit cyclique.

Ainsi, dans les modèles de boucles, l'Univers actuel n'est qu'un cycle parmi de nombreux autres. Lorsque l'Univers atteint son apogée d'expansion et commence à se contracter, il finit par atteindre un état très dense, semblable à celui du Big Bang. Cela déclenche un nouveau cycle d'expansion, et ainsi de suite. Les modèles de boucles proposent donc une alternative à l'idée d'un seul Big Bang suivi d'une expansion infinie.

L'une des questions clés liées aux modèles de boucles est celle de l'infini. Si l'Univers est pris dans une boucle temporelle, cela signifie-t-il qu'il y a une infinité de cycles, chacun similaire au précédent ? Certains modèles suggèrent effectivement l'existence d'une infinité de cycles, ce qui impliquerait une infinité d'Univers similaires au nôtre. Cette notion d'infini au sein des boucles temporelles soulève des questions profondes sur la nature de l'Univers et de la réalité elle-même.

Les modèles de boucles ne sont pas une idée récente. Au fil des décennies, plusieurs théories et modèles ont été développés pour tenter de résoudre cette énigme. Parmi eux, le modèle cyclique ekpyrotique, la théorie des cordes et la gravité quantique à boucles sont quelques-unes des approches qui ont été explorées.

Le modèle cyclique ekpyrotique, par exemple, suggère que notre Univers est en collision périodique avec un autre Univers dans un espace multidimensionnel, déclenchant ainsi un nouveau Big Bang à chaque collision. La théorie des cordes et la gravité quantique à boucles, de leur côté, proposent des cadres théoriques pour décrire les propriétés fondamentales de l'Univers, dans son état pré-Big Bang.

Alors que les modèles de boucles restent largement théoriques, les scientifiques ont entrepris des expériences et des observations pour rechercher des preuves qui pourraient étayer ces idées audacieuses. Par exemple, les observations des fluctuations du fond cosmique micro-onde et les expériences menées dans des accélérateurs de particules peuvent apporter des informations cruciales sur la physique à des énergies très élevées, une période qui remonte à l'avant Big Bang supposé.

Cependant, jusqu'à présent, aucune preuve empirique solide n'a été trouvée pour étayer directement les modèles de boucles. Les chercheurs continuent néanmoins à explorer ces idées à travers des expériences et des observations, tout en développant des simulations informatiques pour mieux comprendre les implications de ces modèles.

Ainsi, ces modèles posent des défis pour notre compréhension actuelle de la cosmologie, de la gravité et de la physique à des énergies très élevées, mais ils incitent les chercheurs à repenser certains concepts fondamentaux et à explorer de nouvelles voies pour résoudre les énigmes de l'Avant Big Bang.

Simulation Cosmique

L'idée que notre réalité pourrait être une simulation ou une illusion a été explorée par de nombreux philosophes, scientifiques et écrivains au fil de l'histoire.

Un exemple célèbre est le philosophe René Descartes, qui a formulé le « doute hyperbolique » dans le cadre de sa philosophie. Descartes a remis en question la fiabilité de nos sens et a envisagé la possibilité que tout ce que nous percevons puisse être manipulé par un malin génie ou une force extérieure. Bien que Descartes n'ait pas explicitement parlé d'une « simulation » informatique, ses idées ont jeté les bases de réflexions ultérieures sur la nature de la réalité et de la perception.

L'idée de la réalité simulée a également été explorée dans la science-fiction, notamment dans des œuvres telles que « Simulacron-3 » de Daniel F. Galouye (1964) et « Neuromancer » de William Gibson (1984), qui ont contribué à populariser ces concepts. Le film de science-fiction « The Matrix », réalisé par les frères Wachowski et sorti en 1999, a aussi popularisé cette idée de réalité simulée. Dans le film, les êtres humains sont maintenus dans un monde virtuel, la Matrice, tandis que leurs esprits sont asservis par des intelligences artificielles.

En 2003, le philosophe Nick Bostrom a contribué à raviver l'intérêt pour cette idée dans son article intitulé « *Are You Living in a Computer Simulation?* » (Êtes-vous dans une simulation informatique ?), dans lequel il suggère que notre réalité, y compris l'Univers que nous percevons, pourrait être le produit d'une simulation informatique avancée, plutôt qu'une réalité physique fondamentale.

Voici les principaux éléments de cette hypothèse :

- Simulation par une civilisation avancée : L'idée centrale de la simulation cosmique est que notre réalité a été créée et est contrôlée par une civilisation extrêmement avancée, potentiellement bien plus avancée que la nôtre sur le plan technologique. Cette civilisation hypothétique aurait les moyens de créer une simulation informatique complexe et détaillée de tout l'Univers, y compris de chaque particule, galaxie et être vivant.

- Univers simulé : Selon cette hypothèse, l'Univers que nous observons ne serait pas réel au sens traditionnel, mais plutôt une création informatique. Tout ce que nous percevons, des étoiles aux planètes, en passant par les lois de la physique et les événements historiques, serait généré par cette simulation.

- Éléments de simulation : La simulation cosmique supposerait l'existence de ce que l'on pourrait appeler des « simulateurs » ou des « programmeurs » de cette réalité simulée. Ces entités seraient responsables de la création et de la gestion de la simulation, définissant les lois physiques, les paramètres cosmiques et les conditions initiales.

- Simulants inconscients : Une implication troublante de cette hypothèse est que les êtres conscients, y compris nous-mêmes, pourraient être des entités simulées, inconscientes de leur nature simulée. En d'autres termes, nos pensées, nos émotions et nos expériences pourraient être des produits de la simulation plutôt que des expériences authentiques.

- Motivations des simulateurs : L'hypothèse de la simulation cosmique soulève la question des motivations des simulateurs. Pourquoi une civilisation avancée créerait-elle une simulation aussi complexe et détaillée de l'Univers ? Les raisons pourraient être diverses, de la simple expérimentation scientifique à des motivations philosophiques ou même à des divertissements.

- Argument de Bostrom : Nick Bostrom a formulé un argument philosophique pour soutenir l'idée de la simulation cosmique. Il repose sur trois hypothèses : 1) Une civilisation avancée peut créer des simulations de réalités similaires à la leur. 2) Une telle civilisation aurait potentiellement une motivation à créer de telles simulations. 3) Si un grand nombre de simulations de réalités existent, il est plus probable que nous vivions dans l'une de ces simulations plutôt que dans la réalité d'origine.

Il est important de noter que l'hypothèse de la simulation cosmique reste largement spéculative et controversée. Elle relève davantage de la philosophie et de la science-fiction que de la science empirique, car il est extrêmement difficile, voire impossible, de fournir des preuves concrètes de son existence ou de la réfuter. Cependant, elle suscite un intérêt considérable parmi les philosophes, les scientifiques et le grand public en raison de ses implications profondes sur notre compréhension de la réalité et de l'Univers.

Code de la Réalité

Enfin, une hypothèse philosophique fascinante nous suggère que l'Univers opère selon un code ou un ensemble de règles fondamentales qui déterminent la réalité telle que nous la connaissons. Cette perspective remet en question notre conception de la causalité et de la contingence, en suggérant que l'Univers suit un plan prédéfini.

Cette idée peut être associée à celle d'une destinée cosmique, où chaque événement dans l'Univers est prévu et préordonné. Elle soulève également la question de savoir si notre libre arbitre est authentique ou simplement une illusion, car si l'Univers suit un code prédéterminé, nos actions pourraient être prédestinées.

Cependant, il est important de noter que cette hypothèse est l'une des plus controversées, car elle défie notre compréhension actuelle de la réalité et de la nature de la conscience. Elle soulève des interrogations profondes sur l'existence et sur la signification de notre place au sein de l'Univers.

En conclusion, ce chapitre a ouvert une fenêtre fascinante sur l'une des périodes les plus mystérieuses de notre Univers : l'époque précédant le Big Bang. À travers l'examen de l'information cosmique et l'exploration de diverses théories et spéculations, nous avons cherché à percer les secrets de cet Avant-Big Bang, un territoire encore largement inexploré et riche en potentiel scientifique et philosophique.

Nous avons découvert comment les données cosmologiques pourraient contenir des indices cruciaux sur l'état de l'Univers avant sa grande expansion. Cette quête, à la croisée de l'astrophysique, de la physique quantique et de l'informatique, révèle la possibilité d'un passé cosmique complexe et profondément interconnecté avec l'état actuel de l'Univers.

Puis, nous avons exploré les divers modèles et hypothèses proposés par les scientifiques et les penseurs. De la cosmologie cyclique aux multivers, en passant par les théories des cordes et les hypothèses de simulation informatique, cette section a offert un aperçu des efforts inlassables pour comprendre ce qui semble être incompréhensible.

Alors que nous clôturons ce chapitre, il est clair que la question de l'Avant-Big Bang ne se limite pas à une simple curiosité académique. Elle est au cœur de notre quête incessante pour comprendre l'origine et la nature de notre Univers, ainsi que son destin ultime. Ce voyage à travers des concepts et des idées audacieux nous rappelle que la science est un processus en constante évolution, un chemin semé de questions aussi vastes que l'Univers lui-même.

7

Conclusion

Nous voici arrivés à la fin de ce voyage fascinant à travers les méandres de la cosmologie, de l'information quantique et des hypothèses actuelles sur les origines de l'Univers. Dans ce dernier chapitre, nous allons récapituler les principales idées du livre, discuter des questions non résolues en cosmologie et en théorie de l'information, aborder les limitations et les défis de ces concepts, et enfin, réfléchir à notre place dans l'Univers et à la relation entre l'information, l'Univers et la conscience humaine.

Récapitulation des Principales Idées

Au fil de ce livre, nous avons exploré un vaste éventail de concepts et de théories qui façonnent notre compréhension de l'Univers.

Tout d'abord, nous avons entamé notre voyage dans l'Univers en abordant l'immensité de l'espace, où les nombres vertigineux d'étoiles, les distances mesurées en années-lumière, et l'échelle du temps cosmique ont été mis en évidence. Nous avons examiné des phénomènes fascinants comme la matière noire, cruciale pour la structure de l'Univers, ainsi que l'étude des singularités cosmiques, des exoplanètes, et des aspects quantiques, qui enrichissent notre compréhension du cosmos.

Ensuite, nous avons exploré les piliers fondamentaux de la cosmologie - l'espace, la matière, l'énergie, et le temps - soulignant le rôle vital de chacun dans la dynamique universelle. Nous avons également abordé les composants majeurs de l'Univers, allant de la matière baryonique, qui constitue notre réalité visible, à la mystérieuse énergie sombre. Le rôle du rayonnement électromagnétique, des rayons cosmiques, et d'autres formes d'énergie a été discuté pour révéler la complexité et la diversité de l'Univers.

Enfin, nous nous sommes confrontés aux grandes énigmes de la cosmologie, telles que l'origine de l'Univers, le débat sur son expansion éternelle ou son effondrement cosmique. Nous avons étudié la densité critique de l'Univers, la nature de l'espace-temps, les paradoxes des trous noirs, et la quête d'une théorie unifiant la gravité avec la mécanique quantique.

Pour approfondir nos connaissances sur l'Univers, notre périple à travers l'histoire de la cosmologie nous a ensuite transportés dans le temps, depuis les anciennes cosmologies qui percevaient la Terre comme le centre de l'Univers, jusqu'à la révolution copernicienne qui a bouleversé notre vision du monde. Au fil des siècles, les travaux d'astronomes tels que Johannes Kepler, Galilée et Isaac Newton ont jeté les bases de la cosmologie moderne.

L'héliocentrisme, la notion que la Terre orbite autour du Soleil, a marqué un tournant majeur dans notre compréhension de l'Univers. Cette révolution a mis en évidence la nécessité de développer de nouvelles lois de la physique, qui ont finalement conduit à la relativité d'Einstein et à la fascinante mécanique quantique.

Puis, nous avons plongé au cœur de l'interrelation captivante entre l'information et l'Univers. Nous avons d'abord introduit les concepts fondamentaux de la théorie de l'information, explorant les travaux de pionniers tels que Claude Shannon. Cela a mis en lumière l'importance de cette théorie dans divers domaines, de la communication moderne à notre compréhension de l'Univers.

Ensuite, nous avons examiné le rôle de l'information génétique, en explorant comment l'ADN stocke les instructions pour la formation et l'évolution de la vie, révélant l'incroyable complexité et diversité de la vie terrestre.

Enfin, nous avons abordé un domaine où science et spéculation se rencontrent, envisageant l'existence d'une forme d'information cosmique à l'échelle de l'Univers, analogue à l'ADN biologique. Cette idée a suscité des réflexions sur l'Universalité de l'information et son rôle possible dans l'évolution de l'Univers.

Pour comprendre comment il serait possible de déchiffrer un tel code cosmique, nous avons exploré le lien fascinant entre le Big Bang, l'événement à l'origine de l'Univers, et le monde complexe de l'infiniment petit, de la mécanique quantique et des particules subatomiques. Nous avons découvert comment le Big Bang a créé l'Univers et posé les bases de l'information cosmique.

Nous avons retracé l'histoire des avancées scientifiques et des esprits brillants qui ont établi la théorie du Big Bang et examiné l'état de l'Univers juste après cet événement, en se concentrant sur les phénomènes uniques de la physique quantique présents à cette époque de champ quantique primordial.

Nous avons exploré la façon dont l'information est traitée et stockée au niveau le plus fondamental de l'Univers, dans les fluctuations quantiques primordiales, révolutionnant notre perception de la réalité, et abordé les méthodes et défis liés à l'extraction de ces secrets des premiers moments de l'Univers. Cela nous a confronté à l'un des mystères les plus troublants de la physique moderne : le paradoxe de l'information noire, ses implications profondes et ce qu'il révèle sur le destin ultime de l'information dans l'Univers.

Pour approfondir cette notion de code Universel, qui gouverne toutes les lois et phénomènes de notre Univers, nous avons ensuite exploré les efforts continus des physiciens pour unifier toutes les forces fondamentales de la nature, une quête initiée par des penseurs tels qu'Einstein. Cette recherche d'une Théorie du Tout, vise à expliquer les mystères les plus profonds de l'Univers.

Ensuite, nous avons examiné comment la théorie de l'information, combinée à la mécanique quantique, ouvre des perspectives révolutionnaires dans ce contexte. L'information est ainsi présentée non seulement comme un moyen de communication ou de stockage des connaissances, mais aussi comme une partie intégrante de la réalité elle-même.

Nous avons aussi abordé la simplicité élégante des mathématiques qui sous-tendent l'Univers. Nous avons envisagé l'idée que les structures mathématiques complexes pourraient être des composants intrinsèques de l'Univers, et non de simples outils de compréhension.

Pour finir, nous avons franchi les frontières ultimes de notre compréhension cosmologique, en nous aventurant dans le territoire mystérieux précédant le Big Bang, un espace-temps antérieur à cet événement primordial.

Nous avons exploré les liens potentiels entre l'information quantique et l'état de l'Univers avant le Big Bang, offrant une perspective nouvelle et intrigante sur les origines de l'Univers.

Enfin, nous avons exploré les hypothèses variées des scientifiques et des physiciens théoriciens sur ce qui aurait pu se produire avant le Big Bang, y compris les concepts de cycles cosmiques et d'Univers parallèles, qui suggèrent l'existence de réalités alternatives.

Questions Non Résolues

Malgré les progrès impressionnants réalisés au fil des décennies, de nombreuses questions fondamentales demeurent sans réponse. Dans cette section, nous allons explorer certaines de ces questions fascinantes qui continuent de défier les scientifiques et qui nous poussent à repousser les limites de notre compréhension.

Qu'est-ce qui s'est passé avant le Big Bang ?

L'une des questions les plus profondes et intrigantes en cosmologie concerne ce qui s'est passé avant le Big Bang. Selon le modèle du Big Bang, notre Univers a commencé à partir d'un état de densité d'énergie infinie, une singularité. Cependant, cette théorie soulève immédiatement la question de ce qui a précédé cette singularité.

Les hypothèses que nous avons décrites offrent des perspectives fascinantes, mais jusqu'à présent, aucune preuve empirique définitive n'a été trouvée pour étayer l'une ou l'autre. La question de ce qui s'est passé avant le Big Bang demeure l'une des énigmes les plus profondes de la cosmologie.

La Nature Fondamentale de l'Information

La théorie de l'information a connu d'énormes progrès, en particulier dans le contexte de la mécanique quantique. Cependant, la nature fondamentale de l'information elle-même demeure un sujet de débat parmi les chercheurs.

Ainsi, alors que nous avons une compréhension solide de la façon dont l'information est traitée dans le cadre quantique, certains chercheurs se demandent si l'information pourrait être le concept le plus fondamental de l'Univers, au-delà de la matière et de l'énergie. Si c'était le cas, cela pourrait avoir des implications profondes pour notre compréhension de la réalité physique.

Par ailleurs, comprendre comment l'information, la matière et l'énergie sont intrinsèquement liées est un défi majeur. La théorie de l'information quantique nous a montré comment elles interagissent à une petite échelle, mais comment ces concepts se rapportent-ils à l'échelle cosmique et à la nature fondamentale de l'Univers lui-même ?

Comment Observer la Gravité Quantique ?

La gravité quantique est l'une des dernières pièces manquantes du puzzle de la physique fondamentale. Les théories de la gravité quantique, telles que la théorie des cordes ou la gravité quantique à boucles, tentent de réconcilier la gravité, telle que décrite par la relativité générale d'Einstein, avec les principes de la mécanique quantique. Cependant, tester expérimentalement ces théories s'avère extrêmement difficile en raison des échelles d'énergie élevées requises.

Ainsi, la gravité quantique opère à des échelles d'énergie bien plus élevées que ce que nous pouvons atteindre actuellement avec nos accélérateurs de particules. Cela signifie que les tests expérimentaux sont rares et souvent indirects.

Par ailleurs, comprendre comment la gravité quantique a influencé les premiers stades de l'Univers est une question cruciale. Les conditions extrêmes de l'Univers primitif pourraient avoir été le lieu où la gravité quantique a eu un rôle prédominant.

Les chercheurs travaillent sur des méthodes novatrices pour détecter des signatures de la gravité quantique. Des observations cosmologiques et des expériences en laboratoire pourraient nous donner des indices sur cette mystérieuse force à l'œuvre à l'échelle quantique.

Limitations et Défis

Tout au long de notre exploration, nous avons découvert des idées fascinantes, des théories visionnaires et des questions qui défient notre compréhension de l'Univers. Cependant, il est important de reconnaître que ces domaines, bien que prometteurs, ne sont pas exempts de limitations et de défis qui méritent d'être abordés.

Les Frontières Technologiques

L'une des principales limitations auxquelles nous sommes confrontés est celle des frontières technologiques. De nombreuses idées et théories discutées jusqu'à présent reposent sur des énergies et des échelles spatiales extrêmement élevées, ce qui les rend difficiles, voire impossibles à tester expérimentalement avec les technologies actuelles.

Par exemple, la gravité quantique opère à des échelles d'énergie considérablement plus élevées que celles que nous pouvons atteindre avec nos accélérateurs de particules actuels. Les énergies requises pour sonder les effets de la gravité quantique sont bien au-delà de notre portée technologique actuelle. De même, la recherche de preuves empiriques pour des concepts tels que les multivers ou les Univers Jumeaux exigerait des outils de détection et des moyens d'observation qui dépassent notre compréhension et nos capacités actuelles.

La Complexité Mathématique

Un autre défi important réside dans la complexité mathématique inhérente à ces domaines. Les concepts et les phénomènes qui émergent de ces disciplines sont souvent décrits par des équations mathématiques complexes qui peuvent être intimidantes pour les non-spécialistes.

Par exemple, la théorie des cordes repose sur une structure mathématique profondément complexe et nécessite une compréhension avancée des mathématiques pour être pleinement appréciée. De même, la théorie de l'information cosmologique utilise des concepts issus de la mécanique quantique, tels que les qubits et les états quantiques, qui peuvent sembler ésotériques pour ceux qui ne sont pas familiers avec cette branche de la physique.

Cependant, il est important de noter que la complexité mathématique n'entache pas la validité de ces théories. Au contraire, elle souligne l'importance de la collaboration entre les scientifiques et les mathématiciens pour élaborer et développer ces concepts complexes.

Hypothèses Spéculatives

Enfin, il est crucial de reconnaître que certaines des hypothèses et des concepts que nous avons explorés, tels que les multivers, les Univers Jumeaux et les modèles cycliques, sont encore largement spéculatifs et manquent de preuves empiriques solides. Bien que ces idées puissent être fascinantes et inspirantes, elles restent à un stade préliminaire de développement et de compréhension.

Les multivers, par exemple, reposent sur l'idée que notre Univers est l'un parmi de nombreux Univers qui existent, chacun ayant ses propres lois physiques et ses propres conditions initiales. Bien que cette idée puisse résoudre certains problèmes en cosmologie, elle reste largement spéculative et repose sur des hypothèses difficiles à tester.

De même, les modèles cycliques, qui proposent que l'Univers subit des cycles infinis d'expansion et de contraction, sont des hypothèses complexes qui nécessitent davantage de preuves empiriques pour être pleinement acceptées par la communauté scientifique.

Arguments contre l'idée d'un Code Cosmique Universel

Bien que l'idée d'un code cosmique Universel puisse être fascinante et inspirante, il existe des arguments et des critiques valables contre cette notion. Il est essentiel de les examiner pour maintenir un équilibre dans la discussion scientifique et philosophique. Voici quelques-uns des arguments contre l'idée d'un code cosmique Universel :

- *Manque de Preuves Empiriques Solides :* L'argument le plus évident contre l'idée d'un code cosmique Universel est le manque de preuves empiriques solides pour le soutenir. Jusqu'à présent, aucune preuve directe n'a été trouvée pour confirmer l'existence d'un tel code.

- *Complexité Inexpliquée :* L'idée d'un code cosmique Universel soulève la question de la source ou de l'origine de ce code. Comment un tel code aurait-il été créé ou généré ? Pourquoi suivrait-il des règles spécifiques ? Ces questions demeurent sans réponse et posent un défi à la compréhension de la manière dont un tel code pourrait exister.

- *Variabilité des Lois Physiques* : L'un des arguments les plus convaincants contre l'existence d'un code cosmique Universel réside dans l'observation de la variabilité des lois physiques à travers l'Univers. Si un code cosmique Universel existait, on pourrait s'attendre à ce que toutes les régions de l'Univers suivent les mêmes lois physiques. Cependant, nous observons des variations dans les conditions physiques et les lois à différentes échelles et dans différentes régions de l'Univers.

- *Compatibilité avec les Théories Actuelles* : Les lois de la physique actuelles, telles que décrites par la relativité générale et la mécanique quantique, sont capables d'expliquer un large éventail de phénomènes cosmiques et subatomiques sans avoir besoin d'un code cosmique Universel. Ces théories ont fait l'objet de nombreuses observations et expérimentations réussies, renforçant ainsi leur validité.

- *L'Occamisme* : Le principe d'Occam, également connu sous le nom de rasoir d'Occam, suggère que, lorsqu'on explique un phénomène, il est préférable de choisir la théorie la plus simple qui explique les observations. Introduire un code cosmique Universel complexe sans preuves solides pourrait être perçu comme une violation de ce principe, car il ajoute une couche d'explication non nécessaire.

- *Défis Philosophiques* : L'idée d'un code cosmique Universel soulève des défis philosophiques majeurs, notamment en ce qui concerne la nature de l'information, de la réalité et de la conscience. Ces questions complexes exigent des réponses solides et vérifiables avant de pouvoir accepter l'idée d'un code cosmique Universel.

Les Limites de Notre Compréhension

En fin de compte, il est important de reconnaître que nous sommes encore aux prémices de notre compréhension de l'Univers. La cosmologie, la mécanique quantique et la théorie de l'information cosmologique sont des domaines complexes et en évolution constante, et de nombreuses questions fondamentales demeurent sans réponse, qui défient notre compréhension actuelle et qui continuent d'inspirer les chercheurs du monde entier.

Réflexions sur Notre Place dans l'Univers

Notre voyage à travers les méandres de la cosmologie et de la théorie de l'information nous a rappelé à quel point notre quête pour comprendre les mystères de l'Univers est profondément ancrée dans notre désir inné de saisir notre place dans l'infini cosmos. Au cours de cette exploration, nous avons découvert que l'information joue un rôle central dans notre compréhension de l'Univers, et que la relation complexe entre l'information, et l'Univers soulève des questions profondes qui transcendent les frontières de la science et de la philosophie.

La Danse de l'Information et de l'Univers

L'Univers est un vaste réservoir d'informations. Des galaxies lointaines aux particules subatomiques en passant par les lois fondamentales de la physique, chaque élément de l'Univers transporte une quantité impressionnante d'informations. Les astronomes scrutent le ciel à la recherche de signaux lumineux et de rayonnements électromagnétiques pour recueillir des données sur les étoiles et les galaxies, tandis que les physiciens des particules étudient des collisions infiniment petites pour comprendre la structure fondamentale de la matière. Les mathématiciens, quant à eux, traduisent ces données en équations complexes pour élaborer des théories qui décrivent notre Univers.

L'information est omniprésente dans notre quête pour percer les mystères de l'Univers. Elle est l'élément clé qui nous permet de tisser la trame de notre compréhension du cosmos. Les observations astronomiques, les expériences en laboratoire et les calculs mathématiques sont autant d'outils qui nous permettent de collecter, d'organiser et d'analyser l'information cosmique.

Cependant, la manière dont nous percevons cette information, comment nous la traitons et comment nous en tirons des conclusions dépendent largement de notre conscience humaine. Notre esprit est l'outil ultime qui interprète ces données et les transforme en compréhension. C'est là que la relation complexe entre l'information, l'Univers et la conscience humaine prend tout son sens.

La Toile de l'Information Cosmique

Imaginez que l'Univers soit une immense toile d'araignée d'informations, chaque point de la toile représentant une parcelle de notre cosmos. Cette toile s'étend à travers l'espace et le temps, reliant chaque élément de l'Univers à tous les autres. Chaque photon émis par une étoile lointaine, chaque atome dans notre corps, chaque observation astronomique, chaque équation mathématique, tout cela fait partie de la grande toile de l'information cosmique.

Notre quête pour comprendre cette toile est le reflet de notre désir profond de comprendre notre place dans cet Univers complexe et mystérieux. L'information est la clé qui nous permet de tisser des liens entre les différents points de la toile. Chaque observation astronomique que nous faisons ajoute une nouvelle fibre à la toile, chaque expérience en laboratoire renforce ses connexions, chaque théorie que nous développons crée de nouvelles intersections.

Le Pont entre l'Univers et la Conscience

Cependant, il ne suffit pas de collecter des informations pour comprendre l'Univers. Notre capacité à interpréter ces informations, à les organiser en modèles cohérents et à les intégrer dans notre compréhension est essentielle. C'est là que la conscience humaine entre en jeu.

Notre conscience est le pont entre l'Univers et l'information. C'est elle qui nous permet de prendre les données brutes que nous collectons et de les transformer en connaissances. C'est grâce à notre capacité de réflexion, de raisonnement et d'imagination que nous pouvons élaborer des théories, poser des questions profondes sur la nature de la réalité et explorer les limites de notre compréhension.

Prenons un exemple simple : lorsque nous observons une étoile lointaine à travers un télescope, nous collectons des photons qui ont voyagé des milliards d'années-lumière pour atteindre notre œil. Ces photons ne sont que des informations sous forme de lumière. C'est notre cerveau qui interprète ces informations et les transforme en une image mentale de cette étoile. Cette image mentale est une réflexion de la réalité cosmique, mais elle est également le fruit de notre conscience qui traite ces informations.

La Philosophie de la Réalité

Cette relation complexe entre l'information, l'Univers et la conscience humaine soulève des questions profondes sur la nature de la réalité elle-même. Qu'est-ce que la réalité ? Est-ce une entité indépendante qui existe en dehors de notre perception, ou est-ce le produit de notre conscience qui interagit avec l'information de l'Univers ?

La philosophie de la réalité est un domaine qui explore ces questions. Certains philosophes soutiennent que la réalité est objective, c'est-à-dire qu'elle existe indépendamment de notre conscience. D'autres affirment que la réalité est subjective, c'est-à-dire qu'elle est le résultat de notre expérience et de notre interprétation de l'information. Cette dichotomie entre la réalité objective et subjective a des implications profondes pour notre compréhension de l'Univers.

La Quête de l'Unité

La relation entre l'information, l'Univers et la conscience humaine nous rappelle à quel point la quête de l'unité est au cœur de la science et de la philosophie. Nous cherchons à unifier notre compréhension de l'Univers en reliant les lois de la physique aux observations astronomiques, en intégrant la mécanique quantique à la relativité générale, et en explorant les limites de la réalité.

La recherche de cette unité nous pousse à nous interroger sur la nature fondamentale de l'information. Est-elle une entité distincte qui transcende la matière et l'énergie, ou est-elle simplement un produit de notre interaction avec l'Univers ? Cette question nous ramène à la philosophie de la réalité et à la nature de la conscience.

La Conscience Cosmique

Certains philosophes et scientifiques vont encore plus loin en suggérant l'existence d'une « conscience cosmique ». Cette idée postule que l'Univers lui-même pourrait avoir une forme de conscience, une conscience qui transcende la somme de toutes les consciences individuelles.

Selon cette perspective, chaque observateur conscient, qu'il s'agisse d'un humain, d'un animal ou même d'une entité extraterrestre, contribue à la conscience globale de l'Univers. Cette conscience cosmique serait le résultat de l'interaction de toutes les consciences individuelles à travers l'information partagée par l'Univers.

Cette idée soulève des questions fascinantes sur la nature de la conscience et son rôle dans l'Univers. Si la conscience cosmique existe, cela signifie-t-il que l'Univers est conscient de lui-même à travers nous ? Sommes-nous les yeux et les oreilles par lesquels l'Univers observe et explore sa propre réalité ? Cela pourrait-il expliquer notre désir inné de comprendre l'Univers, car nous sommes littéralement une extension de sa conscience ?

Le Mystère de l'Existence

En fin de compte, notre voyage nous ramène au mystère fondamental de l'existence. Pourquoi l'Univers existe-t-il ? Pourquoi y a-t-il de l'information ? Pourquoi y a-t-il une conscience humaine pour étudier l'Univers ?

Ces questions demeurent sans réponse, et il est possible qu'elles le restent pour toujours. Cependant, notre quête pour comprendre ces mystères continue d'illuminer notre chemin à travers l'obscurité de l'ignorance. Nous pouvons ne jamais atteindre une compréhension complète, mais chaque pas que nous faisons dans la direction de la connaissance nous rapproche peut-être un peu plus de la vérité.

Pour Aller Plus Loin

Pour prolonger votre exploration, voici quelques ressources qui pourraient vous être utiles :

Centre de cosmologie, de physique des particules et de phénoménologie (CP3) : Le CP3 est un centre de recherche en cosmologie, physique des particules et phénoménologie à l'Université de Louvain, en Belgique. Ils publient des articles de recherche et des informations sur leurs projets.

URL : https://uclouvain.be/fr/instituts-recherche/irmp/cp3.html

Observatoire de Paris - Section de Meudon : L'Observatoire de Paris propose des informations sur la recherche en cosmologie et en astrophysique, ainsi que des articles et des actualités.

URL : https://www.obspm.fr/

Institut d'astrophysique de Paris (IAP) : L'IAP est impliqué dans des recherches en astrophysique et cosmologie, et son site propose des publications et des actualités liées à ces domaines.

URL : https://www.iap.fr/

Centre de physique théorique (CPT) : Le CPT est un centre de recherche en physique théorique, y compris la cosmologie, à l'Université de Provence, en France.

URL : http://www.cpt.univ-mrs.fr/

CNRS - Institut national de physique nucléaire et de physique des particules (IN2P3) : L'IN2P3 du CNRS est impliqué dans la recherche en physique des particules et en cosmologie.

URL : https://www.in2p3.fr/

La recherche en cosmologie sur Futura Sciences : Futura Sciences publie régulièrement des articles et des actualités sur la recherche en cosmologie.

URL : https://www.futura-sciences.com/tag/cosmologie-72/

Le Monde - Rubrique Cosmologie : Le journal Le Monde propose une rubrique sur la cosmologie où vous pouvez trouver des articles et des reportages sur des découvertes récentes en cosmologie.

URL : https://www.lemonde.fr/cosmologie/

Astronomes.com : Ce site propose des actualités et des articles sur l'astronomie et la cosmologie.

URL : https://www.astronomes.com/

Astrofiles.net : Astrofiles publie des articles sur l'astronomie et la cosmologie, ainsi que des actualités liées à ces domaines.

URL : https://www.astrofiles.net/

AstroSurf : AstroSurf est un site de référence en astronomie, et il propose des informations sur la cosmologie, y compris des articles et des liens vers des ressources supplémentaires.

URL : http://www.astrosurf.com/

Voici quelques sources qui abordent la recherche sur l'histoire de la cosmologie :

CNRS - Histoire de la cosmologie : Le CNRS propose un aperçu de l'histoire de la cosmologie, des premières conceptions de l'Univers à nos jours.

URL : https://www.cnrs.fr/fr/cosmologie/une-histoire-de-la-cosmologie

AstroCosmo - L'histoire de la cosmologie : AstroCosmo offre un article détaillé sur l'évolution des idées cosmologiques au fil du temps.

URL : https://www.astrocosmo.cl/fr/histoire-de-la-cosmologie

Futura Sciences - Histoire de la cosmologie : Futura Sciences propose une chronologie de l'histoire de la cosmologie, des premiers penseurs aux théories modernes.

URL : https://www.futura-sciences.com/sciences/actualites/astronomie-chapitre-histoire-cosmologie-429/

Universcience - L'histoire de l'Univers : Universcience présente une exploration interactive de l'histoire de l'Univers, de sa naissance au Big Bang à nos jours.

URL : https://www.Universcience.fr/fr/Univers/Univers-explique/histoire-de-lUnivers/

Astrofiles.net - Histoire de la cosmologie : Astrofiles.net propose un article qui décrit les principales étapes de l'histoire de la cosmologie.

URL : https://www.astrofiles.net/cosmologie-histoire

Le Monde - L'histoire de la cosmologie : Le journal Le Monde propose un article sur les grandes avancées de la cosmologie au cours de l'histoire.

URL : https://www.lemonde.fr/sciences/article/2017/08/05/l-histoire-de-la-cosmologie-une-science-tres-ancienne_5169098_1650684.html

Science et Vie - La saga de la cosmologie : Science et Vie retrace l'histoire de la cosmologie depuis l'Antiquité jusqu'à la cosmologie moderne.

URL : https://www.science-et-vie.com/cosmos/la-saga-de-la-cosmologie-15320

CNRS - Les révolutions de la cosmologie : Le CNRS explore les révolutions scientifiques qui ont façonné la cosmologie moderne.

URL : https://www.cnrs.fr/fr/revolutions-de-la-cosmologie

L'Astronomie - Histoire de la cosmologie : La revue L'Astronomie propose un article sur l'histoire de la cosmologie et de ses découvertes majeures.

URL : https://www.astronomie-mag.com/2005/06/08/histoire-de-la-cosmologie/

Astrofiles.net - Les grands noms de la cosmologie : Astrofiles.net présente les contributions de grands scientifiques à l'histoire de la cosmologie.

URL : https://www.astrofiles.net/les-grands-noms-de-la-cosmologie

Voici quelques références concernant la recherche sur les origines de l'Univers :

CERN - L'origine de l'Univers : Le site du CERN, le plus grand laboratoire de physique des particules au monde, propose des informations sur la recherche sur les origines de l'Univers.

URL : https://home.cern/fr/science/origins-Universe

AstroCosmo - Les origines de l'Univers : Ce site offre des articles et des actualités sur les recherches en cosmologie et sur les origines de l'Univers.

URL : https://www.astrocosmo.cl/fr/les-origines-de-l-Univers

ESA - L'Univers en Expansion : L'Agence spatiale européenne (ESA) présente des informations sur l'expansion de l'Univers et les origines cosmiques.

URL : https://www.esa.int/Fr/Science_Exploration/Space_Science/Cosmic_Origins/Universe_expanding

CNRS - L'Univers, du Big Bang à nos jours : Le Centre national de la recherche scientifique (CNRS) propose des articles et des actualités sur l'histoire de l'Univers.

URL : https://www.cnrs.fr/fr/Univers-du-big-bang-nos-jours

Le Monde - La mystérieuse origine de l'Univers : Le journal Le Monde publie des articles sur les recherches en cosmologie et les origines de l'Univers.

URL : https://www.lemonde.fr/sciences/article/2019/05/06/la-mysterieuse-origine-de-l-Univers_5459019_1650684.html

Futura Sciences - L'origine de l'Univers : Futura Sciences offre des articles et des actualités sur les questions liées à l'origine de l'Univers.

URL : https://www.futura-sciences.com/tag/origine-Univers-1185/

Science et Avenir - Les origines de l'Univers : Le magazine Science et Avenir publie des articles sur la cosmologie et les origines de l'Univers.

URL : https://www.sciencesetavenir.fr/espace/les-mysteres-de-l-Univers_1144

AstroSurf - Les origines de l'Univers : AstroSurf propose des articles et des ressources sur les origines de l'Univers.

URL : http://www.astrosurf.com/cosmovisions/originesUnivers.htm

NASA - Le Big Bang : Comment tout a commencé : Le site de la NASA explique le Big Bang et les premiers instants de l'Univers.

URL : https://www.nasa.gov/mission_pages/planck/index.html

Astrofiles.net - L'origine de l'Univers : Astrofiles.net offre des articles et des actualités sur les recherches sur les origines de l'Univers.

URL : https://www.astrofiles.net/

Voici des ressources sur la recherche sur la théorie de la gravité quantique :

CNRS - La Gravité Quantique : Le CNRS propose un article qui explique en quoi consiste la recherche sur la gravité quantique.

URL : https://www.cnrs.fr/fr/gravite-quantique

AstroCosmo - La Gravité Quantique : AstroCosmo propose un article de vulgarisation sur la gravité quantique.

URL : https://www.astrocosmo.cl/fr/la-gravite-quantique

Futura Sciences - La Quête de la Gravité Quantique : Futura Sciences offre un article qui présente les enjeux de la recherche sur la gravité quantique.

URL : https://www.futura-sciences.com/sciences/actualites/physique-quete-gravite-quantique-49125/

Le CERN et la Gravité Quantique : Le site du CERN explique comment la recherche menée au CERN peut contribuer à la compréhension de la gravité quantique.

URL : https://home.cern/fr/news/series/comment-le-cern-peut-contribuer-la-compr-hension-de-la-gravit-quantique

CNRS - La Gravité Quantique à Bouclage Causale : Une page du CNRS présentant une approche particulière de la gravité quantique, la gravité quantique à bouclage causale.

URL : https://www.cnrs.fr/fr/un-nouveau-moyen-de-concilier-quantique-et-relativite

Science et Avenir - La Gravité Quantique : Un article du magazine Science et Avenir qui explique les concepts de base de la gravité quantique.

URL : https://www.sciencesetavenir.fr/fondamental/la-gravite-quantique-ou-la-grande-unification_124970

CNRS - Les Gravitons : Une explication du concept de gravitons, des particules hypothétiques liées à la gravité quantique.

URL : https://www.cnrs.fr/fr/gravitons

Astrofiles.net - La Gravité Quantique : Astrofiles.net propose un article sur les développements récents en gravité quantique.

URL : https://www.astrofiles.net/gravite-quantique-la-grande-unification-en-question

CNRS - LIGO-VIRGO et la Gravité Quantique : Une page du CNRS sur la collaboration LIGO-VIRGO et son rôle dans la recherche sur la gravité quantique.

URL : https://www.cnrs.fr/fr/ligo-virgo-etude-des-gravitations-quantiques

Université de Bourgogne - Gravité Quantique à Bouclage Causale : Une présentation de la recherche sur la gravité quantique à l'Université de Bourgogne.

URL : https://imu.univ-bourgogne.fr/-Quantum-Gravity-and-Quantum-Field-Theory-.html

Voici quelques sources liées à la recherche sur les trous noirs :

Site web de la NASA sur les trous noirs : Ce site offre une mine d'informations sur la recherche sur les trous noirs, y compris des articles, des images et des vidéos.

URL :https://www.nasa.gov/mission_pages/chandra/main/index.html

Article de Wikipédia sur les trous noirs : Vous pouvez trouver une introduction complète à la théorie des trous noirs, des exemples d'observations et des liens vers des articles connexes.

URL : https://fr.wikipedia.org/wiki/Trou_noir

Site web de l'ESA (Agence spatiale européenne) : L'ESA publie régulièrement des informations sur les découvertes récentes en astronomie, y compris la recherche sur les trous noirs.

URL : https://www.esa.int/ESA

Article de l'Observatoire de Paris : L'Observatoire de Paris publie des articles sur la recherche en astrophysique, y compris des études sur les trous noirs.

URL : https://www.obspm.fr/

Site web du CNRS : Le Centre national de la recherche scientifique (CNRS) propose des actualités et des articles sur divers domaines de la recherche scientifique, y compris l'astronomie et les trous noirs.

URL : https://www.cnrs.fr/

Site web de l'Université de Cambridge - Black Hole Initiative : L'Université de Cambridge est impliquée dans des recherches approfondies sur les trous noirs, et ce site fournit des informations sur leurs projets.

URL : https://bhi.fas.harvard.edu/

Site web de l'American Astronomical Society : Cette société professionnelle publie des articles de recherche sur l'astronomie, y compris la recherche sur les trous noirs.

URL : https://aas.org/

Article du CERN sur la recherche sur les trous noirs : Le CERN, le plus grand laboratoire de physique des particules au monde, effectue également des recherches sur les trous noirs.

URL : https://home.cern/

Article de l'Institut de physique du globe de Paris : Cet institut peut publier des recherches sur les trous noirs liées à la géophysique et à l'astrophysique.

URL : http://www.ipgp.fr/

Article du Caltech sur la recherche sur les trous noirs : Le California Institute of Technology (Caltech) est impliqué dans des recherches avancées en astrophysique.

URL : https://www.caltech.edu/

Voici des ressources sur la recherche sur la recherche de l'avant Big Bang :

CNRS - Avant le Big Bang : Le CNRS propose un article de vulgarisation sur les différentes hypothèses et théories concernant ce qui pourrait avoir précédé le Big Bang.

URL : https://www.cnrs.fr/fr/avant-le-big-bang

AstroCosmo - Avant le Big Bang : AstroCosmo offre un article qui explique les idées et les concepts liés à l'avant Big Bang.

URL : https://www.astrocosmo.cl/fr/avant-le-big-bang

Science et Avenir - Qu'y avait-il avant le Big Bang ? : Un article de Science et Avenir qui explore les différentes théories sur l'avant Big Bang.

URL : https://www.sciencesetavenir.fr/fondamental/qu-y-avait-il-avant-le-big-bang_127381

Le Monde - L'avant Big Bang, une question encore ouverte : Le journal Le Monde propose un article qui discute des enjeux et des débats entourant l'avant Big Bang.

URL : https://www.lemonde.fr/sciences/article/2020/02/18/l-avant-big-bang-une-question-encore-ouverte_6030055_1650684.html

Futura Sciences - L'Univers avant le Big Bang : Un article de Futura Sciences qui aborde les différentes hypothèses sur les conditions pré-Big Bang.

URL : https://www.futura-sciences.com/sciences/actualites/Univers-avant-big-bang-61656/

CNRS - Le Big Bang et après ? : Une page du CNRS qui explique les différentes hypothèses sur les étapes suivant le Big Bang.

URL : https://www.cnrs.fr/fr/big-bang-et-apres

Le Point - Qu'y avait-il avant le Big Bang ? : Un article du magazine Le Point qui explore la question de l'avant Big Bang.

URL : https://www.lepoint.fr/science/qu-y-avait-il-avant-le-big-bang-09-05-2019-2306706_25.php

L'Obs - Avant le Big Bang : la question qui trouble les physiciens : L'hebdomadaire L'Obs propose un article qui aborde les défis posés par la question de l'avant Big Bang.

URL : https://www.nouvelobs.com/sciences/20190201.OBS9574/avant-le-big-bang-la-question-qui-trouble-les-physiciens.html

Cité des Sciences et de l'Industrie - Avant le Big Bang : Une ressource de la Cité des Sciences et de l'Industrie qui explore les théories cosmologiques.

URL : https://www.cite-sciences.fr/fr/au-programme/lieux-ressources/cite-de-la-sante/dossiers-ressources/Univers-et-cosmos/avant-le-big-bang/

L'Express - Avant le Big Bang : le mystère demeure : Un article de L'Express qui discute des recherches en cours sur l'avant Big Bang.

URL : https://www.lexpress.fr/actualite/sciences/avant-le-big-bang-le-mystere-demeure_2085818.html